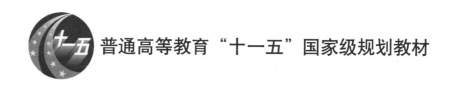

普通高等教育"十一五"国家级规划教材

大学计算机基础教育特色教材系列

"国家精品课程"主讲教材、"高等教育国家级教学成果奖"配套教材
全国高校出版社优秀畅销书奖

大学计算机基础（第6版）

赵英良　桂小林　主编

U0385644

I+X

清华大学出版社
北京

内 容 简 介

本书是为适应"新工科"建设需要组织编写的"大学计算机"和"大学计算机基础"课程的教材。本书以信息处理为主线,结合新技术,介绍信息处理的基本方法和技术。

本书共分为 8 章:第 1 章,计算机组织与结构,介绍计算机和计算机的发展、计算机系统的组成;第 2 章,算法描述和评价,介绍计算机算法的描述方法和评价标准;第 3 章,Python 程序设计,介绍信息处理的计算机编程语言及基本的编程方法;第 4 章,Python 数据分析基础,介绍基本的数据统计量以及常用数据分析和可视化工具 NumPy、Matplotlib 和 Pandas 的基本使用方法;第 5 章,信息的表示,介绍信息是如何在计算机中表示的,计算机是如何实现信息的保存和计算的;第 6 章,信息的获取与传输,介绍信息是如何通过物联网感知和通过网络进行传输的;第 7 章,信息存储与计算,介绍数据的管理和数据库技术、云计算技术;第 8 章,机器学习,介绍机器学习的基本概念,简单介绍机器学习的几种基本算法,如线性回归、聚类和神经网络等。

本书围绕"新工科"建设组织内容,以培养学生的"计算思维"能力为目标,内容丰富,技术实用,注重基础,注重实践,可作为大学本科"大学计算机"和"大学计算机基础"等相关基础课程的教材和教学参考书。

图书在版编目(CIP)数据

大学计算机基础/赵英良,桂小林主编. —6 版. —北京:清华大学出版社,2024.1
大学计算机基础教育特色教材系列
ISBN 978-7-302-65477-3

Ⅰ.①大… Ⅱ.①赵… ②桂… Ⅲ.①电子计算机-高等学校-教材 Ⅳ.①TP3

中国国家版本馆 CIP 数据核字(2024)第 019947 号

责任编辑:张 民 薛 阳
封面设计:常雪影
责任校对:李建庄
责任印制:丛怀宇

出版发行:清华大学出版社
    网   址:https://www.tup.com.cn,https://www.wqxuetang.com
    地   址:北京清华大学学研大厦 A 座   邮   编:100084
    社 总 机:010-83470000   邮   购:010-62786544
    投稿与读者服务:010-62776969,c-service@tup.tsinghua.edu.cn
    质量反馈:010-62772015,zhiliang@tup.tsinghua.edu.cn
    课件下载:https://www.tup.com.cn,010-83470236
印 装 者:涿州汇美亿浓印刷有限公司
经   销:全国新华书店
开   本:185mm×260mm   印   张:20.5   字   数:477 千字
版   次:2004 年 8 月第 1 版   2024 年 2 月第 6 版   印   次:2024 年 2 月第 1 次印刷
定   价:59.90 元

产品编号:103748-01

前　言

　　2004 年以前,大学中关于计算机基础的课程一般叫作"计算机文化基础",主要内容是计算机的基本操作和办公自动化软件的使用。随着计算机技术的发展、计算机的普及和人们计算机应用能力的不断提高,教育部非计算机专业计算机基础课程教学指导分委员会提出《关于进一步加强高校计算机基础教学的意见》,将大学生的第一门计算机课程定位为"大学计算机教学中的基础性课程""该课程应该类似于大学数学、大学物理、大学英语,内容应比较稳定、规范和系统",并建议了其教学内容。为加强大学计算机基础类课程的"基础性",这类课程陆续改为"大学计算机基础",主要内容围绕计算机系统与平台、计算机程序设计、数据分析与数据处理、信息系统开发四个领域介绍计算机科学与技术的基本概念和原理。2010 年,"计算思维"为计算机基础课程注入活力。2011 年起,大学计算机基础课程开展了一系列计算思维的改革。

　　2017 年,为应对新一轮科技革命与产业变革,支撑服务创新驱动发展、"中国制造2025"等一系列国家战略,教育部积极推进新工科建设,先后形成了"复旦共识"、"天大行动"和"北京指南",并发布了《关于开展新工科研究与实践的通知》,探索形成领跑全球工程教育的中国模式、中国经验,助力高等教育强国建设。为适用新形势下本科培养的需求,2019 年,课程组开展了"大学计算机基础"课程教学内容的改革,在培养"计算思维"的基础上,引入云计算、物联网、大数据、机器学习等方面的基础知识,让学生对新工科涉及的新技术有所了解。

　　和第 5 版相比,本书的主要修改如下。

　　(1) 删除了原 3.3 节数据压缩、第 4 章数据的组织、第 5 章查找排序和算法策略、7.2节数据通信、7.3 节网络安全等内容。

　　(2) 增加的内容包括:第 4 章 Python 数据分析基础、6.3 节物联网、7.2.5 节数据库应用实例、7.2.6 节非关系型数据库、7.3 节云计算技术、第 8 章机器学习等。

　　(3) 对原来其他部分的内容进行了重新编写和压缩。

　　本书具有以下特色。

　　(1) 注重基础性。本书的基础性不仅指基本概念,而且是计算机及新技术涉及的底层的基本原理和本质。如在 6.3 节物联网中,主要介绍了物联网的自动识别技术和传感器的基本原理等。

　　(2) 注重实践性。本书有理论知识、实例例题、实验练习,学生学到的知识可以通过练习和实验去体验和加深理解。如学完自动识别技术后,读者可以通过计算机程序绘制和识别一维条码和二维码。

（3）注重新技术。本书介绍了当前流行的主要技术，包括物联网、云计算和机器学习等。由于新技术的内容也很多，为了避免陷于繁多的抽象概念中，本书只选了其中便于初学者实践的部分内容。如 7.3 节云计算技术主要介绍了虚拟化技术，第 8 章机器学习主要讲解了机器学习的基本概念及机器学习中易于理解和实践的拟合、分类、聚类基本算法等。

本书由赵英良、桂小林统稿主编，第 1、2、4 章由赵英良修订和编写，第 3、5、6、8 章主要分别由贾应智、卫颜俊、杨琦和夏秦修订和编写，第 7 章主要由张伟、陈龙修订和编写。本书的编写参考了大量的书籍和网站，并获得西安交通大学"十三五"规划教材项目、相关单位和计算机教学实验中心同事们的关心和支持，特别是仇国巍老师审阅了部分书稿并提出宝贵建议，在此一并表示衷心感谢。

由于作者水平有限，书中难免有不足和疏漏，恳请各位专家、同行和读者批评指正，并提出宝贵建议。谢谢！

编　者

2023 年 10 月于西安

目　录

第1章

计算机组织与结构

对于计算机,人们已经司空见惯了。然而到底什么是计算机? 它从何而来? 计算机是如何发展成现在的样子的? 它的结构是什么样的? 本章将一一揭秘。

1.1 计算机和计算机的发展

顾名思义,计算机应该是用于计算的机器。差不多,但是,算盘是计算机吗? 计算器是计算机吗? 好像又不是。那就先从计算开始吧。

1.1.1 计算和早期计算装置

1. 什么是计算

计算,现代汉语词典中的释义是:根据已知数目通过数学方法求得未知数。柯林斯词典中的释义是:从已有的信息使用算术、数学或特殊的机器得出新的数据。

例如,3+5 通过算术运算或使用算盘、计算器等工具得出结果是 8。从算式得出结果的过程就是计算。

所以可以说,计算就是依据现有信息使用算术、数学或特殊的机器获得新的信息的过程。

有些计算很简单,有些计算很复杂。为了方便计算,加快计算过程,人们设计出辅助计算的装置,这就是计算工具。有了计算工具,人们就可以完成更复杂的计算,计算和计算工具相互促进地发展着。

2. 早期计算工具

中国古代最早的记数方法是结绳记数。所谓结绳记数,就是在一根绳子上打结来表示事物的多少。比结绳记数稍晚一些,古代的先民又发明了契刻记数的方法,即在骨片、木片或竹片上用刀刻上口子,以此来表示数目的多少。

在中国历史上,结绳记数和契刻记数的方法大约使用了几千年的时间,到新石器时代的晚期,才逐渐地被数字符号和文字记数所代替。最晚到商朝时,我国古代已经有了比较完备的文字系统,同时也有了比较完备的文字记数系统。在商代的甲骨文中,已经有了一、二、三、四、五、六、七、八、九、十、百、千、万这 13 个记数单字,而有了这 13 个记数单字

(图 1-1)之后,就可以记录十万以内的任何自然数。

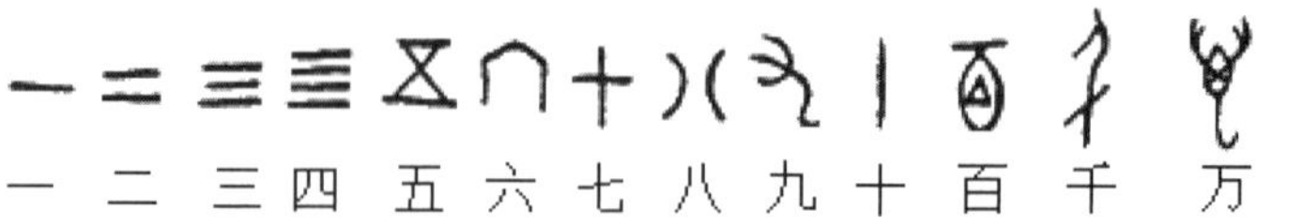

图 1-1 甲骨文中的数字

中国春秋时代出现了"算筹"。根据史书的记载和考古材料的发现,古代的算筹实际上是一根根同样长短和粗细的小棍子,一般长为 13~14cm,径粗 0.2~0.3cm,多用竹子制成,也有用木头、兽骨、象牙、金属等材料制成的,二百七十几枚为一束,放在一个布袋里,系在腰部随身携带。需要记数和计算的时候,就把它们取出来,放在桌上、炕上或地上都能摆弄。

在算筹记数法中,以纵横两种排列方式来表示单位数字,其中,1~5 均分别以纵横方式排列相应数目的算筹来表示,6~9 则以上面的算筹(1 个代表 5)再加下面相应的算筹来表示。表示多位数时,个位用纵式,十位用横式,百位用纵式,千位用横式,以此类推,遇零则置空。这种记数法遵循十进制的进位记数制。而用算筹表示数的不同方法,其实就是数的编码,如图 1-2 所示。

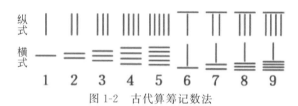

图 1-2 古代算筹记数法

算盘一类的计算工具在很多文明古国都出现过,例如,古罗马算盘没有位值的概念,被淘汰了。俄罗斯算盘每柱上有十个算珠,计算麻烦。现在很多国家流行的是中国式的算盘。算盘比算筹更加方便实用,同时还把算法口诀化,从而加快了计算速度。用算盘计算称为珠算。珠算有对应四则运算的相应法则,统称为珠算法则。

除中国外,其他的国家也有各式各样的计算工具发明,例如,罗马人的"算盘"、古希腊人的"算板"、印度人的"沙盘",及英国人的"刻齿本片"等。这些计算工具的原理基本上是相同的,同样是通过某种具体的物体来代表数,并利用对物件的机械操作来进行运算。

纳皮尔[①]筹(也叫纳皮尔骨头)是一种用来计算乘法与除法,类似算盘的工具。由一个底盘及十根圆柱(或方柱)组成(图 1-3),可以把乘法运算转换为加法运算,也可以把除法运算转换为减法运算,甚至可以开平方根。

下面举例说明如何用纳皮尔筹进行乘法运算。

【例 1-1】 用纳皮尔筹计算 539 乘以 12。

【解】

(1) 把编号为 5、3、9 的圆柱依次放入底盘(图 1-4(a))。

(2) 在 1、2 对应的行中将斜线中的数字相加即得到乘积(图 1-4(b),要进位)。

---

① John Napier(1550—1617),英国数学家、物理学家、天文学家,发现对数,发明纳皮尔筹。

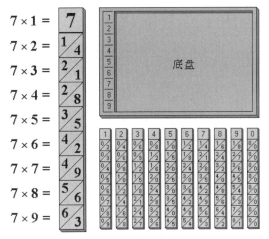

图 1-3   纳皮尔筹

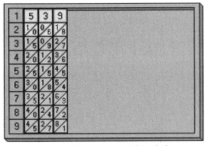 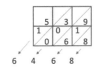

(a) 依次拣出5、3、9放入底盘   (b) 找出第1、2行，斜线相加

图 1-4   纳皮尔筹 539 乘以 12

实际上，上述的计算步骤，相当于现在的计算机程序了。

1614 年，对数发现以后，可以利用 $\lg(xy)=\lg(x)+\lg(y)$ 和 $\lg(x/y)=\lg(x)-\lg(y)$，将乘除运算转换为加减运算（其中，"/"表示除运算，等价于"÷"符号）。1620 年，E·冈特[①]利用这一原理发明了对数计算尺来计算乘除法。

最基本形式的计算尺由标有对数刻度的上下两个直尺组成（图 1-5）。所谓对数刻度，就是直尺上标 x 的位置距起点的距离是 $\lg(x)$ 而不是 x。例如，标"2"的位置距起点的距离是 lg2 而不是 2。

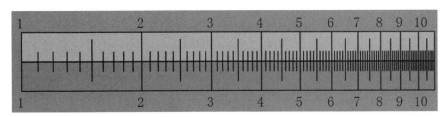

图 1-5   有两组对数刻度的简化计算尺

---

①   Edmund Gunter(1581—1626)，英国牧师、数学家、几何学家、天文学家，发明冈特链(Gunter Chain)、冈特四分仪(Gunter Quadrant)和冈特计算尺(Gunter Scale)。

做乘法时,把上部刻度向右滑动 lg(x) 的距离,上部刻度 y(位于上部刻度 lg(y) 的位置)对应的下部刻度就是 lg(x)+lg(y)。因为 lg(x)+lg(y)=lg(xy),下部刻度的这个位置标记应为 xy,也就是 x 和 y 的积。例如,要计算 $2×3.5=?$ 将上部刻度向右移动 lg2 的距离,即将上部刻度"1"对准下部刻度"2",上部刻度的 3.5 对应的下部刻度"7"就是 $2×3.5$ 的结果(图 1-6)。

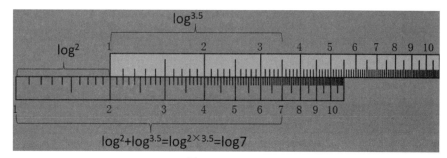

图 1-6　$2×3.5$

实际上,即使是最基本的学生用计算尺也远远不只两组标度。多数计算尺由三个直条组成,平行对齐,互相锁定,使得中间的条能够沿长度方向相对于其他两条滑动。外侧的两条是固定的,使得它们的相对位置不变(图 1-7)。

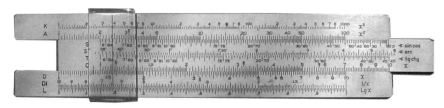

图 1-7　计算尺的实物图

除了对数刻度,有些算尺还有其他数学函数刻度,如三角函数、自然对数(ln)和指数函数(e^x)等。

【思考讨论题 1-1】　自己制作一把对数计算尺,讨论一下如何使用对数计算尺做除法运算。

【思考讨论题 1-2】　计算尺的基本原理是利用对数将乘除法转换为加减法,也就是说,把乘除运算变换成了加减运算。那么,你能想到计算机是怎么实现计算的吗?

3. 机械式计算机

前面介绍的几种计算工具,虽然也是机械装置,但计算过程完全手工,几乎不含任何"自动"的成分,使得计算的效率非常低。

机械式计算机是与计算尺同时出现的,是计算工具上的一大发明。德国天文学家席卡德(Wilhelm Schickard,1592—1635)最早构思出机械式计算机。他在给天文学家 J.开普勒(Johannes Kepler,1571—1630)的两封信(1623,1624)中描述了他发明的四则计算机,但并没有成功制成。而成功创制第一部能计算加减法计算机的是 B·帕斯卡。

法国数学家帕斯卡(Blaise Pascal,1623—1662)十九岁时,于 1642 年在巴黎发明了世界上第一台手摇计算机。帕斯卡的计算机是长方形的(图 1-8),在计算机的表面有六个可以转动的圆表盘。当转动每一个圆盘时,通过计算机里面的棘轮可以带动每一个圆柱体转动(图 1-9)。在圆柱体的侧面刻有两横行 0~9 的数码,一行是按顺时针方向排列着,一行是按逆时针方向排列着。通过计算机表面每一个小孔,可以看到两横行数的一个数码。操作时先像拨盘电话一样逐位输入一个加数,这将显示在上方的读数窗里;再用同样的方式输入另一个加数,读数窗里就会显示出和了。当每位上的数字超过 9 时,由于棘轮的带动,可使其高一位的数码增加 1,小于 0 时,可使高位减少 1,分别用于加法和减法。帕斯卡计算机只能做加、减法运算。

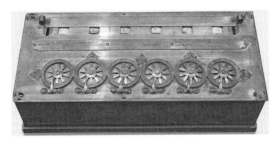

图 1-8　帕斯卡机械式计算机

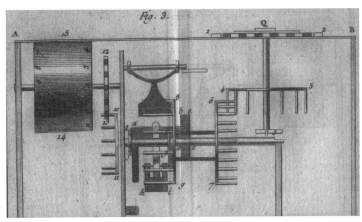

图 1-9　帕斯卡机械式计算机的传动装置

1694 年,发明微积分的德国数学家莱布尼茨(Gottfried Wilhelm von Leibniz,1646—1716)发明了可用于加法及乘法运算的计算装置,它与帕斯卡的计算装置类似,但增加了一组齿轮。莱布尼茨的计算装置主要由不动的计数器和可动的定位机构两部分组成(图 1-10)。不动的部分有若干读数窗,各对应一个带有十个齿的齿轮,用以显示数字。可动部分有一个大圆盘和八个小圆盘。用圆盘上的指针确定数字,然后把可动部分移至对应位置,并转动大圆盘进行运算。可移动部分的移动用一个摇柄控制,整个机器由齿轮系统传动。

1822 年,英国数学家、哲学家、发明家和机械工程师巴贝奇(Charles Babbage,1791—1871)把多项式数值表的复杂算式转换为差分运算,用简单的加法代替平方运算,制造出

图 1-10　莱布尼茨的计算装置

了可以运转的差分机模型(图 1-11)。它包括三个寄存器[①]，每个寄存器是一根固定在支架上的带六个字轮的垂直轴。每个字轮代表十进制数字的某一位。字轮上有 10 个可辨认的位置，分别代表数码 0～9。这些寄存器同时又是运算器。它们可以保存三个 10 万

图 1-11　巴贝奇的差分机

以内的数并进行加法运算。差分机主要用于多项式的求值，是一种专用机。但它不只是每次完成一个算术运算，而且能按照设计者的安排自动地完成整个运算过程，其中蕴含程序设计的萌芽。他甚至设想了有七个寄存器，每个寄存器可以保存一个 20 位的数字的差分机，计算结果还可以自动印刷。然而，巴贝奇不断修订设计，也增加了开支，使得支持者越来越少。1842 年，他的工作被迫停顿下来。

1834 年，巴贝奇还设计了新的计算装置——分析机。然而，由于巴贝奇的支持者甚少，他的设想当时没有实现。他的儿子也曾奋斗多年未果，但他坚信"总有一天，类似的机器将会制成，他们不仅在纯数学领域中，还必将在其他知识领域中成为强有力的工具。"

实际上，ENIAC 之前的计算工具还有很多，由于技术、操作上的限制，很少投入使用。

【思考讨论题 1-3】　查找资料，了解巴贝奇差分机的工作原理，在学习小组中讲一讲。

1.1.2　电子计算机的诞生和发展

在第二次世界大战中，美国宾夕法尼亚大学莫尔学院电工系同阿伯丁弹道研究实验室共同负责为陆军每天提供六张火力表。这项任务非常困难和紧迫。因为每张表都要计算几百、几千条弹道，而一个熟练的计算员用台式计算器计算一条飞行时间 60s 的弹道要花 20h，用大型的微分分析仪也需要 15～20min。从战争一开始，阿伯丁实验室就不断地对微分分析仪做技术上的改进，同时聘用了二百多名计算员，即使这样，一张火力表也往往要算两三个月。

---

①　寄存器是暂时存放数据的装置。

1. ENIAC

1942 年 8 月,莫奇利(Mauchly,John William,1907—1980)写了一份题为《高速电子管计算装置的使用》的备忘录,它实际上成为第一台电子计算机的初始方案。1943 年 4 月 2 日,莫尔学院的勃雷纳德教授提出并起草了一份为阿伯丁弹道实验室制造电子数字计算机的报告。1943 年 6 月 5 日,在工作开始前的最后一次会议上,这台计算机被命名为"电子数值积分和计算机"(Electronic Numerical Integrator and Computer,ENIAC)。

1945 年年底,这台标志人类计算工具历史性变革的巨型机器宣告竣工。正式的揭幕典礼于 1946 年 2 月 15 日举行,这一天被人们认为是 ENIAC 的诞生日,也标志着现代电子计算机的诞生。

ENIAC 是计算工具一个划时代的产品。它重 30t,占地 170m²,耗电 150kW,使用了 18 000 个真空管、1500 个继电器、70 000 个电阻、10 000 个电容。它每秒执行 5000 次加法或 400 次乘法,是继电器计算机的 1000 倍,是手工计算的 20 万倍。原来花 20min 计算的弹道数据,现在只需花 30s。

虽然 ENIAC 是第一台正式运转的电子计算机,但它的基本结构和机电式计算机没有本质的差别。ENIAC 显示了电子元件在进行初等运算速度上的优越性,却没有最大限度地发挥利用电子技术所提供的巨大潜力。ENIAC 有如下缺陷:第一,它按照十进制工作而非二进制,虽然也用了少量以二进制方式工作的电子管,但工作中不得不把十进制转换为二进制,而在数据输入、输出时再变回十进制;第二,它最初是为弹道计算而设计的专用计算机,虽然后来通过改变插入控制板里的接线方式来解决各种不同的问题,成为通用机,但它的程序是"外插型"的,仅为了进行几分钟或几小时的数字计算,准备工作就要用去几小时甚至 1～2 天的时间;第三,它的存储容量太小,至多只能存 20 个 10 位的十进制数。

2. 冯·诺依曼计算机

在 ENIAC 还没有完成时,1944 年,它的设计者们就开始了新的计算机的设计,名字为 EDVAC(Electronic Discrete Variable Automatic Calculator)。1945 年,冯·诺依曼(John von Neumann,1903—1957)[①]提出了《EDVAC 报告的第一份草案》(*First Draft of a Report on the EDVAC*)。在这份报告中,冯·诺依曼确定了新机器有五个构成部分:**运算器**、**控制器**、**存储器**、**输入**和**输出**装置(图 1-12)。**输入设备**的任务是把人们编制好的程序[②]和原始数据送到计算机中,并将它们转换成计算机内部所能识别和接收的方式。**输出设备**的任务是将计算机处理结果转换成其他设备能接收和识别的形式。**存储器**用来存放程序和数据,是计算机的记忆装置。**运算器**负责对信息进行处理和运算。**控制器**是计算机的控制中枢,它的主要功能是按照预先确定的操作步骤控制整个计算机有条不紊

---

①   John von Neumann,1903—1957,美国数学家、物理学家、发明家、计算机科学家,原籍匈牙利,在现代计算机、算子理论、集合论、博弈论、共振论、量子理论、核武器和生化武器诸多领域内有杰出建树,是 20 世纪最伟大的科学全才之一,被后人称为"计算机之父"和"博弈论之父"。

②   程序,即计算机程序,是为完成一定功能而设计的能被计算机识别的命令序列。

地工作。控制器从存储器中逐条取出指令进行分析,根据指令的要求来安排操作顺序,向计算机的各部件发送相应的控制信号,控制它们执行指令所要求的任务。这一结构被称为**冯·诺依曼结构**,有此结构的计算机统称为**冯·诺依曼计算机**。事实上,现在大多数计算机也都还是这一结构。

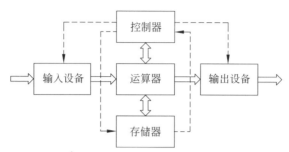

图 1-12　冯·诺依曼结构示意图

EDVAC 的方案有两个非常重大的改进:一是为了充分发挥电子元件的高速度而**采用了二进制**;二是实现了**存储程序**,将程序和数据一样存储在内存中。"存储程序"的概念被誉为计算机史上的一个里程碑。冯·诺依曼结构、采用二进制、存储程序统称为**冯·诺依曼思想**。

3. 电子计算机的发展

ENIAC 诞生以来,随着组成逻辑电路的电子元件的发展,将电子计算机的发展划分为:第一代**电子管时代**,第二代**晶体管时代**,第三代**集成电路时代**,第四代**超大规模集成电路时代**。

电子管时代,1946—1957 年,采用电子管元件作为基本器件,用光屏管或汞延时电路作为存储器,输入与输出主要采用穿孔卡片或纸带,体积大、耗电量大、速度慢、存储容量小、可靠性差、维护困难且价格昂贵。在软件上,没有系统软件,通常使用机器语言或者汇编语言来编写应用程序。这一时代的计算机主要用于科学计算。

晶体管时代,1957—1964 年,由晶体管代替电子管作为计算机的基本器件,用磁芯或磁鼓作为存储器,整体性能上比第一代计算机有了很大的提高,具有尺寸小、重量轻、寿命长、效率高、发热少、功耗低等特点。出现监控程序、操作系统和高级程序设计语言,如FORTRAN、COBOL、ALGOL60 等。主要用于科学计算、数据处理和过程控制。

集成电路时代,1964—1971 年,中小规模集成电路成为计算机的主要元件,主存储器也渐渐过渡到半导体存储器,使计算机的体积更小,功耗更低,可靠性更高。出现了分时操作系统,有了标准化的程序设计语言和人机会话式的 BASIC 语言。

超大规模集成电路时代,1971 年以后,随着大规模集成电路的成功制作并用于计算机硬件生产,计算机的体积进一步缩小,性能进一步提高。集成更高的大容量半导体存储器作为内存储器,发展了并行技术和多机系统,出现了精简指令集计算机(RISC),软件系统工程化、理论化、程序设计自动化。出现微型计算机,计算机逐步普及一般研究单位、高校、企业甚至个人。

以后的发展从功能上描述,第五代是智能计算机,第六代是模仿人类大脑功能的计算机。如今,计算机从体积上趋于小型化,性能上趋于巨型化,功能上趋于网络化、智能化和综合化。1965 年,时任美国仙童(Fairchild)公司研发实验室主任摩尔(Gordon Moore)[①] 在 *Electronics* 上撰文,认为集成电路的密度大约每两年翻一番,这就是著名的摩尔定律。

过去,提高计算机性能的主要策略一是提高 CPU 的工作频率(相当于工作节奏),二是提高芯片的集成度。但这些技术发展都是有限的,例如,一直以来,处理器厂商均采用二氧化硅作为制作闸极电介质的材料。当英特尔导入 65nm 制造工艺时,虽已全力将二氧化硅闸极电介质厚度降低至 1.2nm,相当于 5 层原子,但由于晶体管缩至原子大小的尺寸时,耗电和散热也会同时增加,产生电流浪费和不必要的热能,因此若继续采用目前的材料,进一步减少厚度,闸极电介质的漏电情况势将会明显攀升,令缩小晶体管技术遭遇极限。而从 20 世纪 90 年代开始,人们已经开始探索使用其他材料的计算机,如以激光作传输介质的光计算机,以 DNA 作运算部件的 DNA 计算机,以蛋白质分子作开关元件的生物计算机,采用量子比特(qubit)作为最小的运算单元的量子计算机等。另一个提高计算能力的途径是改进人们使用计算机的模式,提高资源的利用率,如网格计算等。

【思考讨论题 1-4】 查找资料,研究一下 ENIAC 怎样执行程序。

【思考讨论题 1-5】 查找资料,对比电子管、晶体管和集成电路。

【思考讨论题 1-6】 查找资料,简述计算机操作系统的发展历史。

【思考讨论题 1-7】 查找资料,简述计算机编程语言的发展历史。

【思考讨论题 1-8】 查找资料,简述存储器的发展历史。

1.2 计算机系统的组成

一种计算工具要能够完成计算,除工具本身外,还要有一套使用该工具的规则,也要有一组使用该工具解决具体问题的步骤。相同的工具,相同的用法,加工的对象不同,操作步骤不同,就能完成不同的任务。计算也是如此。

系统是由相互作用、相互依赖的若干组成部分结合而成的,共同完成特定功能的有机整体。**计算机系统**包括硬件系统和软件系统,如图 1-13 所示。**硬件系统**是构成计算机的相互联系、协调工作的实体部件,是有形的部分,如实现计算功能的中央处理器,实现输入功能的键盘,实现显示功能的显示器,实现文字印刷功能的打印机等是硬件系统的组成部分。**软件系统**是相互联系、协调工作的,以电子或纸质等形式存在的计算机硬件的使用规则、使用步骤的集合,如操作系统、编程语言、计算机程序、计算机软件等。

计算机的硬件和软件是相辅相成的,缺一不可。硬件是计算机工作的物质基础,而软件是计算机的灵魂。没有硬件,软件就失去了运行的基础和指挥对象;而没有软件,计算机就不能工作。

---

① 戈登·摩尔(Gordon Moore,1929—2023),1929 年出生于美国加州,物理化学博士,美国 Intel 公司创始人之一,提出摩尔定律。

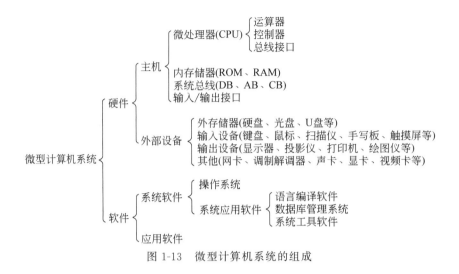

图 1-13　微型计算机系统的组成

1.2.1　硬件系统

计算机硬件系统由中央处理器、存储器、I/O 系统以及连接它们的总线组成。

1. 中央处理器

计算机的运算器和控制器在逻辑关系和电路结构上联系紧密,通常将它们集成到一个芯片上,构成计算机的运算和控制部件,称为**中央处理器**(Central Processing Unit, CPU)。

1) 中央处理器的结构

中央处理器中的运算部件称为**算术逻辑单元**(Arithmetic Logic Unit,ALU),完成算术运算和逻辑运算;控制部件称为 **CU**(Control Unit),用来解释指令,发出各种操作命令来实行指令。此外,CPU 中还有为了用于暂时存放数据的装置,称为**寄存器**(Register);用于传输数据和控制信号的公共通路——**总线**。

寄存器中,有存放指令的,称为**指令寄存器**(Instruction Register,IR);有存放正在执行的命令或要读取的数据的地址的,称为**地址寄存器**(Address Register,AR);有存放计算数据或结果的**累加寄存器**(Accumulator,ACC);还有一个存放将要执行的下一条指令地址的**程序计数器**(Program Counter,PC);等等(图 1-14)。

2) 指令系统

指令是能准确表达某种操作的陈述。如果向人发送指令,可以使用自然语言,如汉语、英语等。如果向计算机下达指令,就需要使用机器语言,即计算机能识别的语言。机器语言使用"0""1"序列表达信息,如可以使用"0011"表示加法,"0100"表示减法。所以,计算机的指令实际是能表达某种操作的"0""1"序列,也就是**机器指令**。

计算机指令(即机器指令,以后简称指令)由操作码和地址码组成,如图 1-15 所示。其中,**操作码**表示指令要完成的操作,如加、减、传送等,**地址码**表示指令的操作对象所在的位置。指令的操作对象称为**源操作数**,对象的位置可能是内存地址、寄存器地址或者是

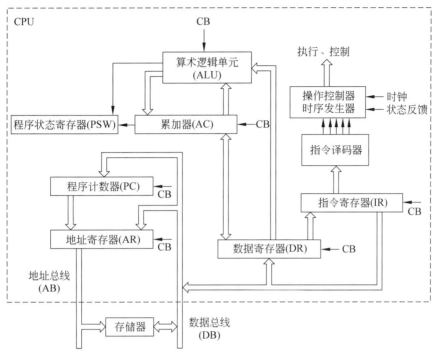

图 1-14　CPU 的逻辑结构图

外设的地址。内存地址就是内存单元的编号。CPU 不同,操作码和地址码的位数可能也不同,它们的总长度称为**指令字长**。

一种 CPU 全部机器指令的集合称为**指令系统**。不同的 CPU,指令系统可能是不同的,实现指令的方式可能也不同。

操作码	地址码

图 1-15　机器指令的格式

3）机器指令程序

人们将信息处理任务用一条条指令表达出来,计算机通过执行这些指令来完成这一任务。能完成一定功能的指令序列就是**计算机程序**。

设指令字长为 8 位,内存地址为 4 位,指令的操作码如下。

```
0010 取数据到 ACC
0011 取数据和 ACC 的内容相加,结果在 ACC
0110 停机
```

下列(图 1-16)程序计算 3+5,结果在 ACC 中。为简化问题,设程序已在内存中,图 1-16 的第一列是内存地址;第二列是存储单元中的内容,每一行是一条指令;第三列是说明,是给人看的,不是指令,也不在内存中(在程序中称为注释)。

4）程序的执行过程

下面说明如图 1-16 所示程序的执行过程。实际上,这个程序只有三条指令。

(1) 第 1 条指令 00101011 的执行过程(取数据到 ACC)。

程序已经在内存中,设置 PC 程序计数器内容为"1000",就是程序的起始地址,开始:

内存地址	存储内容	说明
1000	00101011	取 1011 单元的内容到 ACC
1001	00111100	将 1100 单元的内容和 ACC 内容相加
1010	01100000	停机
1011	00000011	对应十进制 3
1100	00000101	对应十进制 5

图 1-16　机器指令程序

① PC 的值送至地址寄存器,记作 PC->AR。(AR 内容为 1000)。

② 向主存发送读命令。

③ 按 AR 中的地址读取 1000 的内容(即第 1 条指令)到数据寄存器 DR,记作 M(AR)->DR。

④ 将 DR 的内容送至指令寄存器 IR,记作(DR)->IR。

⑤ 指令的操作码送至 CU 译码。

⑥ 形成下一条指令的地址,记作(PC)+1->(PC)。

⑦ 将指令的地址码送至地址寄存器 AR,记作 Address(IR)->AR,AR 的值为 1011。

⑧ 向主存发送读命令。

⑨ 将 AR 所指的主存的内容送至数据寄存器,记作 M(AR)->DR,DR 的值为 0000 0011。

⑩ 将 DR 的内容送至 ACC,记作 DR->ACC,这时 ACC 的内容为 0000 0011,即十进制 3。

(2) 第 2 条指令的执行过程(加法)。

① PC->AR。(结果:AR 内容为 1001。)

② 向主存发送"读"命令。

③ M(AR)->DR。(结果:DR 内容为 00111100。)

④ (DR)->IR。(结果:IR 内容为 00111100。)

⑤ 指令的操作码送至 CU 译码。

⑥ (PC)+1->(PC)。(结果:PC 内容为 1010。)

⑦ Address(IR)->AR。(结果:AR 内容为 1100。)

⑧ 向主存发送读命令。

⑨ M(AR)->DR。(结果:DR 内容为 0000 0101,十进制 5。)

⑩ (DR)+(ACC)->ACC。(结果:ACC 内容为 0000 1000,十进制 8。)

(3) 第 3 条指令的执行过程(停机)。

① PC->AR。(结果:AR 内容为 1010。)

② 向主存发送"读"命令。

③ M(AR)->DR。(结果:DR 内容为 01100000。)

④ (DR)->IR。(结果:IR 内容为 01100000。)

⑤ 指令的操作码送至 CU 译码。

⑥ (PC)+1->(PC)。(PC 为 1011。)

⑦ 执行停机指令,运行标志寄存器置 0。

注意,以上三条指令的执行是连续的,中间没有间隔,分成(1)(2)(3)只是为了编号方便。

计算机的工作过程就是 CPU 不断地从内存中取指令、分析指令再执行指令的过程。

2. 存储器

存储器是计算机中存放程序和数据的部件。运行的程序、编写的文档,都需要有存储器来存放它们。

1) 存储器的分类

按存储器所处的位置分有主存储器、辅助存储器和缓冲存储器。

主存储器是计算机运行期间存放程序和数据的部件。操作计算机时使用的操作系统、应用程序、编辑中的文档都在内存中。**辅助存储器**也叫**外部存储器**(简称外存),是用来永久存放程序和数据的部件,保存的文档、程序都在辅助存储器中。硬盘、光盘、U 盘都是辅助存储器。**缓冲存储器**是两个不同速度的部件之间交换数据时为协调它们的速度而设置的存储部件,如 CPU 内协调 CPU 和主存的速度的**高速缓存**(Cache),硬盘、打印机中为协调外设和主存速度的缓存等。

按存储介质分有半导体存储器、磁记录存储器和光盘存储器等。

半导体存储器是半导体器件制造的存储器,其特点是体积小、功耗低、速度快,目前的主存都使用半导体存储器。**磁记录存储器**在金属或聚酯基底上涂一层磁性材料,利用磁性材料的磁特性和磁效应写入、记录、读出数据,其特点是记录密度高、稳定可靠、可反复使用,如磁鼓、磁带、磁盘(硬盘)等。**光盘存储器**在光盘上按一定的规则蚀刻凹坑,光照射到上面时就会有不同的反射,再转换为 0、1 的数字信号就成了光存储。光盘存储器记录密度高、耐用性好、可靠性高。

按存取方式分有随机存储器、只读存储器和顺序存储器。

随机存储器(Random Access Memory,RAM)是一种可读、可写的存储器,并且存取任何一个单元的内容所用的时间与该单元所处的位置无关,称为**随机存取**。计算机的主存都采用随机存储器。**只读存储器**(Read Only Memory,ROM)是能对其内容读取而不能再写入的存储器。计算机中有一小部分程序是在制造时写在只读存储器中的,每次开机时这部分程序先执行,由它再读取操作系统的程序执行,从而启动计算机。**顺序存储器**是在读写其中的数据时,必须从介质的某个起始位置开始顺序寻找,故存放在不同位置的数据读写它们所用的时间就不同。录音磁带就是一种顺序存储器。还有一种存储器,读写时先直接定位其中的某个小区域,再顺序寻找,称为**直接存取存储器**,如磁盘。

2) 存储器容量的计量

存储器能存放的数据的多少称为**存储器的容量**。由于目前的存储器都是用物理器件的状态表示信息的,如可以用有电荷表示"1",无电荷表示"0",存储容量的最小单位是二进制的一个位,即比特(bit,b)。8 个二进制位叫作一个**字节**(Byte,B)。1024 字节称为 1KB,1024KB 称为 1MB,等等。单位的换算如下。

$$1B = 8b$$
$$1KB = 1024B = 2^{10}B$$
$$1MB = 1024KB = 2^{20}B$$
$$1GB = 1024MB = 2^{30}B$$
$$1TB = 1024GB = 2^{40}B$$
$$1PB = 1024TB = 2^{50}B$$
$$1EB(Exa\ Byte) = 1024PB = 2^{60}B$$
$$1ZB(Zetta\ Byte) = 1024EB = 2^{70}B$$
$$1YB(Yotta\ Byte) = 1024ZB = 2^{80}B$$

1981 年,第一台微型计算机的内存只有 16KB,没有硬盘。目前,一般微型计算机的内存容量为 4GB、8GB 或 16GB,硬盘的容量为 1TB、2TB 或 4TB。

3) 主存储器

主存储器简称主存,采用半导体材料,可写、可读,按字节顺序编址,随机存取。计算机执行时,先将计算机程序装入内存,然后将程序的首地址(即第一条指令的地址)置入CPU 的程序计数器,启动机器即可自动执行。通常说的内存指的就是主存储器。

4) 存储器的层次结构

存储器有三个性能指标:存储容量、存取速度和价格。其中,价格常用价格/位(位价)来衡量。由于材料和存储原理不同,缓存的存取速度快于内存的存取速度,内存的存取速度快于外存的存取速度。而价格上正好相反。为了在速度、价格和容量上达到一个需求的平衡,计算机系统一般会综合使用多种存储器,形成一个如图 1-17 所示的层次结构,其中:

图 1-17　存储器的层次结构

(1) 寄存器,是用于 CPU 内部暂时存放待执行的命令、待计算的数据和计算结果的存储部件,速度快,能与 CPU 的运算速度相适应,但成本高,所以容量不会太大。如 CPU 中的指令寄存器、地址寄存器、通用寄存器组(AX、BX)等。

(2) 高速缓存,即 Cache,在主存和 CPU 之间,存取速度比内存快,与寄存器相当,存放 CPU 可能即将执行的命令和即将处理的数据。系统提前将可能将用的命令和数据从主存取到 Cache 中,如果预测比较准确,那么 CPU 就不必到内存中取数据了,从而提高速度。

(3) 主存储器,这里的程序和数据随时等待 CPU 的调遣,使用频率高,要求有较大的存储容量,速度比外存快,成本比外存高。内存的物理形式是内存条,插在主板上。

(4) 辅助存储器,长期存放程序和数据,使用频率相对较低,要求容量大,价格低,对速度要求不太高。常用的外存有磁盘(硬盘)、U 盘、光盘、磁带等。

从上到下,容量增加,单位容量的价格降低,存取速度降低,被 CPU 使用的频率降低。从 CPU 对存储器的使用看,每层的速度向上一层靠近,而容量向下一层靠近。例如,高速缓存,使得 CPU 存取内存的速度相当于寄存器;如果预测得好,CPU 总可以从高速缓存中取数据,像是高速缓存有内存那么大。

另外,为了提高外部设备的存取效率,许多外设中也设置缓存,如硬盘、打印机、扫描仪等。缓存的存取速度与内存相当,远远快于对设备的直接存取。数据先暂存到缓存中,然后成批写入设备或内存。

【思路扩展 1-1】 折中是计算机中的一个重要概念和设计思想。在一定条件下,做到两全其美是很难的,这时就要根据条件、环境和目标,找到一种可以接受的方案,就是折中。工程设计和生活中经常需要折中。

【思路扩展 1-2】 缓存的设计是一种巧妙的解决方案。当两种传输载体的速度不相同时,引入缓存就能很好地协调工作。不仅在 CPU 和内存之间、内存和外存之间有缓存,在服务器、路由器、网络机顶盒、网页浏览器、视音频播放器中也普遍使用缓存。生活中,机场候机厅、火车候车室、宾馆大厅、旅游景点的广场、库房、水库、粮仓也都起到与缓存相同的作用。用好缓存,可以有效解决速度和容量的矛盾。

3. 总线

计算机各部件之间的连接方式有两种:分散连接和总线连接。分散连接在通信的部件之间使用单独的连接,总线连接在各部件之间使用一条公共的连接线路。

早期的计算机采用分散连接,线路复杂,设备的增删不灵活,设备信息交换均经过CPU,影响信息传输效率。目前普遍使用总线连接。

总线是连接多个部件的公共传输线路,由一组导线和相关的控制、驱动电路组成,相互通信的部件均连接到这条公共线路上。图 1-18 是一种总线连接方式。通过这种连接方式,CPU 和主存可以通过存储总线实现快速传输,外设和主存的信息交换可以不经过 CPU。

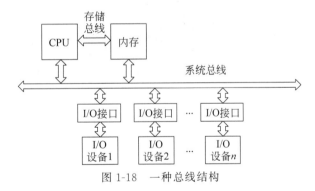

图 1-18 一种总线结构

总线使各部件的连接变得简单,也使系统的扩展更加容易。

1) 总线的分类

从所传输的信号类型分,总线有数据总线、地址总线和控制总线。**数据总线**(Data Bus)用来在各部件之间传输数据和指令,总线的位数(即总线宽度)决定同时能够传输的数据量的大小。例如,8 位(即 8 条)数据线,同时能传输 8 位数据。如果一条指令的长度为 16 位,则需要传输两次。**地址总线**(Address Bus)传送地址信号,确定访问的内存地址。它的条数也称为**地址总线的宽度**,决定了能够访问的内存的大小。例如,地址总线宽度为 32,那么它能管理的内存大小就是 2^{32} 个单元,它能编地址的范围是 $0 \sim 2^{32} - 1$。如果一个编址单元是 1B,则能管理的内存是 4GB。这个大小也叫**寻址范围**。**控制总线**

(Control Bus)用来传输控制信号,如读、写、复位、请求、响应等。

从所处的位置分,总线有**片内总线**和**片外总线**。片内总线是 CPU 内部的总线,连接运算器、控制器和寄存器等。片外总线是 CPU 外部的总线,如连接 CPU 和内存、CPU 和外设的总线。片外总线中,CPU 和内存之间的总线为**存储总线**,连接 CPU 和外设控制器的总线称为**系统总线**,计算机系统和其他系统的总线为**外设总线**(如接硬盘的 IDE、接鼠标的 USB 等)。

按传输数据的格式分,总线有并行总线和串行总线。**并行总线**一次传输多个数位,计算机内部的总线一般是并行总线,如 CPU 片内总线等。**串行总线**一次传输一个数位,计算机与外设的连接总线常常是串行的,如 USB(Universal Serial Bus,通用串行总线)等。

2) 系统总线

系统总线连接 CPU 和外设控制器。物理上能看得见的是计算机主板上的一个个插槽(图 1-19),它是为计算机扩充外部设备使用的,常称为**扩展槽**。

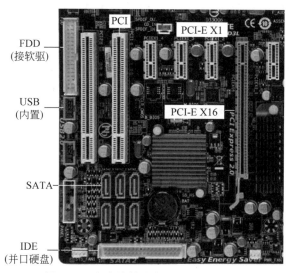

图 1-19 台式计算机主板上提供的总线

主板(Main Board)又称母板(Mother Board)、主机板或系统板,它集成计算机的主要部件,如 CPU、内存、桥接芯片、总线、接口等。图 1-19 是一块主板的实物图,其中,左上部竖长形的两个插口就是一种系统总线的接口(上面标有"PCI")。早期的计算机常通过总线扩展槽来扩展计算机的功能。例如,在扩展槽上插一块多功能卡来扩展键盘、鼠标和硬盘,插一块网卡来扩展联网功能,插一块声卡来连接话筒和音箱,插一块视频卡来连接摄像机和电视机等。随着技术的进步,这些功能集成到了计算机的主板上,不再需要扩展卡。

系统总线有多种标准,这里简单介绍几种。

(1) ISA 总线。工业标准体系结构(Industrial Standard Architecture,ISA)总线,也称 AT 总线,是 20 世纪 80 年代初 IBM 为采用 16 位 CPU 推出的总线。该总线时钟频率为 8MHz,数据线为 16 位,地址线为 24 位,最大传输速率为 8(MHz)×16(b)/8(b/B)＝16MB/s。目前看是一种低速总线,已经被淘汰。

（2）PCI总线。外围部件互连（Peripheral Component Interconnect，PCI）总线，1992年由美国 Intel 公司推出，采用 33MHz 和 66MHz 时钟频率，32 位或 64 位数据线，提供 132MB/s(32b,33MHz)或 528MB/s(64b,66MHz)的传输速率，是一种快速总线（图 1-19）。

（3）AGP(Accelerated Graphics Port，加速图形接口)总线。它是一种专为提高视频带宽而设计的总线标准。其视频数据的传输速率可以从 PCI 的 132MB/s 提高到 266MB/s(×1 模式——每个时钟周期传送一次数据)、532MB/s(×2 模式)、1.064GB/s(×4 模式)和 2.128GB/s(×8 模式)。AGP 总线实际上是一种专门连接显示系统的总线。

（4）PCI-E(PCI Express)总线。2001 年由 Intel 提出的用以代替 PCI 和 AGP 接口规范的新型系统总线标准。与传统 PCI 或 AGP 总线的共享并行传输结构相比，PCI-E 采用设备间的点对点串行连接。这样就能够允许每个设备建立自己独占的专用数据通道，不需要与其他设备争用带宽，从而极大地加快了设备之间的数据传送速度。PCI-E 提供 1～32 通道连接方式，对应×1、×4、×8、×16、×32 模式。PCI-E ×1 模式提供 512MB/s 的传输速率，×32 模式可达到 16GB/s。一般主板提供 PCI-E ×1 和 PCI-E ×16 模式的总线接口，它们的引脚(pin)数量不同，引脚少的接口卡可以插到引脚多的接口上。所谓**引脚**，就是从集成电路(芯片)内部电路引出与外围电路的接线。图 1-19 中右上方四个短插口和一个长插口是 PCI-E 总线扩展接口。这是目前主板上流行的扩展接口。

　3）外设总线

计算机中，连接外设控制器和外部设备的总线称为**外设总线**、外部总线或外部接口，如连接 U 盘的 USB 总线，连接硬盘的 IDE(Integrated Drive Electronics，集成开发环境)、SATA(Serial Advanced Technology Attachment，串行高技术连接，串行 ATA)总线，连接显示器的 HDMI(High Definition Multimedia Interface，高清晰度多媒体接口)接口等。图 1-20 是台式计算机常用的接口。

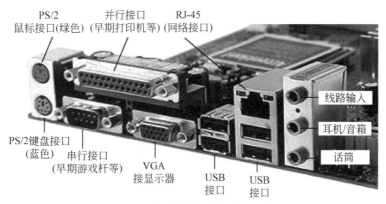

图 1-20　台式计算机常见外设接口

　4）总线结构

在总线上传送信息，同一时刻只允许有一个设备发送信息。当总线上的设备连接较多，而且不同的设备又有不同的传输速度时，一条总线就不能满足传输需求。现代计算机常采用多级总线结构。

多级总线结构主要指外部总线采用多级。CPU 不直接和内存、外设连接。首先加入了两个转换芯片（称为桥接芯片），作用是信号的转换和缓存。一个用于 CPU、内存和高速总线的连接，称为**北桥芯片**；另一个用于慢速设备、慢速总线和北桥的连接，称为**南桥**，如图 1-21 所示。

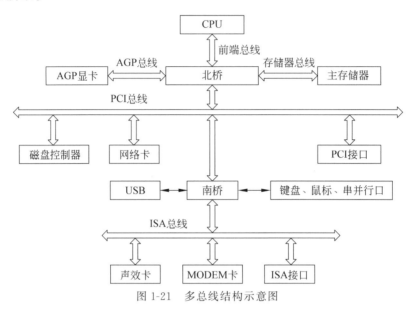

图 1-21　多总线结构示意图

CPU 和北桥之间的连接总线称为**微处理器级总线**，也叫 CPU 总线、前端总线或局部总线，用来实现 CPU 与外围部件（包括主存等）之间的快速传输。内存和北桥芯片直接连接，这个总线称为**存储器总线**；北桥和显示卡也可以直接连接，提供快速显示。从北桥芯片引出的公用总线，提供快速设备的连接，如网络、视频、高速存储器等。南桥芯片协调慢速设备和快速接口的工作，提供连接键盘、鼠标、硬盘和 USB 设备的接口以及用于扩展设备的总线。

4. 输入/输出系统

主机系统实现信息的存储与计算。输入/输出系统实现信息的输入和输出。协调工作的、实现信息输入/输出的部件称为**输入/输出系统**，也称为 I/O(Input/Output)系统。

1）I/O 系统的组成

I/O 系统由输入/输出设备、输入/输出接口和系统总线三大部分组成（图 1-22）。输入/输出设备也称为 I/O 设备或外设，实现信息的输入/输出和人机交互。常见外设如键盘、鼠标、显示器、打印机、扫描仪、U 盘、数码相机、投影仪等。通过键盘、鼠标、扫描仪、照相机实现信息的输入，通过显示器、打印机、投影仪等实现信息的输出。

总线是连接计算机各大部件的公共通道。由于不同的外部设备有不同的组成结构和工作原理，其工作速度、工作方式、信号类型、信号格式、工作电压都不相同，所以一般外部设备不能直接连接到系统总线上，而是经过一个中间的转换电路，这个转换电路称为 I/O **接口**。不同的外设，I/O 接口可能不同。但同一个接口，也可以连接不同的设备。早期的

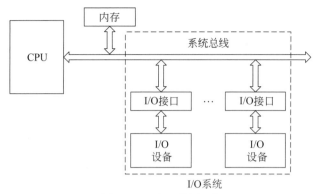

图 1-22 I/O 系统组成

键盘、鼠标、打印机都有不同的接口,而今,这些设备都可以通过 USB 接口连接。

2) CPU 与外设传输数据的控制方式

外设的种类多,信息处理速度与 CPU 有巨大差异。主机与外设之间进行数据交换时控制方式有程序控制方式、中断控制方式、DMA 控制方式和通道方式等。

程序控制方式是根据程序中的输入/输出命令,CPU 从外设输入或向外设输出数据。如果外设没有准备好或者出错,CPU 只能等待。这种方式的传输效率较低。

中断是指在计算机运行过程中,如果发生某种事件,CPU 将暂停当前程序的执行,转而执行该事件对应的程序(称为中断处理程序、中断服务程序或中断子程序),处理完毕后自动恢复执行原来的程序。中断控制方式中,CPU 启动外设后,继续执行程序处理其他事务,当设备准备好后,向 CPU 发出中断信号,CPU 收到后,暂停当前工作转去执行中断处理程序,完成数据传送工作。这种方式下,设备没有准备好的时候,CPU 不等待,但数据传送工作仍由 CPU 完成。

计算机中,有一种专门进行输入/输出的装置称为 DMA(Direct Memory Access,直接内存存取)控制器。DMA **控制方式**中,外部设备首先向 DMA 控制器提出传送请求,DMA 收到请求后,向 CPU 申请总线控制权,获得总线控制权后 DMA 完成内存与外设之间的数据传送。该方式中,数据传送是由 DMA 控制器完成的,CPU 可以进行不占用总线的工作或暂停。

通道也叫通道控制器,是一种专门用于控制外部设备输入/输出数据的处理机。在通道控制方式中,CPU 不直接参与 I/O 控制与管理,而是由通道管理 DMA 控制器、响应中断,甚至现代的通道控制器有自己的存储器,大大减轻了 CPU 的负担,使 CPU 和输入/输出设备可以并行工作。图 1-23 是通道控制方式的结构图。

1.2.2 软件系统

计算机软件简称**软件**(Software),是计算机系统中的程序及相关文档的总称。**程序**是一组指示计算机执行动作或做出判断的指令的有序集合;**文档**是为了便于编写和理解程序所进行的说明性资料。计算机的硬件是计算机系统的物质基础。计算机硬件功能的发挥需要计算机软件。

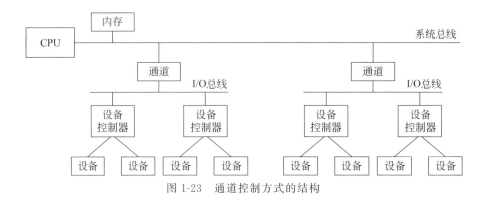

图 1-23 通道控制方式的结构

1. 计算机软件的分类

根据软件解决的问题的类型,将软件分为系统软件和应用软件。

应用软件是解决生产、生活和科学研究中特定任务的软件,如火车售票系统、财务管理系统、图像处理软件、背单词软件等。

系统软件是完成一般计算机系统都需要的任务的软件。它又分为两类:一类是操作系统,另一类是系统应用程序。**操作系统**是管理和控制计算机系统中的硬件和软件资源,合理地组织计算机的工作流程,以便有效地利用这些资源为用户提供一个方便、安全、可扩展的使用环境的软件,提供其他软件运行的基础环境,如早期的 DOS(Disk Operation System,磁盘操作系统)、Windows(Windows 8、Windows 10 等)、Linux、UNIX、Android 等。**系统应用程序**是为补充、扩展操作系统的功能而提供的软件,它们可以根据需要选择安装,如压缩软件、查杀计算机病毒的软件、计算机程序编写环境、数据库管理系统等。注意,软件的分类历来是模糊的,从不同的角度或侧重点,可能将它们分为不同的类别。例如,查杀计算机病毒,就是一种具体的应用,应属于应用软件;而它是为了保障计算机的工作,为其他软件提供正常运行的环境,从这个角度说,它就是系统软件。所以,一般为其他应用提供支持,保障计算机系统正常运行的软件归为系统软件,只解决具体问题的就是应用软件。

2. 操作系统的功能

计算机运行的过程就是执行计算程序的过程。计算机程序执行的过程,就是利用计算机硬件完成各种功能的过程。计算机中的硬件资源包括 CPU、内存、输入/输出设备等。操作系统就是围绕这些资源的有效利用而设计的软件。

按照所管理的资源和用户的需求,**操作系统的功能**分为内存管理、处理机管理、设备管理、文件管理和用户接口五大部分。

1) 内存管理

每一个运行的程序都必须首先存放到内存中,然后才能运行,这个过程称为**加载**、**装载**或**装入**。同一时刻,计算机的内存中会存在多个程序。存储管理是对内存空间的管理,它负责哪个程序占用哪块内存空间以及如何高效利用,具体如下。

内存分配：按照某种方式为每个要运行的程序分配一定的内存空间,既要尽量满足程序需求,又要减少内存浪费。

地址映射：CPU 执行程序时,都是按内存地址读取指令的,内存地址又称为**物理地址**。而编写程序时一般不知道程序将放到哪段内存中,所以编写时程序中命令的地址一般都是从 0 开始编号的,称为**逻辑地址**。加载程序时要把程序中使用的逻辑地址转转换为**物理地址**,这个过程称为地址映射。

内存保护：不同用户的程序都放在内存中,就必须保证它们在各自的内存空间中活动,不能相互干扰,更不能侵犯操作系统的空间,这就是**内存保护**。

内存扩充：一个系统中内存容量是有限的,当用户的程序超过系统能提供的内存容量时,如何让程序仍能运行,就是**内存的扩充**。内存扩充常用的方法是将外存(如磁盘)空间模拟成内存使用,称为**虚拟内存**。

2) 处理机管理

这里的处理机指的就是 CPU。现代的计算机系统,内存中可以同时装入多个程序,它们交替地使用 CPU 运行,称为**分时**。内存中的程序称为**进程**。分时系统中,每个进程运行一个固定的短的时间段,这个短的时间段称为一个**时间片**。一个进程的时间片用完后,就要暂停下来,让另一个进程运行。从一个进程变换到另一个进程的运行称为**进程切换**,或上下文切换。处理机管理负责进程的创建、调度、进程间通信和撤销,所以处理机管理也叫**进程管理**或 **CPU 管理**。

一个计算机软件的命令序列平时是保存在外存中的,就是程序。当需要运行时,需要将其装入内存,然后才能运行;运行结束,需要释放内存资源,结束进程。创建进程、撤销进程、暂停进程和继续执行进程等相关工作称为**进程控制**。何时选择哪个进程使用 CPU 运行,称为**进程调度**。

操作系统中,进程的调度要照顾公平、高效,也要能处理紧急事务。常见的进程调度算法有先来先服务算法、时间片轮转法、短作业优先法、优先级法等方法。

等待运行的进程在内存中会排成一个队列,称为**就绪队列**。**先来先服务**是根据进程进入队列的先后来使用 CPU。

时间片轮转法就是每个进程使用一个时间片。时间片用完后如果任务没有完成就进入就绪队列,然后按照先来先服务的方法排队使用下一个时间片。

在一次应用业务处理中,从输入开始到任务全部结束,用户要求计算机处理的全部工作称为一个**作业**。一个作业可能对应多个程序。**短作业优先算法**是在等待执行的作业中优先选择预计计算时间最短的作业使用 CPU。

优先级算法是给每个进程分配一个优先级别,调度时选择优先级最高的进程使用 CPU。优先级固定不变的称为**静态优先级**,优先级在程序运行中动态改变的称为**动态优先级**。

内存中有多个进程,这些进程有的正在执行,称为**运行态**;有的准备就绪,等待执行,称为**就绪态**;有的不具备运行条件,等待某个事件的完成,如等待输入或输出,称为**等待态**,又称**阻塞态**或**睡眠态**。一个进程的状态总是在这三个状态间转换(图 1-24)。

运行态的进程,时间片用完进入就绪态,等待事件发生进入等待态;等待的事件发生,

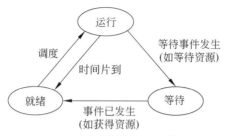

图 1-24　进程的状态变化

等待态的进程进入就绪;就绪态的进程经调度进入运行态。

　　Windows 操作系统中,在状态栏上右击鼠标,选择"任务管理器"可以查看进程的信息,单击"结束任务"可以中止选中的进程。

　　3) 设备管理

　　设备管理是对输入/输出设备的管理,负责把通道、控制器和输入/输出设备分配给请求输入/输出操作的进程,并启动设备完成实际的输入/输出操作。设备管理的主要功能如下。

　　设备分配:根据用户的 I/O 请求和相应的分配策略,为该用户分配通道、控制器和设备。

　　设备驱动:实现 CPU 与通道和外设之间的通信。由 CPU 向通道发出 I/O 指令,后者驱动相应设备进行 I/O 操作。当 I/O 任务完成后,通道向 CPU 发出中断信号,由相应的中断处理程序进行处理。设备驱动是通过操作系统内核中的设备驱动程序完成的,它能对 BIOS(基本输入/输出系统)不能支持的各种硬件设备进行解释,使得计算机能够识别这些硬件设备,从而保证它们正常运行。使用每个设备都需要安装设备驱动程序。不过,由于许多设备驱动程序都集成在操作系统的软件中,而且是自动安装的,所以,一般用户并不需要自己单独安装。如果使用的是一种新式设备,操作系统中没有相应的驱动程序,就需要单独安装了。设备驱动程序通常由设备制造商提供,只需安装一次。前面提及的 BIOS 是固化到计算机主板的芯片中的一组提供基本输入/输出功能的程序,为计算机提供最底层的、最直接的硬件设置和控制。

　　缓冲区管理:目的是解决 CPU 和外设速度不匹配的矛盾,从而使它们能充分并行工作,提高各自的利用率。

　　设备无关性:又称为设备独立性,即用户编写的程序与实际使用的物理设备无关,由操作系统把用户程序中使用的逻辑设备映射到物理设备。例如,编写应用程序时并不需要知道具体是哪种打印机,只需要使用一个 PRN 这样的虚拟名称,就可以在打印机上打印文件内容。

　　4) 文件管理

　　文件是存储在外存中的数据的集合。文件管理是对外存空间及存在其中的文件的管理,方便文件的使用,提高存储空间的利用率。文件管理的功能如下。

　　(1) **文件目录管理**。为了方便用户管理和操作文件,文件管理允许用户分门别类地组织文件,每个类别称为一个目录或文件夹,每个目录下还可以有其他目录或文件。

（2）**按名存取**。文件命名后保存在某个文件目录中。文件名使用字母、数字、下画线，甚至汉字等符号，不允许使用"?，＊，＜，＞，|，/，\，"""等符号。文件名中一般会有一个点"．"，点前面的部分称为**主文件名**，点后面的部分称为**扩展名**或**后缀**。主文件名标明文件的内容，扩展名标明文件的类型。例如，文件名 address.doc 标明该文件存储的可能是通信地址，文件的格式是 Word 文件。所以，给文件和文件目录起个有意义的名字是个好习惯。同一个目录下的文件不能同名。Windows 操作系统下文件名不区分大小写，而 Linux 系统下是区分大小写的。例如，Windows 下 A.doc 和 a.doc 被认为是同一个名字，而 Linux 下被认为是不同的文件。

（3）**文件的操作**。包括创建、删除、打开、关闭、读、写、复制、移动、重命名等。操作文件需要通过"路径＋文件名"的格式来使用文件。例如 c:\2022\doc\address.doc，其中，冒号前是磁盘的名称，称为盘符，一般是一个字母；用"\"分开的部分是路径，如 2022、doc，是文件目录的名称；最后的 address.doc 是文件名。

（4）**磁盘空间管理**。一台计算机可以配置一块或多块硬盘。一块大的硬盘可以分成一个或多个存储区域，每个区域称为一个**分区**。每个分区用一个字母表示，称为**盘符**或**逻辑盘符**。通常在计算机中看到的 C、D、E 都是逻辑盘符，它们可能是一块物理硬盘的三个分区，也可能是三块物理硬盘。逻辑盘符就是根目录。在盘符下可以创建目录或文件，目录下还可以再创建目录和文件，等等，这样就形成了**树状目录结构**。注意，这种目录结构只是逻辑上的一种划分方法，并不是文件在磁盘上的存放形式。物理上，磁盘上的数据的最小存储单位也是位，基本单位是**扇区**。一个扇区是 512B。每个扇区都有一个编号，称为**扇区号**。但扇区还不是磁盘的存取单位。磁盘的存取单位是**块**，有的系统称为**簇**。一般一个块是 2^k 个扇区，$k=0,1,2,\cdots$。如果一个块是 4 个扇区，也就是 2KB。当一个文件不足 2KB 时，也会占用 2KB 的空间；超过 2KB 时，占用的空间是 2KB 的最小整数倍。每个块也有一个编号，称为**块号**或**簇号**。

在整个磁盘空间中，一般有一块内容称为**引导扇区**，记录磁盘的基本参数、分区参数和操作系统所在位置，以便一开始就执行操作系统程序。第 2 块内容是**文件分配表**（File Allocation Table，FAT），它记录每个文件存放在哪些块中。这是文件读写的关键，所以这个表格有两份。第 3 块称为**根目录区**，它是根目录下的文件或文件夹的名称、文件大小、创建日期、存放位置和文件属性的列表，称为**文件目录表**或文件目录。最后是数据区，存放文件的实际内容。

磁盘的结构划分和文件在磁盘上的存放形式称为**文件系统格式**，有时也简称文件格式。目前，Windows 操作系统下常见的文件系统格式有 FAT16、FAT32 和 NTFS 等。

FAT16 格式，最大磁盘分区为 2GB。分区越大，每簇的字节数就越大，磁盘浪费就越严重。这里的 FAT 就是文件分配表，16 实际上是记录文件存放簇号所使用的位数。16 位就意味着最多有 2^{16} 个簇。

FAT32 格式，最大分区为 32GB，单个文件最大为 4GB。这使得有些大文件如光盘映像文件（整个光盘内容作为一个文件）、视频文件不能在该格式下保存（因为超过了 4GB）。

NTFS（New Technology File System），最大分区为 2TB，读写文件时自动压缩、解

压,最大限度地避免磁盘空间的浪费,可以为共享资源、文件夹以及文件设置访问许可权限。所以,如果磁盘较大且保存的文件也会很大时,应使用 NTFS 格式。

磁盘的分区、簇的大小是用户可以选择的,所以,一块硬盘在使用前需要进行分区和格式化。格式化就是选择哪种文件系统格式所做的准备工作。Windows 下在"控制面板"→"系统和安全"→"管理工具"→"计算机管理"→"磁盘管理"中可以进行磁盘或 U 盘的分区和格式化操作。请注意,分区和格式化都会使磁盘上原有的内容被清除,而且不可恢复,是具有破坏性的,所以如果不是新盘,不要轻易格式化。如果真的要格式化,一定要先将数据备份到其他磁盘中。

5)用户接口

用户使用操作系统功能的方式就是**用户接口**。现代操作系统通常向用户提供了三种类型的接口:命令接口、图形接口和程序接口。

(1)**命令接口**。在提示符之后,用户从键盘上输入命令,系统接收并解释这些命令,然后把它们传递给操作系统内部的程序,执行相应的功能。例如,Windows 下在"开始"菜单的"运行"框中输入"cmd",打开"命令提示符"窗口(图 1-25),其中,">"就是命令提示符,前面的"C:\Users\ylzhao"是当前操作所在的文件夹。在">"后面输入"dir"并回车,可以看到当前文件夹下的文件目录,输入"notepad"并回车,可以打开"记事本"程序,这种使用操作系统功能的方式就是命令接口方式。早期的 DOS 操作系统就是使用这种方式。

图 1-25　Windows 操作系统下的命令提示符窗口

(2)**图形接口**。目前使用鼠标单击的方式就是图形接口方式,通常称作**图形用户界面**(Graphic User Interface,GUI),简称**图形界面**。用户单击鼠标时,系统分析用户在哪儿怎样单击了鼠标,是左键还是右键,是单击还是双击,操作系统把这一信息传递给相应的应用程序,应用程序根据预先的约定,知道用户想做的操作,执行相应程序完成相应的功能。图形用户界面不需要用户记住过多的命令,各种功能以形象、直观的图标、菜单展现,鼠标单击执行,非常方便。

(3)**程序接口**。也称为系统调用接口,就是用户使用某种程序设计语言编写计算机程序,在程序中,使用操作系统的某些功能,如文件的读、写操作等。使用的方式就是直接或间接调用操作系统提供的函数,这些函数称为 API(Application Programming Interface,应用程序编程接口)函数。计算机或编程中所说的**函数**,就是一段完成一定功能的有名字的程序。

3. 操作系统的分类

根据历史发展和设计目的的不同,操作系统分为以下类别。

1) 批处理操作系统

简称批处理系统。批处理是早期计算机处理作业的一种方式。操作员把用户提交的作业分批处理,每批中的作业由操作系统或监督程序负责作业间自动调度执行。运行过程中用户不需要干预作业,大大提高了系统资源的利用率。现代操作系统一般也提供批处理功能。

2) 分时操作系统

采用时间片轮转的方式,使一台计算机为多个终端用户服务。由于时间间隔很短,每个用户的感觉就像他独占计算机一样。分时操作系统的特点是可有效增加资源的使用率。典型的分时操作系统是 UNIX 和 Linux。

3) 实时操作系统

当外界事件或数据产生时,能够接受并以足够快的速度进行处理,所得结果又能在规定的时间内用来控制生产过程或对处理系统做出快速响应。提供及时响应和高可靠性是实时操作系统的主要特点。需要实时完成的任务如导弹制导、自动驾驶、数据采集、生产控制等。

4) 网络操作系统

能够控制计算机在网络中传送信息和共享资源,并为网络用户提供所需的各种服务,其主要功能是网络通信、网络管理、网络服务和资源管理。早期的网络操作系统主要指提供网络服务的操作系统,如 UNIX、Novell Netware 和 Windows NT 等。现代操作系统一般都具有网络信息传输功能,都是网络操作系统,包括 Android、Windows 7、Windows 10 等。

5) 微机操作系统

微机操作系统即微型计算机上运行的操作系统。例如,早期的单用户、单任务操作系统 MS-DOS,20 世纪 90 年代的单用户多任务操作系统 XENIX、Windows 3.x、Windows 9.x 等,近年的多用户、多任务操作系统 UNIX、Windows、Linux 等。单用户指同时只能登录一个用户;多用户指同时(通过网络)能登录多个用户;单任务指同时只可运行一个用户程序;多任务指同时可运行多个用户程序。

6) 分布式操作系统

分布式操作系统即用于管理分布式计算机系统的操作系统。处理和控制功能都集中在一台计算机上,所有任务均由一台计算机完成,这种系统称为**集中式计算机系统**。由多台分散的计算机经计算机网络连接而成的系统是**分布式计算机系统**。每台计算机既能自治又能协同工作,能够在系统范围内实现资源管理和任务分配,能够并行运行分布式程序的计算机系统。著名的分布式操作系统有 Amoeba(荷兰自由大学)Plan 9(AT & T 公司贝尔实验室)、X 树系统(美国加州大学伯克利分校)等。

7) 嵌入式操作系统

嵌入式操作系统是指运行在嵌入式应用环境中,对整个系统及所有操作的各种部件、装置等资源进行统一协调、处理、指挥和控制的系统软件,如 VxWorks(美国 Wind River

公司)、CHORUS(Sun 公司)、Navio(Oracle 公司)等。**嵌入式应用环境**是指将计算机嵌入其他电子、机械装置和设备中,实现设备、装置的自动化、智能化操作。

小　　结

本章介绍了计算的概念,了解了计算工具的发展,重点介绍了计算机系统的组成和操作系统的功能,其中应重点理解冯·诺依曼思想、计算机的工作过程、存储器和存储器系统、缓存的作用、总线的作用、操作系统的功能、什么是进程、存储地址等概念。计算机中的概念和设计思想与生活和其他学科是相通的,请在学习时注意体会,也请思考为什么计算机系统会这样设计?

习　　题

一、单选题

1. 用计算机语言编写的完成一定功能的指令序列是(　　　)。
   A. 计算　　　　　　　　B. 算法　　　　　　　　C. 指令　　　　　　　　D. 程序
2. 世界上第一台电子数字计算机采用的主要逻辑部件是(　　　)。
   A. 电子管　　　　　　　B. 晶体管　　　　　　　C. 继电器　　　　　　　D. 光电管
3. 第三代计算机使用的逻辑部件是(　　　)。
   A. 晶体管　　　　　　　　　　　　　　B. 电子管
   C. 中小规模集成电路　　　　　　　　　D. 大规模和超大规模集成电路
4. 一个完整的计算机系统应包括(　　　)。
   A. 系统软件和应用软件　　　　　　　　B. 硬件系统和软件系统
   C. 主机和外部设备　　　　　　　　　　D. 主机、键盘、显示器和辅助存储器
5. 下列度量单位中,哪个与 CPU 性能有关?(　　　)
   A. MB　　　　　　　　　B. Mb/s　　　　　　　　C. dpi　　　　　　　　　D. GHz
6. CPU 中,控制器的基本功能是(　　　)。
   A. 存储各种控制信息　　　　　　　　　B. 传输各种控制信号
   C. 产生各种控制信息　　　　　　　　　D. 控制系统各部件正确地执行程序
7. 下列 4 条叙述中,属于 RAM 特点的是(　　　)。
   A. 可随机读写数据,且断电后数据不会丢失
   B. 可随机读写数据,断电后数据将全部丢失
   C. 只能顺序读写数据,断电后数据将部分丢失
   D. 只能顺序读写数据,且断电后数据将全部丢失
8. 操作系统中存储管理负责的是(　　　)。
   A. 哪个程序何时使用 CPU
   B. 哪个程序存放在内存中的什么位置

  C. 哪个文件存放在磁盘上的什么位置

  D. 计算机的操作方式

9. 下列有关存储器读写速度的排列,正确的是( )。

  A. RAM > Cache > 硬盘   B. RAM > 硬盘 > Cache

  C. Cache > RAM > 硬盘   D. Cache > 硬盘 > RAM

10. 计算机软件是指( )。

  A. 计算机程序   B. 源程序

  C. 目标程序   D. 计算机程序及有关资料

二、问答题

1. 什么是计算?

2. 电子计算机的发展经历了哪几个时代? 各个时代的特征是什么?

3. 生活中,有哪些系统也是类似冯·诺依曼结构的? 请分析说明。

4. 说说早期的计算工具与现代电子计算机系统在组成结构和使用上的相似之处。

5. 简述计算机系统的组成。

6. 什么是计算机操作系统? 简述计算机操作系统的功能。

7. 简述进程和程序的区别。

8. 进程的状态有哪些? 简述它们是如何转换的。

三、探究题

1. 计算机的自治是什么意思?

2. 什么是分布式程序?

3. 列举身边的嵌入式系统。

4. 什么是人工智能?

5. 什么是云计算?

6. 什么是大数据? 说说研究大数据的意义。

第2章

算法描述和评价

计算机是求解问题的工具。计算机系统由硬件系统和软件系统组成。硬件是基础，通过各种软件在硬件上的运行实现各种功能。软件是计算机程序、数据及相关文档的集合。计算机程序是为求解问题用计算机语言编写的一系列命令的有序集合。要用计算机求解问题，首先人要会求解这个问题。人要能够把问题的求解方法描述为一系列的步骤，然后告诉计算机让它求解。这一系列步骤就是算法。算法是计算机求解问题的关键。

2.1 算法和算法的特征

1. 什么是算法

算法(Algorithm)是由若干条命令组成的有穷序列。这种命令序列不同于一般做事的步骤，有它的要求和特点。

2. 算法的特征

一个有效的算法应该具有如下特征。

(1) **有 0 个或多个输入**。这里的输入指能设定求解问题的基本数据，是问题求解的操作对象。

(2) **输出**。算法是为求解问题而设计的，按照算法的命令执行一系列的动作，最后应得到一个结果，这个结果就是输出。

(3) **确定性**。算法的每个步骤都必须有确定的含义，无二义。例如，"请把这两个数算一下"这个命令就是不确定的。不知道是要算和、差、积，还是什么。这样的命令就无法完成，或者结果无意义。

(4) **有穷性**。算法应该在有限步内终止，每一步能够在有限步内完成。例如，求 $\frac{1}{n}$ 当 $n \to +\infty$ 时的极限，就是无穷步，计算机做不到。计算机能做到的是计算 $n = 1000$ 时的值，也可以是 $n = 10\,000$ 时的值，或者 $n = 100\,000$ 时的值。n 应是一个有限数。

(5) **可行性**。算法中描述的操作都可以通过执行有限次已经实现的基本运算来实现。如求极限、求积分一般都不能在有限步求得精确解，就是不可行的。也有一些算法，理论上可行，实际上不可行。例如，有些算法需要的计算时间是上千万年，甚至更长，也失去了实际意义。

一个算法应具有上述特征,才是一个有意义的算法。另外,这里说的命令不是计算机指令,而是人能理解的指令。

2.2　算法的描述

算法是求解问题的步骤,就需要把它表达出来,这就是算法的描述。程序设计人员根据算法的描述,将其编写成计算机程序,在计算机上执行,从而求解问题。算法的描述很重要。如果描述不清楚,表达不准确,人就不易看懂,更不用说在计算机上执行了。常用的算法的描述方法有自然语言、程序流程图和伪代码。

1. 自然语言描述

算法的自然语言描述,就是使用人们日常交流用的汉语、英语、日语等语言表达算法。

约公元前 300 年,欧几里得[①]发现,两个整数 p、$q(p>q)$ 的最大公因数,等于 p 除以 q 的余数和 q 的最大公因数。这个余数比 q 要小,所以,这就转换为求两个更小的数的最大公因数的问题,如此继续转换,会有新的 p 除以新的 q 的余数为 0,这时的 q 就是原来的 p 和 q 的最大公因数。这就是**辗转相除法**,也叫**欧几里得算法**。

上述用一段文字描述计算方法的方式比较啰唆。自然语言描述算法,一般用 1、2、3 列出步骤,也可以使用数学公式,这样描述就更加清晰和准确。上述辗转相除法的自然语言描述如下。

【例 2-1】　用自然语言描述求两个正整数 p、q 的最大公因数的辗转相除法。

【解】　求两个正整数 p、q 的最大公因数的辗转相除法的自然语言描述如下。

对任意两个正整数 p 和 q。

① 如果 $p<q$,交换 p 和 q。

② 求出 p/q 的余数用 r 表示。

③ 如果 $r=0$,则执行步骤⑦,否则执行下一步。

④ 令 q 为新的 p,r 为新的 q(也常表示为 $p=q,q=r$ 或 $p \leftarrow q,q \leftarrow r$)。

⑤ 计算新 p 和新 q 的余数 r。

⑥ 转步骤③。

⑦ q 就是所求的结果,输出结果 q。

显然,列出 1、2、3,比段落的描述要清晰。

2. 程序流程图描述

程序流程图也简称流程图,就是用图形符号描述算法中的输入、输出、计算、计算顺序等内容。

流程图中,常用圆角矩形表示开始和结束,平行四边形表示输入和输出,矩形表示计

---

① 欧几里得(Euclid,约前 330—约前 275),古希腊享有盛名的数学家,以其所著的《几何原本》闻名于世。

算,菱形表示条件和判断,带箭头的线表示计算的顺序等。流程图常用的符号如图 2-1
所示。

图 2-1 流程图常用符号

其中,"过程"是一个子流程图,它可以再展开成求解一个子问题的流程图。如果将其
展开,流程图就会显得冗长和复杂。如果在这里仅用一个名字表示,再在另一处详细描
述,整个算法就会显得简洁和清晰。这样可以降低算法描述的复杂程度。"连接符"是为
长流程图设计的。如果在一页纸上画不下时,可以在前一页的流程线末端画一个圆圈,在
其中写上数字,在后一页流程线起始画一个圆圈,其中写上相同的数字,就表示它们是连
起来的。

【例 2-2】 用程序流程图描述求两个正整数 p、q 的最大公因数的辗转相除法。

【解】 求两个正整数 p、q 的最大公因数的辗转相除法的流程图描述见图 2-2。

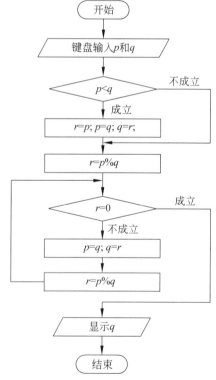

图 2-2 辗转相除法的流程图

　　注意矩形中的等号，如 $r＝p$ 表示"r 的值就是 p 的值"；如 $r＝p\%q$ 表示"r 的值是 $p\%q$ 的计算结果"，其中，$\%$ 表示计算 p 除以 q 的余数，$\%$ 称为**求余运算符**。如果将等号左边的符号理解为能存放数据的容器，$r＝p\%q$ 的意思就是将等号右边的式子的计算结果放入等号左边的容器中，所以，程序设计中将等号称为**赋值运算符**。菱形中 $r＝0$ 的等号是比较的意思，是比较 r 是不是等于 0。为了和赋值区别，用于比较的等号常写为两个等号（＝＝），如 $r＝＝0$。

3. 算法的基本结构

　　研究发现，算法步骤的表达可以分成三种类型，分别是顺序、分支和循环，称为三种**基本结构**或**基本控制结构**。

　　1）顺序结构

　　按先后顺序依次执行，如两个步骤 A、B，执行完 A 再执行 B，它们之间的关系就是顺序的，用流程图表示如图 2-3(a)所示，执行完 A，下一步执行 B。

　　2）分支结构

　　分支结构又称选择结构，是根据某个条件来决定做什么操作。例如，例 2-2 中根据 p 是否小于 q 来决定是否交换它们的值。用流程图表示如图 2-3(b)所示，其中，C 是一个条件，如果这个条件成立（即它的值为"真"），则执行 A 步骤，否则执行 B 步骤，然后再执行以后的步骤。这个块是一个"分支"（图中虚线内的部分）。步骤 B 也可以没有，称为单分支。也就是条件成立执行 A，不成立直接执行后面的步骤。

　　3）循环结构

　　一件事情反复做，或某种操作反复做，就是循环。如例 2-2 中，如果 p 除以 q 所得余数不为 0，就会反复地将 q 作为新的 p，r 作为新的 q，再求余数，直到余数为 0，这就是循环。用流程图表示这种结构如图 2-3(c)所示。该图表示，当条件 C 成立时，执行步骤 A，然后再判断条件 C，如果仍然为"真"，则再执行 A，再判断条件 C，直到条件 C 不成立（即其值为"假"），则不再执行 A（称为退出循环）而执行后面的"其他"步骤。其中反复执行的步骤 A 称为**循环体**，条件 C 称为**循环条件**。

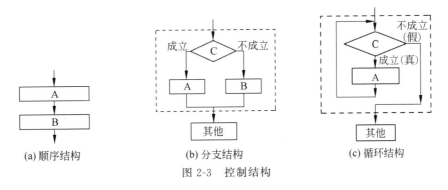

(a) 顺序结构　　　　(b) 分支结构　　　　(c) 循环结构

图 2-3　控制结构

　　注意，上述步骤 A、B 可能是一个简单的操作，也可能是若干步骤合在一起的复合操作，也可能是包含其他的顺序、分支和循环结构的操作步骤。

4. 伪代码描述

流程图描述清晰、准确,容易理解,但有时画图还是比较费时间。伪代码是用自然语言结合计算机语言的表达和控制结构的方式描述算法。

前面介绍了算法中命令执行次序的结构。每种计算机语言都能够表示这三种结构,但表达方式一般不完全相同。伪代码可以规定一种更易于人理解的方式来表示这三种结构。下面介绍本书伪代码表示的一些约定。

1) 变量及数组

用符号表示数据,这些符号称为**变量**(Variable)。这些符号可能是单个字母,也可能是单词。一般情况是由字母或下画线开头,后跟若干字母、数字、下画线的一串字符。例如,$i, j, k, x1, y1, length, width, student\_name$ 等。

如果表示多个同类数据,使用很多符号不方便,常用的方法是使用符号加下标的方式。例如 $A[i]$,A 表示一类数据,i 表示第 i 个,称为**下标**(Index),$A[i]$ 就表示这类数据中的下标是 i 的那个。A 称为**数组**(Array),i 的值一般从 0 开始。一个数组中能存放的数据一般是有限的,称为**数组的大小**(Size),若 A 的大小为 n,则下标 i 的范围是 $i=0, 1, 2, 3, \cdots, n-1$。

上面举的数组的例子有一个下标,称为**一维数组**。还可以有两个下标,称为**二维数组**;三个下标为三维数组等。二维数组的形式为

A[下标 1][下标 2]

二维数组常用于存储矩阵。例如,可以用 $A[0][0]$ 表示矩阵 A 的第 1 行第 1 列的元素,再比如围棋棋盘可用长宽各为 19 的二维数组表示,而数组的值可表示某个位置为黑棋、白棋或无子。

本书算法中,数组 L 的下标 p 至 q 的部分(即 $L[p], L[p+1], \cdots, L[q]$)用 $L[p..q]$ 表示。

2) 赋值语句

给一个变量设定数值称为**赋值**,一般格式为

变量←表达式(或变量,或常数);

或

变量=表达式;

例如:

```
c←a+b;          //表示将 a+b 的值赋给 c
c=a+b;
```

该语句实质是先将右边表达式或变量的值计算出来,然后把该值赋给左边的变量,使左边的变量等于表达式或变量的值。

注意,赋值号左边只能是变量,而不能是表达式或常数。赋值号左右两边不能对换,

$x \leftarrow y$ 与 $y \leftarrow x$ 的含义一般不同。

例如以下两句：

x←2;
x←x³;

顺序运行后,x 的值为 8。

赋值,在计算机语言中常用等号表示,如 c＝a＋b,表示将 $a+b$ 的值赋值给 c。

3) 表达式

表达式就是变量、常量或用运算符连接起来的变量、常量或表达式,如 $a+b+c$ 是表达式,它是用＋将 $a+b$ 和 c 连接起来。也可以使用圆括号写为 $a*(b+c)$,圆括号中的表达式优先计算。

运算符有算术运算符、关系运算符和逻辑运算符。算术运算符用＋、－、*、/、％分别表示加、减、乘、除和求余运算;关系运算符(也称比较运算符)用＝、≠、<、>、≤(或<＝)、≥(或>＝)等表示;逻辑运算符用 and、or、not 来表示。例如:

$x+y-6/z+a*b+c\%2$ 为算术表达式。

$x+y+z>a*b+c$ 为关系表达式(两个算术表达式用关系运算符连接起来)。

$x+y>z$ and $x+z>y$ and $y+z>x$ 为逻辑表达式(三个关系表达式用逻辑运算符连起来)。

运算符有优先级,这里不详细介绍。一般若表达式中包含算术运算、关系运算和逻辑运算,首先处理算术运算,其次处理关系运算,最后处理逻辑运算。

逻辑运算的结果为"真"(True)或"假"(False)。若某个关系表达式成立,则这个表达式结果为"真"(True),否则为"假"(False)。

4) 分支语句

分支结构的计算表示就是分支语句,也叫选择语句,基本形式为

若(条件 C):
　　<B1>
否则:
　　<B2>

其中,"条件 C"是一个逻辑表达式,<B1>和<B2>是一条语句或一组语句,称为**语句块**。它表示的执行顺序是: 如果"条件 C"的值为"真",则<B1>块被执行一次;如果"条件 C"值为"假",则<B2>块被执行一次;然后执行后面的其他语句。注意,<B1><B2>语句块向右缩进。选择语句中"**否则**"部分可以不出现。

5) 循环语句

循环结构的计算表示是循环语句。有两种形式: 一种是"当"型循环语句,其形式如下。

当(条件 C):
　　<B1>

其中,"条件 C"是一个逻辑表达式,<B1>是语句块。如果 C 的值为"真",则执行<B1>,且

在每次执行<B1>后都要重新检查"条件 C";如果"条件 C"为"假",则转到紧跟 while 语句后面的语句执行,否则会再次执行<B1>,直到条件 C 为"假"。循环中的语句块<B1>称为**循环体**,"条件 C"称为**循环条件**。

另一种循环语句形式如下。

循环(i 从 begin 到 end):
    <B1>

其中,i 是变量,称为**循环变量**,begin、end 一般是常数或表达式,<B1>是循环体。i 的初始值为 begin,当 i 小于或等于 end 且大于或等于 begin 时循环执行<B1>,每次循环体<B1>执行完毕将 i 加 1,再次检查 i 是否在 begin 和 end 之间,如果在,继续执行循环体,直到超出这个区间。循环体的执行次数是 end-begin+1。当已知要执行的循环次数时常用这种循环,可以将这种循环称为已知次数的循环。

【例 2-3】 将"我爱做笔记"这句话显示三遍,用伪代码表示。

【解】 使用已知次数的循环。

循环(i 从 1 到 3):
    显示"我爱做笔记"

这种循环格式也可以表示为

对 i=begin,…,end:
    <B1>

循环语句和分支语句可以相互嵌套,多个循环语句、分支语句也可嵌套在一起,从而实现复杂的功能。例如,下面的语句就是两个循环语句嵌套。

循环(i 从 0 到 n):
    循环(j 从 1 到 m):
        $x \leftarrow x+1$

这段算法对于 0~n 中的每一个 i 值,内层循环都要执行 m 次,所以 $x \leftarrow x+1$ 这个运算会执行$(n+1) \times m$ 次。

6)函数描述

一个算法可能很长,可以将它分为功能上相对独立的几个部分,每个部分起个名字,以后通过这个名字使用这段算法来表示相应的计算,这段有名的算法称为**函数**。函数的一般形式为

函数名(<参数表>):
    <Block>

其中,<参数表>是完成计算需要的数据的列表,称为**参数**,或**形参**。因为它是代表数据的符号。<Block>是语句块,称为**函数体**,是完成某功能的计算命令部分。函数往往有计算结果,称为**返回值**,这时函数体的<Block>最后一句常常为如下的表示。

return <变量>(或<表达式>);

其中的<变量>(或<表达式>)就是计算结果。

在一段算法中使用一个已经定义过的函数称为**函数的调用**。调用函数要给出函数名和实际的参数,这时的参数称为**实参**。函数调用相当于执行组成函数的算法,执行完毕,函数调用的式子就表示计算结果。下面是函数定义及调用的例子。

【例 2-4】　定义两个数相加的函数,并通过它计算两个数的和。

【解】　函数的定义:

```
add(x, y):                        #函数的定义
    return x+y                    #函数的返回值
```

此函数在使用时,需要传递两个常数或已赋值的变量,得到一个结果。在下面的函数中使用了 add()函数。

```
main():                           #定义主函数
    n1←5, n2←6
    n3←add(n1, n2)                #调用函数 add 计算 n1,n2 的和,结果赋值给 n3
    显示 n3 的值
```

这段算法,设置 n1 的值为 5,n2 的值为 6,调用函数 add()计算 n1+n2 的和,并将计算结果存入 n3,即 n3 为 11。

上述例题解答中,"♯"号及其后面的内容称为**注释**,是为看懂算法写的说明,是不需要照它执行的。main()也是一个函数,它没有参数。用这个特殊的函数表示算法执行的起点,其他函数只能通过调用才能执行,而 main()函数是最先自动执行的。

7) **格式要求**

书写上用"缩进"表示程序中语句模块的层次结构。同一模块的语句有相同的缩进量,次一级模块的语句相对于其父级模块的语句缩进。基本形式如下。

```
语句 1;
语句 2;
    子语句 1;
    子语句 2;
        二层子语句 1;
        二层子语句 2;
    子语句 3;
语句 3;
```

各行语句均以分号结束。选择语句、循环语句整体上算一句,其中包含的语句块是子语句,是需要缩进书写的。但冒号也不是必需的。算法的目的是清晰地表示计算过程,没有严格的语法检查,只要易于人看懂即可。

【例 2-5】　用伪代码描述求两个正整数 p、q 的最大公因数的辗转相除法。

【解】　按照上述约定,求两个正整数 p、q 的最大公因数的辗转相除法的伪代码如下。

```
输入正整数 p, q
若(p<q):
    交换 q,p 的值
```

```
r←p%q                    #%表示求余运算，p%q就是p除以q的余数
当(r!=0):                #余数不为0时循环
    p←q                  #q变为新的p
    q←r                  #r变为新的q
    r=p%q                #再次求余数
输出q                    #循环结束，q中就是最大公因数
```

请注意，以上描述伪代码的方法是本书的描述方法，也可以有其他的约定方法。通常一是要有控制结构的表达方法，二是要容易看懂。

2.3 算法的评价

如果一个算法有缺陷，或不适合于某个问题，执行该算法将不会解决这个问题。求解一个问题可能有多种算法。不同的算法可能用不同的时间和空间来完成任务。一个算法的优劣可以用时间复杂度和空间复杂度来衡量。

1. 时间复杂度

算法的时间复杂度是计算机按此算法求解问题所需要的时间。但是，一个算法处理的数据元素的个数是不确定的，并且不同计算机执行速度是不同的，因此以某个程序的绝对执行时间作为评价标准是不合适的。一般将算法处理的数据元素的个数记作 n（又称问题规模为 n），将算法中的主要运算作为基本运算，将基本运算的次数作为时间复杂度的度量，它是问题规模 n 的函数 $f(n)$。

【例 2-6】 估计求 $1+2+3+\cdots+n$ 的下列算法的时间复杂度。

算法：

```
① sum=0;
② 循环(i从1到n):
      sum←sum+i;
③ 输出sum;
```

【解】 在这个算法中，主要的运算是加法运算，i 从 1 到 n 循环了 n 次，所以这个算法的时间复杂度是 $f(n)=n$。

【例 2-7】 下面是计算两个向量的内积的算法，估计它的时间复杂度。

设两个向量分别为 $\boldsymbol{a}[1..n]$ 和 $\boldsymbol{b}[1..n]$。

```
① 输入n;
② 循环(i从1到n):
      输入a[i];
③ 循环(i从1到n):
      输入b[i];
④ dotproduct←0;
⑤ 循环(i从1到n):
      dotproduct←dotproduct+a[i]*b[i];
⑥ 输出dotproduct;
```

【解】　这个算法中的主要运算是乘法和加法,可以将每次的乘法和加法看作一个基本运算,第⑤步循环执行 n 次,所以时间复杂度也是 $f(n)=n$。注意,在这个算法中,也有输入 n,输入 $a[i]$、$b[i]$ 的运算,但一般输入/输出不作为基本运算。

【例 2-8】　下面是计算 $1!+2!+3!+4!+\cdots+n!$ 的算法,计算它的时间复杂度。

算法:

```
① 输入 n;
② sum←0;
③ 循环(i 从 1 到 n):
④     factorial←1;
⑤     循环(j 从 1 到 i):
              factorial←factorial * j;
⑥     sum←sum+factorial;
⑦ 输出 sum;
```

【解】　在这个算法中,主要运算是计算阶乘的乘法和计算和的加法。乘法在两个循环中,当 $i=1$ 时,内循环,即乘法计算 1 次;当 $i=2$ 时,乘法计算 2 次,$\cdots$ 当 $i=n$ 时,乘法计算 n 次,所以,乘法的计算次数是:

$$1+2+3+\cdots+n=(1+n)\times n/2$$

加法在外循环中,根据 i 的变化,执行 n 次,所以算法的时间复杂度是:

$$f(n)=(1+n)\times n/2+n=\frac{1}{2}n^2+\frac{3}{2}n$$

当 n 趋向无穷大时,如果 $f(n)$ 的值增长缓慢,则算法优。一般可以用 $f(n)$ 的数量级来粗略地判断算法的时间复杂度,如上例中的时间复杂性可粗略地表示为 $T(n)=O(n^2)$ 或 $T(n)=O(n^2/2)$。算法的时间复杂度也因此记作 $T(n)=O(f(n))$。与 n 无关的算法复杂度记作 $O(1)$,被认为是**常数阶**的。

常见的算法的时间复杂度是 $O(1)$、$O(n)$、$O(\log_2 n)$、$O(n^2)$、$O(2^n)$ 等。$O(n^k)$(其中,k 为常数)阶的时间复杂度称为**多项式阶时间复杂度**。如果一个问题,具有 $O(n^k)$(其中,k 为常数)阶或更低阶时间复杂度的算法,被认为是容易求解的问题,称为 P 问题。$O(2^n)$ 阶时间复杂度称为**指数阶时间复杂度**。具有指数阶时间复杂度的算法,随着 n 的增长,工作量急增。如果一个问题找不到多项式阶时间复杂度算法,或只具有指数阶时间复杂度算法,被认为是**难解的问题**。

2. 空间复杂度

算法的空间复杂度是指计算机采用该算法求解问题时需要消耗的内存空间。由于存储程序和数据的空间是必要的,通常空间复杂度计算的是需要的额外空间的多少,其计算和表示方法与时间复杂度类似,在此可将一个数据元素的存储空间记作 1。

【例 2-9】　下面是交换两个向量的算法,估计它的空间复杂度。

算法:

设两个向量分别为 $a[1..n]$ 和 $b[1..n]$。为了交换,使用一个中间向量 $t[1..n]$。
① 循环(i 从 1 到 n): 　　　　　　#将 a 中的数据全部移到 t 中,a 就空出来

```
        t[i]←a[i];
② 循环(i 从 1 到 n):          #将 b 中的数据全部移到 a 中, b 就空出来
        a[i]←b[i];
③ 循环(i 从 1 到 n):          #将 t 中原来 a 的数据移到 b 中, 完成交换
        b[i]←t[i];
```

【解】　这个算法的思路是先将 a 中的所有元素移到 t 中, 再将 b 中的所有元素移到 a 中, 再将 t 中存的原来 a 的元素存到 b 中, 就交换过来了。a, b 是待交换的向量, 存储空间是必要的, t 是为了交换而使用的空间, 交换完就没有用了, 是为交换而使用的额外空间, 因此这个算法的时间复杂度是 n。另外, 这个算法中的主要运算就是移动元素, 有三个循环, 每个循环的循环体执行 n 次, 共 3n 次, 这是时间复杂度。

【例 2-10】　下面是交换两个向量的另一种算法, 估计它的空间复杂度。
算法:

设两个向量分别为 $a[1..n]$ 和 $b[1..n]$。为了交换, 使用一个中间变量 t。
```
循环(i 从 1 到 n):
        t←a[i];
        a[i]←b[i];
        b[i]←t;
```

【解】　这个算法, 将每个元素 $a[i]$ 移到 t 中, 再将 $b[i]$ 移到 $a[i]$ 中, 再将 t 移到 $b[i]$ 中。是一个一个换的, 只用了一个额外的存储空间。空间复杂度是 1。

和时间复杂度一样, 空间复杂度也用数量级估计, 记为 $O(1)$、$O(n)$、$O(n^2)$ 等。

小　结

本章介绍了算法概念、算法的特征, 特别是算法的表示方法和算法的评价。如果一个算法不具备算法的特征, 那它实际上就不是一个真正的算法, 可能无法理解或无法实现, 没有实用价值。算法的表示方法, 虽然列出了几种, 但实际上具体细节的描述是没有标准的, 关键是要让人明白要干什么, 怎么做。"让人明白"是目的。要让人明白, 就要知道阅读的人对问题的理解程度, 但实际上这是不现实的。对于初学者, 算法应描述成四则运算、初等函数运算、关系运算、逻辑运算和赋值的序列。例如, 计算列表元素的和, 不能笼统地表达为"把其中的元素都加起来"。因为对初学者, 看到这种表达, 仍然不知道是如何加的, 特别是不能确切地告诉计算机如何加, 无法写出计算机程序。可以用伪代码表达为

```
设 L[1..N]为列表, N 为其元素个数
sum=0
对 i=1,…,N
    sum=sum+L[i]
输出 sum
```

注意这非常接近计算机程序了, 那么在此基础上写程序, 就会比较简单。其中的"元素个数"在 Python 程序中表示为 len(L)。

算法的表示非常重要, 如果不能把问题的求解方法表示成可以实现的计算步骤的序

列,就无法编写计算机程序,无法让计算机帮我们求解问题。

　　算法的复杂度对设计实用的算法非常重要,因为如果一个算法求解时间很长或占用的空间超出计算机的能力,是没有实际意义的。但理论上指数阶时间复杂度的算法,随着计算机运算速度提高,对小规模问题也是可以求解的。

习　　题

一、选择题

1. "算法的每个步骤都必须有确定的含义,无二义。"描述的是算法的(　　)。
　　A. 确定性　　　　　B. 可行性　　　　　C. 有穷性　　　　　D. 正确性

2. 下面哪项不是算法的描述方法?(　　)
　　A. 自然语言　　　　B. 流程图　　　　　C. 伪代码　　　　　D. E-R 图

3. 程序流程图中,菱形用来表示(　　)。
　　A. 输入或输出　　　B. 计算　　　　　　C. 条件　　　　　　D. 开始或结束

4. 程序中,"赋值"(如 c=a+b)的含义是(　　)。
　　A. 求使等式成立的变量的值
　　B. 赋予左边的符号有价值的含义
　　C. 等号右边表达式的值用左边的符号表示
　　D. 等号右边表达式用左边的符号表示

5. 计算机程序或算法中,变量的含义是(　　)。
　　A. 值可以变化的符号　　　　　　　B. 值不确定的符号
　　C. 方程中的符号　　　　　　　　　D. 函数中的自变量

6. 算法或计算机程序中,用来使一段命令(或语句)执行多次的结构称为(　　)。
　　A. 顺序结构　　　　B. 分支结构　　　　C. 循环结构　　　　D. 函数

7. 下列时间复杂度表示中,哪个是次快的?(　　)
　　A. $O(\log_2 n)$　　　B. $O(n^2)$　　　　C. $O(2^n)$　　　　D. $O(n)$

二、简答和算法描述

1. 算法的特征有哪些?

2. 描述算法的方法有哪些?

3. 写出求解下列问题的算法:输入 x 计算下列分段函数的值。

$$f(x)=\begin{cases}(x+1)^2, & x<1 \\ 4-\sqrt{x-1}, & x\geq 1\end{cases}$$

4. 使用流程图描述计算两个 n 维向量内积的算法。

5. 对例 2-8 的问题,设计一个具有更少乘法计算次数的算法。

6. 请使用流程图,描述计算下列级数的前 n 项和的算法

$$S_n=1+\frac{1}{2^2}+\frac{1}{3^2}+\cdots+\frac{1}{n^2}$$

n 由用户输入。

7. 编写算法,求解下列问题:输入 n,计算 π 的近似值。

$$\frac{\pi}{2}=\frac{2\times 2}{1\times 3}\times\frac{4\times 4}{3\times 5}\times\frac{6\times 6}{5\times 7}\times\cdots\times\frac{2n\times 2n}{(2n-1)(2n+1)}$$

8. 编写算法,求解下列问题:用户输入一串文字(称为**字符串**),如"I love CHINA.",将字符串中的小写字母转换为大写字母,其他字符不变。

提示:字符串可以用数组表示,每个字符是一个数组元素。

9. 编写算法,求解下列问题:用户输入 k,在数组 $a=[9,34,7,26,20,16,24,149,40,41]$ 中查找 k 是否存在。①若存在,显示其下标;若不存在,显示"不存在"。②显示每次查找使用的比较次数。

10. 写出计算多项式 $f(x)=a_5\times x^5+a_4\times x^4+a_3\times x^3+a_2\times x^2+a_1\times x+a_0$ 值的算法,并计算其时间复杂度。

11. 编写算法,求解下列问题:输入一个整数,计算出它的逆序整数。例如,输入 1234,逆序的结果得到 4321。

提示:一个数 a 的个位数字可用 $a\%10$ 获得,如 $789\%10=9$;a 去掉个位后的数可用 $\text{int}(a/10)$ 取得,如 $\text{int}(789/10)=78$,$\text{int}()$ 表示下取整。

第3章

Python程序设计

本章介绍程序设计语言的概述和 Python 语言的使用。

3.1 计算机语言和程序开发环境

为编写计算机程序而使用的语言称为**计算机语言**或**程序设计语言**,本章要介绍的 Python 语言是众多的高级程序设计语言之一。

3.1.1 程序设计语言和语言处理程序

程序设计语言是人与计算机之间交流的工具,按照和硬件结合的紧密程度,程序设计语言经历了机器语言、汇编语言和高级语言的发展阶段。

1. 程序设计语言的发展

1) 机器语言

机器语言是计算机系统能够识别的,不需要翻译就可以供机器使用的程序设计语言。在机器语言编写的程序中,每一条指令都是采用二进制的形式,即操作码和操作数都是用 0 和 1 序列表示的。由于计算机能够识别二进制的指令和数据,所以用机器语言编写的程序可以直接执行,因此执行效率较高。

但是,用机器语言编写的程序可读性差、不易记忆,无论是编写还是调试难度都很大,不易掌握和使用。同时,机器语言依赖于具体的机器,在某种类型计算机上编写的机器语言程序不能直接在另一类计算机上使用,因此,它的可移植性差。

2) 汇编语言

汇编语言也是面向机器的语言,它采用特定的助记符号来表示机器语言中的指令和数据,即采用比较容易识别和记忆的符号,这些符号可以是单词,例如,使用 ADD 表示加法;也可以是单词的一部分,例如,使用 SUB 表示减法,如下面的指令:

```
ADD AX,BX
```

指令中的 AX 和 BX 是 CPU 中的两个寄存器,该指令表示将寄存器 AX 中的内容和 BX 中的内容相加并将结果保存到 AX 中,显然,它比用机器语言编写的程序易于理解和记忆。

但是,汇编语言只是将机器语言中的指令符号化,它仍然是依赖于机器的语言,同样也存在可移植性差的问题。

不论是机器语言还是汇编语言,在编写程序时都和计算机的硬件结构关系非常密切,从而导致在一个计算机系统下编写的程序在另一个计算机系统中不一定能够正确执行,这两类语言又被称为**低级语言**。

3) 高级语言

高级语言接近自然语言(通常是英语),使用单词、单词缩写、数学运算符、运算式表示命令、数据运算和运算式,不依赖计算机硬件,因此,通用性和移植性都较好。

高级语言的种类较多,常用的有面向过程的结构化程序设计语言,如 FORTRAN、BASIC、C、Pascal 等;还有面向对象的程序设计语言,如 Visual Basic、C++、C♯、Java、Delphi、Python 等;也有用于动态网页设计中的脚本设计语言,如 VBScript、JavaScript、PHP、Perl 等。

2. 语言处理程序

在程序设计语言中,使用除机器语言之外的其他语言编写的程序都必须经过翻译,转换为机器指令,才能在计算机上执行,翻译的工具称为**语言处理程序**。

翻译之前的程序称为**源程序**(Source Program)或**源代码**(Source Code),翻译之后产生的程序称为**目标程序**(Object Program)。

因此,计算机上能提供的各种语言,必须配备相应语言的语言处理程序,语言处理程序有汇编程序、解释程序和编译程序。

1) 汇编程序

用汇编语言编写的程序称为**汇编语言源程序**,对于计算机来说并不能直接识别和执行,因此,在执行之前必须先将汇编语言编写的程序翻译成机器语言程序才能被执行,这一翻译过程称为**汇编**,完成汇编操作的是事先保存在计算机中的**汇编程序**,翻译后的机器语言程序称为**目标程序**。

2) 解释程序

将高级语言编写的源程序翻译成机器语言指令时,有两种翻译方式,分别是"解释"方式和"编译"方式,分别由解释程序和编译程序完成。

解释方式是通过解释程序对源程序一边翻译一边执行,早期的 BASIC 语言采用的就是解释方式。解释是翻译一句,执行一句。再次执行时需再次解释执行。

3) 编译程序

编译过程是这样的,首先将源程序编译成目标程序,目标程序文件的扩展名是.obj,然后再通过连接程序将目标程序和库文件相连接形成可执行文件,可执行文件的扩展名是.exe。编译是一次性地将源程序翻译成机器语言程序。

大多数高级语言编写的程序采用编译的方式,不同的高级语言对应了不同的编译程序。由于编译后形成的可执行文件独立于源程序,因此可以反复地运行,运行时只要给出可执行程序的文件名即可,因此运行速度较快。

本书介绍的 Python 语言用的是解释方式。

　　无论是编译程序还是解释程序,都需要事先将源程序输入计算机中,然后才能进行编译或解释。为了方便地进行程序的开发,目前,许多编译软件都提供了集成开发环境(Integrated Development Environment,IDE)。**集成开发环境**是指将程序的编辑、编译、运行、调试等功能集成在一起的软件,使程序设计者既能高效地编写、运行程序,又能方便地调试程序。

3.1.2　安装 Python 语言环境

　　Python 语言诞生于 1990 年,由 Guido van Rossum 设计并领导开发,经历了 30 多年持续不断的发展。由于 Python 语言具有简单、易学、高级、面向对象、可扩展、可嵌入、丰富的库等特点,现在已广泛应用于 Web 开发、网络编程、科学计算、数据可视化、图像处理、自然语言处理、机器学习等多个领域,成为目前非常流行的程序设计语言之一。

　　目前常用的是 Python 的 3.x 版本,本书以 Python 3.7(其他版本类似)为基础进行介绍。

　　在 Windows 操作系统下,安装 Python 环境的步骤如下。

　　(1) 登录 https://www.python.org/网站。

　　(2) 选择菜单栏中的 Downloads,然后单击 Download for Windows Python 3.7.4(其他 3.x 版本亦可)下载 Python 安装程序,如图 3-1 所示。

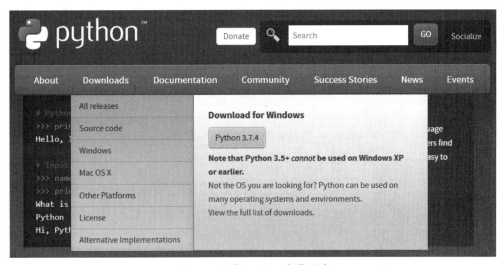

图 3-1　下载 Python 安装程序

　　(3) 双击下载的 python-3.7.4 安装程序,出现如图 3-2 所示的安装界面。

　　(4) 在图 3-2 中单击 Install Now 选项。如果需要改变安装路径,可以单击 Customize installation 选项。

　　(5) 等待安装 Python 程序进度条完成,单击 Close 按钮后,就完成了 Python 程序的安装。

　　此外,Python 也有许多 IDE,如 PyCharm、Anaconda 等。

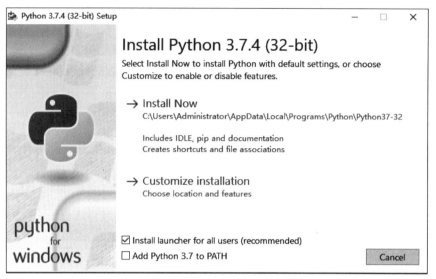

图 3-2 安装界面

3.1.3 使用 Python 编程

运行 Python 程序有两种方式：交互式和文件式。使用交互式时在 Python 解释器中输入一条命令，解释器立即给出结果。文件式是将程序保存在一个或多个文件中，然后启动解释器执行程序中的所有命令，这是常用的编程和执行方式。

1. 使用交互式的带提示符的解释器

在 Windows"开始"菜单(图 3-3)中，单击"开始"→"程序"→Python 3.7→IDLE (Python 3.7 32-bit)，打开 Python 交互式解释器窗口，如图 3-4 所示。

图 3-3 菜单命令

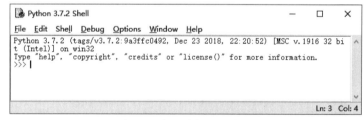

图 3-4 交互式解释器窗口

在交互式解释器窗口中的">>>"提示符下可以输入 Python 的语句，然后回车即可执行该语句并在下一行显示运行的结果。

例如：

```
>>> print("Hello, World!")
Hello, World!
```

又如：

```
>>>print(1+1/2)
1.5
```

2. 在集成环境中编写并执行程序

操作过程如下。

（1）在如图 3-4 所示的交互式解释器窗口中，选择 File→New File 命令，打开 Python
程序编辑窗口，在编辑窗口内输入 Python 程序，如图 3-5 所示。

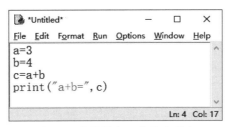

图 3-5 在编辑窗口中输入程序

（2）在程序编辑窗口中，选择 File→Save As…命令，打开"另存为"对话框，如
图 3-6 所示。

图 3-6 "另存为"对话框

（3）在"另存为"对话框中，输入程序文件的名称，输入时文件名后面一定要加上后缀
".py"，并**注意保存的路径**，然后单击"保存"按钮。

（4）在程序编辑窗口中，选择 Run→Run Module 命令（图 3-7，或直接按 F5 键）运行
程序，运行后的结果显示在交互式解释器窗口中
（图 3-8）。

3. 在命令提示符下运行源文件

假定在 Python 文件夹中已经存在 Python 源
程序文件"x3.py"，则在命令提示符下运行该文件
的方法如下。

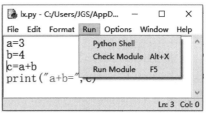

图 3-7 运行程序

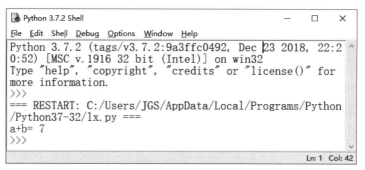

图 3-8　程序的运行结果

（1）在 Windows 桌面单击"开始"→"Windows 系统"→"命令提示符"。

（2）输入"cd\python37"（设 python 的安装路径为 c：\python37，如果是其他版本，可能是 python36 或 python39，"python37"是 Python 的安装路径）。

（3）输入"python　x3.py"。

本章主要使用交互方式执行单独的命令，用 IDLE 集成环境运行完整的程序。

3.1.4　Python 程序的编码特点

1. 编码规则

一般每行一条语句，也是推荐的编码方式。如：

```
print("Hello World")
```

如果一行有多条语句，语句之间用分号隔开。如：

```
print("Hello World"); print("Hello CHINA")
```

一行写不下时，使用"\"表示续行，如：

```
print("Hello World",\
"Hello Python")
```

使用续行时注意以下两点：

（1）不能在标识符中间、常量中间等有意义的符号中间进行换行。

（2）语句中包含[]，{}或()括号时不需要使用多行连接符。

2. 添加注释

为程序添加注释，是对代码添加解释性的文字，添加注释是一种好的编程习惯，注释仅为阅读理解，不会被执行。

通常有下面两种形式的注释。

（1）单行注释：一行中用"#"号说明后面的文字为**单行注释**。

（2）多行注释：用一对三引号'''括起的一段程序，表示一段注释。它表示的实际是一个字符串。

对于程序中暂时不想执行的语句也可以改成注释。

3. 缩进方式

Python 通过缩进对齐方式来区分不同的语句块。一般缩进为 4 个空格或一个制表位,在一个语句块中的各条语句需要保持一致的缩进量,不要混合使用空格和 Tab。

对于分支、循环、函数等的语句块要向右缩进并对齐。例如,下面的 if 语句中的 y=—x 和 y=x 是缩进对齐的。

```
if(x<0):
    y=-x
else:
    y=x
```

相同的语句如果使用了不同的缩进对齐方式,会产生不同的运行结果,例如,下面的两段程序的结果是完全不同的。

下面一段最后一条语句 print("s=",s)和上面一行的 s=s+i 上下对齐,都作为循环体中的语句。

```
s=0
for i in [1,2,3,4,5]:
    s=s+i
    print("s=",s)
```

该程序的运行结果为

```
s=1
s=3
s=6
s=10
s=15
```

下面一段的最后一条语句 print("s=",s)和 for 对齐,作为循环之外的语句。

```
s=0
for i in [1,2,3,4,5]:
    s=s+i
print("s=",s)
```

运行结果如下。

```
s=15
```

3.2　简单 Python 程序的编写

3.2.1　数据类型

1. 不同的数据类型

计算机中使用不同的方式存储不同的数据,一种存储形式及这种形式的数据运算构成一种数据类型,例如,数字、字符串、列表、字典、元组、文件,其中,数字类型还有整数(int)、浮点数(float)、复数(complex)、逻辑型(bool)。

复数由实数部分和虚数部分构成,可以用 $a+b\mathrm{j}$,或者 complex(a,b)表示,复数的实部 a 和虚部 b 都是浮点型。

此外,其他类型还有字符串(string)、列表(list)、元组(tuple)和字典(dictionary)等。

2. 使用 type( )查看数据类型

可以使用 type( )函数来查看数据或变量的数据类型,格式如下。

```
type(表达式)
```

或

```
type(变量名)
```

例如:

```
>>> type(2+3)
<class 'int'>
```

表示 2+3 的结果是整型。

```
>>> type("string")
<class 'str'>
```

查看结果是字符串型。

```
>>> type(3+4j)
<class 'complex'>
```

查看结果是复数。

```
>>> type(1.2)
<class 'float'>
```

查看结果是浮点型。

```
>>> type(True)
<class 'bool'>
```

查看结果是布尔型。

3. 常量

常量是直接写出来的数据,例如,2、3.4、3+5j、"computer"。

1) 整型常量

整型数据就是整数,可以有正负号。

整型常量有十进制、二进制、八进制、十六进制之分。

十进制:16,0,−88。

二进制：0b 或 0B 开头(前面是数字 0)。例如，0b1111。

八进制：0o 或 0O 开头(前面是数字 0,后面是大写字母 O 或小写字母 o)。例如，0o1234。

十六进制：0x 或 0X 开头。例如，0xabc。

2) 实型常量

浮点型用于表示实数,常量书写有两种形式：十进制小数形式,如 10.0、3.14,带有小数点；指数形式即科学记数法,如 12.34e-5 表示 12.34×10^{-5} 即 0.0001234(其中的 e 可以大写)。

由于实数在计算机中的表示是不精确的,实数运算时可能会出现精度损失的问题。例如：

```
>>> a=2/3
>>> print("%.16f"%(a)
0.6666666666666666
```

其中,"%.16f"表示显示实数,保留小数点后 16 位,a 是要显示的数。print 一行中可改的是 16 和 a,其他均为格式要求。

3) 字符串

用单引号、双引号或三引号引起来的一串符号叫作**字符串常量**,用三引号括起来的字符串可以是多行的(三引号实际是三个单引号或三个双引号,如'''或""")。

```
>>> print('hello world')
hello world
>>> print("hello world")
hello world
>>> print("""hello world""")    #三个单引号或三个双引号
hello world
```

4) 复数类型常量

复数类型(complex)的一般形式是：$a+b$j,其中,a 是实部,b 是虚部。

```
>>> a=3+4j
>>> b=5-6j
>>> print(a+b)
(8-2j)
>>> type(a)
<class 'complex'>
>>> x=10+20j
>>> x.real
10.0
>>> x.imag
20.0
```

5) 布尔类型

布尔值也叫**逻辑值**,描述逻辑判断的结果,只有两个值：逻辑真(True,整数 1)和逻辑假(False,整数 0)。布尔表达式包括关系运算表达式和逻辑运算表达式,在程序中表示条件,条件满足时结果为 True,条件不满足时结果为 False。

例如:

```
>>> a=4; b=5
>>> a>b
False
>>> a<b
True
>>> type(a<b)
<class 'bool'>
```

又如下面的例子,用于两个字符串之间的比较,结果也是布尔型的。

```
>>> c='ascend';  d='descend'
>>> type(c>d)
<class 'bool'>
>>> c>d
False
```

6) 转义字符

转义字符是以反斜杠"\"开头,后跟一个具有特定含义的字符,主要用来表示不方便表达的控制代码,常用的转义字符如下。

\0 表示空字符。

\t 表示水平制表符(Tab)。

\n 表示换行符。

\r 表示回车符。

\\ 表示反斜杠。

\' 表示单引号。

\" 表示双引号。

例如,语句 print("123\n＃＃＃\t@@@\n456")的输出结果如下。

```
123
###      @@@
456
```

语句中的输出字符串中有两个"\n",在这两个字符之后的内容另起一行显示,所以结果输出了三行,在输出的第二行中,"\t"是制表符,其后的内容跳到下一个制表位,由于一个制表区占 8 位,因此,＃＃和@@@之间有 5 个空格。

如果不想发生转义,可以在字符串前添加一个 r,表示**原始字符串**。

例如,表达转义时,语句 print("hello,\nworld")中的"\n"换行有效,所以输出结果如下。

```
hello,
world
```

不想发生转义时,语句 print(r"hello,\nworld")的输出结果是 hello,\nworld,此时的"\n"不作为换行,而是照原样输出的两个字符。

函数 len()用于返回字符串所包含字符的个数,例如,len("hello")的结果为 5,len("hello,\nworld")的结果为 12,而函数 len(r"hello,\nworld")的结果则为 13。

4. 变量和赋值运算

变量是保存和表示数据值的一种符号,在计算机中它对应一个存储单元,变量的值可以通过赋值改变。对变量赋值使用赋值运算符"=",该运算符左边是一个变量名,右边是表达式。其格式如下。

变量名=表达式

上面格式的含义是先计算表达式,然后将表达式的值赋给左边的变量。在 Python 中,对变量赋值不需要类型声明。

每个变量在使用前都必须赋值,赋值后该变量才会被创建。

Python 允许同时为多个变量赋相同的值或分别赋不同的值。

例如,a=b=c=1 的结果是 a、b、c 三个变量的值都是 1。

为多个变量赋予不同的值时赋值语句的格式如下。

变量 1,变量 2,…,变量 n=表达式 1,表达式 2,…,表达式 n

例如,a,b,c=1,2,"Hello",该赋值语句的结果是 a、b、c 三个变量的值分别是 1、2 和 "Hello"。

又例如:

```
>>>a, b=10, 20
>>>a, b=b, a
>>>a
20
>>>b
10
```

上面的操作实际上完成了两个变量值的交换。

Python 语言中的变量具有如下的特点。

- 使用前不需要先定义。
- 变量类型由表达式值的类型确定。
- 变量的类型可以改变。

5. 标识符

标识符是程序中表示变量、函数、类名等的符号,标识符的命名规则如下。

- 包含字母、数字、下画线。
- 以字母或下画线开头。
- 使用的字母区分大小写。
- 不能使用系统保留的关键字,例如 if、else、int 等。

6. Python 的关键字

关键字也称为**保留字**,是被语言内部定义并保留使用的标识符,在程序中给变量、函数等命名时不能使用和保留字相同的标识符。

Python 3.x 版本有如下 33 个保留字,保留字也是区分大小写的。

and	del	from	None	True
as	elif	global	nonlocal	try
assert	else	if	not	while
break	except	import	or	with
class	False	in	pass	yield
continue	finally	is	raise	
def	for	lambda	return	

3.2.2 运算符和表达式

表示运算的符号叫**运算符**,参与运算的数据称为**操作数**。常量、变量以及由运算符将变量、常量、表达式连接起来的式子称为**表达式**,例如,b＊b－4＊a＊c 是一个表达式。

Python 的基本运算主要包括算术运算、关系运算、逻辑运算和位运算等,由相应的运算符完成。对应地,组成的表达式称为算术表达式、关系表达式和逻辑表达式,位运算表达式也是算术表达式。

1. 算术运算符

算术运算符见表 3-1。

表 3-1　算术运算符

算术运算符	含　义	示例(设 $a=10,b=20$)
＋	加	$a+b$,结果为 30
－	减	$a-b$,结果为 -10
＊	乘	$a*b$,结果为 200
/	除	a/b,结果为 0.5
%	求余	a%b,结果为 10
**	乘方	$a**3$,结果为 1000
//	整除	123//10,结果为 12

算术运算符的含义比较容易理解,下面主要介绍取模和整除的用法,看下面的示例。

```
>>> a=216
>>> a//100,a//10,a%10
(2, 21, 6)
```

可以看出,对于一个三位的整数,如果整除 100,则得到该三位数中的百位数;如果计算除以 10 的余数,则可以得到该数的个位数。

进一步,对于一个四位的整数,如果整除 1000,则得到该四位数中的千位数,可以以此类推得到更多位。

而不论是几位的整数,计算除以 10 的余数都可以得到该数的个位数,如果这两个运算符配合使用,可以取出任意位整数中的每一位。

如果计算除以 2 的余数,根据结果是否为零,可以对该数进行奇偶性的判断。

2. 比较运算符

比较运算符也称为**关系运算符**,共有 6 个,见表 3-2。

表 3-2　比较运算符

比较运算符	含　义	示例(设 $a=10,b=20$)
==	相等	$a==b$ 的结果是 False
!=	不相等	$a!=b$ 的结果是 True
>	大于	$a>b$ 的结果是 False
>=	大于或等于	$a>=b$ 的结果是 False
<	小于	$a<b$ 的结果是 True
<=	小于或等于	$a<=10$ 的结果是 True

所有比较运算符的返回值为逻辑值 True 或 False,参考表 3-2 中的示例。

3. 赋值运算符

赋值运算符包括简单赋值运算符和复合赋值运算符,见表 3-3。

表 3-3　赋值运算符

赋值运算符	含　义	示　　　例
=	简单赋值运算符	$c=a+b$ 将 $a+b$ 的结果赋值给 c
+=	加法赋值运算符	$c+=a$ 等价于 $c=c+a$
-=	减法赋值运算符	$c-=a$ 等价于 $c=c-a$
*=	乘法赋值运算符	$c*=a$ 等价于 $c=c*a$
/=	除法赋值运算符	$c/=a$ 等价于 $c=c/a$
%=	取模赋值运算符	$c\%=a$ 等价于 $c=c\%a$
**=	乘方赋值运算符	$c**=a$ 等价于 $c=c**a$
//=	整除赋值运算符	$c//=a$ 等价于 $c=c//a$

4. 逻辑运算符

逻辑运算符共有 3 个,分别是逻辑"与"、逻辑"或"和逻辑"非",见表 3-4。

表 3-4　逻辑运算符

逻辑运算符	含　义	示例(设 $a=10,b=20$)
and	逻辑与	(a and b)的结果是 20,表示 True
or	逻辑或	(a or b)的结果是 10,表示 True
not	逻辑非	not(a and b)的结果是 False

逻辑运算符一般连接关系表达式,例如,$a>0$ and $a<1$,结果为 True 或 False;也可以连接算术表达式,例如 a and b。连接算术表达式时,结果是一个数值。结果非零时作为逻辑真,为零时作为逻辑假。

对于逻辑"与"操作,例如,a and b,如果 a 为 False,其结果为 False,否则返回 b 的计算值。例如,如果 $a=10,b=20$,因为 a 的值非零（为真）,则 a and b 的结果为 b 的值,即 20。

对于逻辑"或"操作,例如,a or b,如果 a 为非零,其结果为 a 的值,否则返回 b 的计算值。例如,如果 $a=10,b=20$,则 a or b 的结果为 10。

对于逻辑"非"的操作,如果 a 非 0 或为 True,则返回 False;如果 a 为 0 或为 False,则返回 True。

再看下面的例子：

```
>>> 0 and 7>6
0
>>> 'a' and 'b'
'b'
>>> not 0
True
```

如果判断 x 是否在区间 $[0,10]$ 中,可以写成 $x>=0$ and $x<=10$,也可以写成 $0<=x<=10$。

判断某个字符 x 是否为大写字母,可以表示为 $x>='A'$ and $x<='Z'$,也可以写成 $'A'<=x<='Z'$。

5. 位运算符

位运算是针对整数的二进制形式的每个二进制数位所做的运算。位运算符共有 6 个,分别是 &（按位"与"）、|（按位"或"）、^（按位"异或"）、~（按位"取反"）、<<（左移）和 >>（右移）（见表3-5）。其中,按位取反"~"是单目运算符,有一个操作对象;另外 5 个是双目运算符,需要两个操作对象。

表 3-5　位运算符

位 运 算 符	含 义	示例（$a=60,b=13$）
&	按位与	$a\&b$ 的结果是 12
|	按位或	$a|b$ 的结果是 61
^	按位异或	$a\^b$ 的结果是 49
~	按位取反	$\sim a$ 的结果是 −61
<<	左移	$a<<2$ 的结果是 240
>>	右移	$a>>2$ 的结果是 15

理解位运算操作时,要先将整数写成二进制的形式,对于双目运算符,各位对齐后,分

别计算每一位,计算后的结果再转换成十进制。

例如,$a=60,b=13$,这两个值对应的二进制数为 $a=00111100B,b=00001101B$(末尾的"B"表示这是一个二进制数)。

$a\&b$ 的结果是 0000 1100B,转换成十进制是 12。

$a|b$ 的结果是 0011 1101B,转换成十进制是 61。

其他运算的结果可以参考表 3-5。

6. 运算符的优先级别

Python 中各类运算符的优先级别见表 3-6。

表 3-6　运算符的优先级别

运　算　符	优先级别(从高到低)
**	乘方(最高)
~、+、-	按位取反、正号、负号
*、/、%、//	乘、除、取余、整除
+、-	加法、减法
>>、<<	右移、左移
&	按位与
^、|	按位异或、按位或
<=、<、>、>=	比较运算符
==、!=	相等、不相等
=、%=、/=、//=、-=、+=、*=、**=	赋值运算符、复合赋值运算符
is、is not	身份运算符
in、not in	成员运算符
not、and、or	逻辑运算符

3.2.3　输入和输出

Python 中的输入和输出可以分别通过函数 input() 和 print() 完成。

1. input() 函数

input() 函数的使用格式如下。

```
input([提示字符串])
```

该函数在屏幕显示提示字符串并等待用户输入,从键盘读入一行字符串后按回车键即可。

该函数返回值的类型为字符串。

例如,下面的程序:

```
x=input()
print(type(x))
```

程序运行时,如果从键盘输入 123,则显示结果为<class 'str'>,表明函数的结果是字符串类型。

如果需要输入其他类型的数据,可以使用类型转换函数进行类型转换。

例如,下面的程序输入两个整数,然后计算这两个整数的和。

```
x=int(input("请输入第一个整数"))    #input 输入;int 将输入转换为整型数
y=int(input("请输入第二个整数"))
z=x+y
print("两数之和为:",z)
```

程序的运行结果如下。

```
请输入第一个整数 3
请输入第二个整数 4
两数之和为: 7
```

函数 int()的作用是将括号内的数据的类型转换为整型。另外,float()函数可以将括号内的数据的类型转换为浮点型,例如,x=float(input("请输入一个实数"))。

2. eval()函数

eval()函数的参数是字符串,该函数的作用是将括号内的字符串作为一个表达式进行计算,并将计算结果作为函数的值。

例如,eval('3+4')的结果为 7。如果有一个字符串变量 $x="3.1416 * 10 * 10"$,则 eval(x)的结果是 314.16。

eval()和 input()函数配合起来可以实现从键盘输入一个算式并计算算式的结果,例如,语句 $y=$eval(input())执行后,如果从键盘输入 3+4,则变量 y 的结果是 7。

下面是各种类型的转换函数和 input()函数配合使用的不同情况。

```
>>> a=input("输入一个字符串")
输入一个字符串 Hello
>>> b=int(input("输入一个整数"))
输入一个整数 4
>>> c=float(input("输入一个实数"))
输入一个实数 3.5
>>> d=eval(input("输入一个表达式"))
输入一个表达式 3 * 4
>>> e=eval(input("输入一个表达式"))
输入一个表达式 b+c
>>> print(a,b,c,d,e)
Hello 4 3.5 12 7.5
>>>
```

使用 input()函数也可以输入复数,例如,下面的语句完成了从键盘输入一个复数。

```
>>> a=eval(input())
3+4j
>>> type(a)
<class 'complex'>
```

3. print()函数

print()函数用来在屏幕上显示输出结果,该函数有多种使用格式。

1) 指定数据之间的分隔符和行结束符

它的一般格式如下。

print([输出项 1,输出项 2,…,输出项 *n*][,sep=分隔符][,end=结束符])

在上面的格式中,各个参数的含义如下。

- 前面的"输出项 1,输出项 2,…,输出项 *n*"是要输出的每一项,即输出项表列。
- sep 用来指出各个输出项之间的分隔符,如果没有写 sep,则默认为用空格分隔。
- end 表示结束符,end=''表示不换行。如果没有写 end,则默认为回车换行结束,即该行后面的 print()另起一行输出。
- []表示可选,即可以没有。

如果不使用任何参数,print()输出一个空行。

下面的语句给出了分隔符'♯'和结束符'%':

```
print(10, "abcd",20, sep='#', end='%')
```

该语句的输出结果是:

```
10#abcd#20%
```

下面两条语句中第一个 print()函数指定的行分隔符是空字符串:

```
print("Hello", end='')
print("123456")
```

则两条语句在同一行输出:

```
Hello123456
```

下面两条语句中第一个 print()函数没有指定行分隔符,则默认为回车换行符:

```
print("Hello")
print("123456")
```

则两条语句分别在两行输出:

```
Hello
123456
```

2) 格式化输出

print()函数进行格式化输出时,有以下三种方法。

- 使用字符串格式化运算符％。

- 使用字符串的 format()方法。
- 使用 format()函数。

使用字符串格式化运算符%,将输出格式和输出项用%隔开,这时函数的参数格式如下。

格式字符串 %(输出项 1,输出项 2,…,输出项 n)

格式字符串要用引号括起来,各个输出项要用括号括起来。

在格式字符串中,格式字符串包含普通字符和格式说明符,可以使用不同的格式说明符来指定各个输出项的输出格式,这些格式符以%开始,例如,%c 指定输出项按字符输出,%s 指定按字符串输出,%d 指定按十进制整数输出,%o 指定按八进制整数输出,%x 指定按十六进制整数输出,%f 指定按浮点数输出。

例如,下面的语句:

```
x=10
y=20.345
print("x=%d,y=%.2f"%(x, y))
```

输出结果为

```
x=10, y= 20.34
```

上例 print()语句中的输出项为 x 和 y,格式串中的%d 和%.2f 表示分别按整数和实数输出 x 和 y,%.2f 中的.2 表示输出实数时小数部分输出两位。

假如 $a=65$,语句 print("%d %o %x" % (a,a,a))的输出结果是 65 101 41,语句中的同一个变量输出了 3 次,分别按十进制、八进制和十六进制输出。

使用字符串的 format()方法时,其格式为

格式字符串.format(输出项 1,输出项 2,…,输出项 n)

格式字符串包含普通字符和格式说明符,这里的格式说明符用花括号括起来,即写成下面的形式:

{[序号]: 格式说明符 }

其中,序号对应输出项的位置,位置从 0 开始,默认按自然顺序输出。0 表示第一个输出项,1 表示第二个输出项,等等。

例如,下面的语句输出变量 x 和 y 的值。

```
x=10
y='abc'
print('x={0},y={1}'.format(x,y))
```

输出结果为

```
x=10, y=abc
```

使用 format()函数时,要对每一个输出项分别设置输出格式,每一项的设置方法如下。

format(输出项[,格式字符串])

例如,语句 print(format(65,'c'),format(3.1298,'.2f')) 的输出结果如下。

```
A 3.13
```

语句中有两个输出项,第一个 format(65,'c') 表示将 65 按字符输出,结果是编码为 65 的字符'A';第二项 format(3.1298,'.2f') 表示将 3.1298 按实数输出并且小数部分只输出两位。

关于格式说明符的详细写法,请查阅 Python 文档。

3.3　控　制　结　构

程序的基本结构有顺序结构、分支结构、循环结构三种,这些结构的共同特点是都有一个入口和一个出口。任何程序都可由这三种基本结构组合而成。

3.3.1　顺序结构

顺序结构是指程序按照线性顺序依次执行每条语句的一种运行方式,如图 3-9 所示,其中,语句序列可以是任意基本程序结构的语句组合。

Python 中同一级别(缩进量相同的)的语句从上到下顺序执行。

【例 3-1】　输入圆的半径,计算圆的面积和周长。

【解】　程序如下。

图 3-9　顺序结构

```
R=float(input("请输入圆半径:"))
S=3.14 * R * R
L=2 * 3.14 * R
print("圆的面积=%.2f, 周长=%.2f"%(S,L))
```

程序的运行结果如下。

```
请输入圆半径:10.0
圆的面积=314.00, 周长=62.80
```

其中的 10.0 是运行后输入的半径的值。

3.3.2　分支结构

分支结构是程序根据判断条件,选择不同的执行路径。分支结构包括单分支结构、二分支结构和多分支结构,单分支和二分支结构的流程图如图 3-10 所示。

if 语句用来实现分支结构,根据给出的条件是否成立进行选择,有三种使用形式。

1. 没有 else 的 if 语句(单分支)

这种形式的 if 语句格式如下。

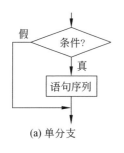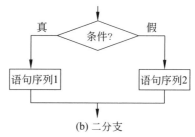

(a) 单分支　　　　　　　　　　(b) 二分支

图 3-10　分支结构

```
if   <条件>:
        <语句块>            #语句块缩进对齐
<其他语句>
```

格式中的<条件>通常是关系表达式或逻辑表达式,也可以放在圆括号中,当<条件>为真时,执行<语句块>中的各条语句。

【例 3-2】　输入一个实数,如果该实数大于或等于 0,则计算并输出该数的平方根。

【解】　程序如下。

```
x=float(input("请输入一个实数"))
if x>=0:
    y=x**0.5
    print(x,"的平方根是:",y)
```

程序中的运算符"**"表示计算乘方,x**0.5 表示 x 的 0.5 次方,也就是计算平方根。程序的运行结果如下。

```
请输入一个实数 2.0
2.0 的平方根是: 1.4142135623730951
```

【例 3-3】　从键盘输入两个整数,然后按从小到大的顺序输出。

【分析】　本题中,无论输入的顺序如何,都按从小到大的顺序输出,输入的数据保存在两个变量中,如果输入的两个数是先小后大,直接输出;否则,要先对这两个变量进行交换,然后再输出。

【解】　程序如下。

```
a=int(input("请输入第 1 个整数"))
b=int(input("请输入第 2 个整数"))
if(a>b):
    a,b=b,a      #交换两个变量的值
print("这两个数从小到大的输出为",a,b)
```

该程序的一次运行结果为

```
请输入第 1 个整数 4
请输入第 2 个整数 3
这两个数从小到大的输出为 3 4
```

2. 带有 else 的 if 语句（二分支）

这种形式的 if 语句格式如下。

```
if  <条件>:
    <语句块 1>         #语句块缩进对齐
else:
    <语句块 2>         #语句块缩进对齐并且与语句块 1 对齐
```

格式中的<条件>为真时，执行<语句块 1>中的各条语句，否则执行<语句块 2>中的各条语句。

【例 3-4】 输入一个实数，如果该实数大于或等于 0，则计算并输出该数的平方根，否则输出字符串"不能对负数进行开方"。

【解】 程序如下。

```
x=float(input("请输入一个实数"))
if x>=0:
    y=x**0.5
    print(x,"的平方根是:",y)
else:
    print("不能对负数进行开方")
```

程序运行时如果输入了负数，则输出结果显示"不能对负数进行开方"。

【例 3-5】 从键盘输入两个整数，按从小到大的顺序输出，要求使用带 else 的 if 语句。

【分析】 本题先对输入的两个整数进行比较，根据比较的结果分别执行具有不同输出顺序的 print()语句，程序中可以不进行两个数的交换。

【解】 程序如下。

```
a=int(input("请输入第 1 个整数"))
b=int(input("请输入第 2 个整数"))
if(a<b):
    print("这两个数从小到大的输出为",a,b)
else:
    print("这两个数从小到大的输出为",b,a)
```

该程序的某一次运行结果为

```
请输入第 1 个整数 3
请输入第 2 个整数 6
这两个数从小到大的输出为 3 6
```

【例 3-6】 从键盘输入三个整数，找出其中的最大值。

【解】 本题也有多种解法。

分析一：用 3 个 if 语句分别判断某个数是否大于另外两个，程序如下。

```
a=int(input("请输入第 1 个整数"))
b=int(input("请输入第 2 个整数"))
```

```
c=int(input("请输入第 3 个整数"))
if a>b and a>c: mymax=a
if b>a and b>c: mymax=b
if c>a and c>b: mymax=c
print("这 3 个数中的最大值是:", mymax)
```

程序中 if a>b and a>c：mymax＝a 等三行的每行和下面写成两行的写法等价。

```
if a>b and a>c:
    mymax=a
```

分析二：先设 mymax＝a,然后 mymax 再和 b 比较,mymax＝较大者,再将 mymax 和 c 比较,mymax＝较大者,程序如下。

```
a=int(input("请输入第 1 个整数"))
b=int(input("请输入第 2 个整数"))
c=int(input("请输入第 3 个整数"))
mymax=a
if b>mymax :
    mymax=b
if c> mymax:
    mymax=c
print("这 3 个数中的最大值是:", mymax)
```

3. 多分支结构

带有 else 的 if 语句构成了两个分支的结构,如果在 else 的程序段中还有一个带有 else 的 if 语句,则 else 分支部分又构成了一个双分支,这样整个结构就形成了 3 个分支,原因是 else 中嵌套了另一个 if…else。用同样的方法,可以构成更多的分支,这就是 if 语句的第三种形式即多分支结构,见图 3-11。

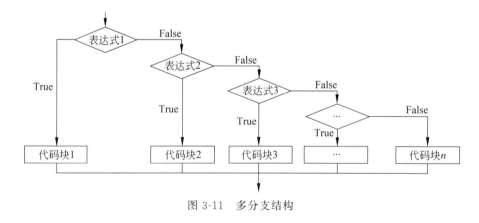

图 3-11　多分支结构

多分支的一般格式如下。

```
if <条件 1>:
    <语句块 1>
elif <条件 2>:
```

```
    <语句块 2>
elif <条件 3>:
    <语句块 3>
...
elif <条件 n>:
    <语句块 n>
else:
    <语句块 n+1>
<其他语句>
```

该语句的执行方式是：检查<条件 1>,如果为 True,执行<语句块 1>,然后执行<其他语句>;如果<条件 1>为 False,则检查<条件 2>,如果<条件 2>为 True,执行<语句块 2>,然后执行<其他语句>;如果<条件 2>为 False,则检查<条件 3>,…,即前一条件为 True 时,执行相应的语句块,然后结束分支去执行<其他语句>,否则会检查下一个条件,当所有条件均为 False 时,执行最后的<语句块 n+1>,然后结束分支。

【例 3-7】 从键盘输入一个百分制分数,输出该分数对应的等级分,这里的等级分为 3 级,85 分以上为"优秀",60～84 分为"及格",59 分及以下为"不及格"。

【解】 本题中有 3 个分支,可以使用 if 嵌套的结构实现,程序如下。

```
str=''
a=int(input("请输入 1 个分数"))
if a>=85:
    s="优秀"
else:
    if a>=60:
        s="及格"
    else:
        s="不及格"
print(a,"分为",s,sep='')
```

程序的某次运行结果如下。

```
请输入 1 个分数 78
78分为及格
```

也可以用以下简洁的写法。

```
str=''
a=int(input("请输入 1 个分数"))
if a>=85:
    s="优秀"
elif a>=60:
    s="及格"
else:
    s="不及格"
print(a,"分为",s,sep='')
```

【例 3-8】 从键盘输入一个字符,判断该字符属于大写字母、小写字母、数字字符还是其他字符。

【解】 该程序中有 4 个分支,程序如下。

```
c=input("请输入 1 个字符")
if '0'<=c<='9':
        s="数字字符"
elif 'a'<=c<='z':
        s="小写字母"
elif 'A'<=c<='Z':
        s="大写字母"
else:
        s="其他字符"
print("该字符是:",s)
```

某次运行结果如下。

```
请输入 1 个字符 C
该字符是: 大写字母
```

【例 3-9】 从键盘输入一个年份,分别使用上面介绍的三种分支结构判断该年是否为闰年。

【解】 判断某年是否为闰年的方法是:年份满足下面条件之一。

(1) 年份可以被 400 整除。

(2) 年份可以被 4 整除但不能被 100 整除。

方法一:使用不带有 else 的 if 语句,程序如下。

```
year=int(input('输入年份'))
info='不是闰年'
if (year%4==0  and year%100!=0) or (year%400==0):
    info='是闰年'
print(year,info)
```

方法二:使用带有 else 的双分支结构,程序如下。

```
year=int(input('输入年份'))
if (year%4==0  and year%100!=0) or (year%400==0):
    info='是闰年'
else:
    info='不是闰年'
print(year,info)
```

方法三:多分支结构,程序如下。

```
year=int(input('输入年份'))
if year%400==0:
    info='是闰年'
elif year%4==0  and year%100!=0:
    info='是闰年'
else:
    info='不是闰年'
print(year,info)
```

3.3.3 循环结构

循环结构控制一段程序在满足指定条件时重复执行,被重复执行的部分称为**循环体**,如图 3-12 所示。

Python 实现循环功能的语句有 while 语句和 for 语句。

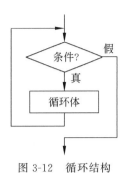

图 3-12　循环结构

1. while 循环语句

while 语句构成的循环格式如下。

```
while  <条件>:
    <循环体>
```

执行过程是:先判断<条件>是否成立,如果成立则执行<循环体>,否则结束循环。每次循环体执行之后,再进行条件的判断,条件成立时继续执行<循环体>,直到条件不成立为止。循环体是一系列合法的 Python 语句,包括分支语句和其他的循环语句。

【例 3-10】　输入非负整数 n,用 while 循环语句计算 $1+2+\cdots+n$。

【解】　分析:输入整数使用 int(input()) 实现。然后设置一个变量 i 用来控制循环,其初始值为 1,循环条件设置为 i<=n,每循环一次,i 的值加 1,其值超过 n 时,条件 i<=n 不再成立,循环结束。另外设置变量 sum_n,用来累加循环中变量 i 的值,程序如下。

```
n=int(input("请输入一个正整数:"))
i=1
sum_n=0
while  i<=n:
    sum_n=sum_n+i
    i=i+1
print(sum_n)
```

程序的执行结果是:5050。

2. for 循环语句

for 循环的语法格式如下。

```
for  <循环变量> in <可迭代对象>:
    <语句序列>        #循环体
```

for 循环的执行过程是:将<可迭代对象>中的每个元素分别逐个赋值给<循环变量>,同时每一次赋值都要执行一遍<语句序列>,直到<可迭代对象>中的元素都已经用过,则循环结束,然后执行 for 循环下面的语句。这里的<语句序列>即循环体。

可迭代对象是一个元素的容器,可以从中逐个连续地取出其中的全部元素。常用的可迭代对象是 range 对象、列表、字符串等。

1) 遍历对象是 range 对象

for 语法格式是:

```
for i in range(begin, end, step) :      #注意行末的冒号
    <循环体>                             #循环体缩进
```

range()函数产生 range 对象,它是一个起始值为 begin,终止值小于 end,间隔 step 的序列。例如,range(1,10,2)产生的对象包含的序列元素为 1,3,5,7,9。当步长值省略时,默认是 1;当起始值省略时,默认是 0。例如,range(5)产生的对象包含的元素是 0,1,2,3,4。步长可以为正数,也可以为负数。当 step>0 时,range 对象的每个元素由 $r[i]=$ start+step$\times i$ 确定,其中,$i>=0$,$r[i]<$end。当 step<0 时,range 对象的每个元素仍由 $r[i]=$start+step$\times i$ 确定,但条件是 $i>=0$,$r[i]>$end。例如,range(5,0,-2)包含的元素是 5,3,1。步长为 0 时产生错误。

【**例 3-11**】 编写程序,输入非负整数 n,计算 $S=1+1/3+1/5+\cdots+1/(2n+1)$ 的值。

【**解**】 可以通过 range($n+1$)产生 $0,1,2,\cdots,n$ 的序列,$1/(2i+1)$ 就是要计算的和式的通项。程序如下。

```
n=int(input("请输入 n:"))
sum_n=0
for i in range(n+1):
    sum_n=sum_n+1/(2*i+1)
print(sum_n)
```

运行结果如下。

```
请输入 n:10
2.180874577778602
```

【**例 3-12**】 编写程序,输入一个整数,输出该整数的除 1 个它本身之外的所有不同的因子。

【**解**】 找出整数 n 的所有因子,可以用 $2\sim n-1$ 的每个整数分别去除 n,如果能够整除,即余数为 0,就是一个因子。取 $2\sim n-1$ 中的每个数并判断可用 for 循环,程序如下。

```
n=int(input("请输入整数 n:"))
for i in range(2,n):
    if n%i==0:
        print(i,end=' ')
```

运行结果如下。

```
请输入整数 n: 72
2 3 4 6 8 9 12 18 24 36
```

2) 遍历对象是字符串

这时依次取出字符串中的每个字符执行循环体。例如,下面的语句通过循环分别输出字符串"众志成城"中的每个字符,并且中间用"-"隔开。

```
mystring="众志成城"
print('-',end='')
```

```
for i in mystring:
    print(i,end='-')
```

运行结果如下。

-众-志-成-城-

【例 3-13】　输入一个字符串,将其中的小写字母转换为大写字母。

【解】　本题将字符串作为迭代对象,对字符串中的每个字符分别进行判断,是小写字母时转换为大写字母。由于同一字母大小写的 ASCII 值相差 32,所以将一个小写字母转换为大写时,将其编码减去 32 即可,程序如下。

```
mystr=input("请输入字符串:")
for c in mystr:
    if c>='a' and c<='z':
        c=chr(ord(c)-32)
  print(c,end='')        #分隔符为空字符
```

运行结果如下[①]。

请输入字符串: China's Shenzhou XIII spaceship will return to Earth soon.
CHINA'S SHENZHOU XIII SPACESHIP WILL RETURN TO EARTH SOON.

程序中,ord(c)获得字符 c 的 ASCII 编码,ord(c)－32 将小写字母的 ASCII 码转换为对应的大写字母的 ASCII 码,chr(ord(c)－32)得到 ASCII 为 ord(c)－32 的大写字母。

3) 遍历对象是列表

Python 中的**列表**是用方括号括起来的用逗号隔开的若干对象,如[2,4,6,8]是由 4 个整数组成的列表(列表的使用详见 3.4 节)。for 循环中可迭代对象是列表时,依次取出列表中的每个元素执行循环体。例如:

```
mylist=[20,19,9,7,8,18]        #定义的列表为 mylist
for x in  mylist :             #列表作为迭代对象
    print(x,end=' ')           #分隔符为一个空格
```

运行结果如下。

20 19 9 7 8 18

3. 循环语句的嵌套

在循环体内可以嵌套另一个循环。

【例 3-14】　编写程序,输出如下形式的乘法口诀表。

```
1 * 1=1
1 * 2=2  2 * 2=4
```

---

① 　2021 年 10 月 16 日,神舟十三号载人飞船发射圆满成功并与空间站组合体完成自主快速交会对接,183 天后,完成全部既定任务。北京时间 2022 年 4 月 16 日,神舟十三号载人飞船返回舱在东风着陆场成功着陆。担任这次飞行任务的三位航天员是翟志刚、王亚平、叶光富。

```
1 * 3=3  2 * 3=6  3 * 3=9
1 * 4=4  2 * 4=8  3 * 4=12 4 * 4=16
1 * 5=5  2 * 5=10 3 * 5=15 4 * 5=20 5 * 5=25
1 * 6=6  2 * 6=12 3 * 6=18 4 * 6=24 5 * 6=30 6 * 6=36
1 * 7=7  2 * 7=14 3 * 7=21 4 * 7=28 5 * 7=35 6 * 7=42 7 * 7=49
1 * 8=8  2 * 8=16 3 * 8=24 4 * 8=32 5 * 8=40 6 * 8=48 7 * 8=56 8 * 8=64
1 * 9=9  2 * 9=18 3 * 9=27 4 * 9=36 5 * 9=45 6 * 9=54 7 * 9=63 8 * 9=72 9 * 9=81
```

【解】 本题使用两个嵌套的循环。外层循环控制 9 行,内层循环控制每行的各列。设行号为 $i(1\sim9)$,第 i 行有 i 列,若列号为 $j(1\sim i)$,第 i 行 j 列的显示内容为列号 j、星号" * "、行号 i、等号"="和 i、j 的乘积。程序如下。

```
for i in range(1,10):                 #控制输出 9 行
    for j in range(1,i+1):            #每行的 i 个公式
        print("%d * %d=%2d" %(j,i,i * j),end=' ')
    print()                           #每行结束,换行
```

程序运行结果与题目要求的样式相同。

4. 循环中的特殊语句——continue 和 break

这两条语句用在循环体中,其中,break 语句表示中止当前的循环,转而去执行这个循环之后的语句;continue 语句表示跳过当前循环 continue 后面的语句,并开始执行新一轮循环。

【例 3-15】 编写程序,计算输入的数据(实数)的和,输入-9999 时结束(-9999 是结束标志,不是求和的加数)。

【解】 本题中,可以循环输入实数,当输入的数等于-9999 时,使用 break 语句结束循环。由于不能确定循环多少次,应使用 while 循环,循环条件直接写 True,程序如下。

```
sigma=0                          #和的初始值
while True:                      #条件永远为真,永远循环
    a=float(input('请输入:'))
    if (a==-9999):
        break;                   #退出循环
    sigma=sigma+a
print('和为:',sigma)
```

运行结果如下。

```
请输入:1
请输入:2
请输入:3
请输入:4
请输入:5
请输入:-9999
和为: 15.0
```

【例 3-16】 有三个整数 1、2、3,编写程序,列出用它们组成的互不相同且无重复数字的三位数。

【解】 它们组成的三位数的每个数字都可能是 1、2、3,可以使用循环让每个数位依次取 1、2、3,如果和其他数字重复,则直接取下一个数字而不必再考虑下一位数字的取法。如百位取 1 时,十位的循环第一次取 1,就重复了,这时不必再尝试个位数字,而是进入十位数字的下一个选项 2。程序如下。

```python
for i in range(1,4):
    for j in range(1,4):
        if j==i:                     #有重复
            continue                 #不执行下面的程序,直接取下一个 j
        for k in range(1,4):
            if k==i or k==j:         #有重复
                continue             #不输出,进入下一个 k
            print(i,j,k)
```

运行结果如下。

```
1 2 3
1 3 2
2 1 3
2 3 1
3 1 2
3 2 1
```

本题只是为了说明 continue 语句的用法,对于本题,下面的写法更简洁一些。

```python
for i in range(1,4):
    for j in range(1,4):
        for k in range(1,4):
            if i!=j and i!=k and k!=j:
                print(i,j,k)
```

3.4   字符串和列表

字符串和列表是 Python 中的两种数据类型。相同的是,它们都是由若干个元素组成;不同的是,字符串是由若干个字符组成的,字符串中的内容不可以更改。相比之下,列表中的元素可以是各种不同类型的元素,列表中的元素可以更改,也可以添加和删除。

3.4.1   字符串

字符串是用单引号、双引号、三引号(三个单引号或三个双引号)括起来的字符序列,可以是英文或汉字,例如,'CHINA'、"胸怀大局"、'''无私奉献'''、"""爱岗敬业"""。三引号括起来的字符串中间可以换行,例如:

```
'''富强、民主、文明、和谐
自由、平等、公正、法治
爱国、敬业、诚信、友善'''
```

1. 定义字符串变量

将字符串常量或字符串运算的表达式赋值给一个变量,就定义了一个字符串变量。例如:

```
string01="University"            #常量赋值给变量
string02="My"+" "+"University"   #表达式运算结果赋值给变量
```

2. 字符串的长度和下标

一个字符串中的字符个数称为**字符串的长度**,求字符串的长度可以使用函数 len( ),计算长度时,一个汉字的长度是 1。例如:

```
>>> len("University")
10
>>> len("精勤求学")
4
```

每一个字符在字符串中的位置称为**下标**或**索引**。设字符串的长度为 n,下标的编号有以下两种方式。

- 从左到右,从 0 开始,依次编号为 $0 \sim n-1$。例如,"大事作于细"中字符的下标依次为 $0 \sim 4$。
- 从右向左,从 -1 开始,依次是 $-1 \sim -n$,例如,字符串"大事作于细"中最后一个字符的下标是 -1,最前面的字符下标是 -5。

表 3-7 说明了一个字符串中各个字符下标的两种编号方式。

表 3-7　字符串中字符的下标

字　符　串	"大事作于细"				
各个字符	大	事	作	于	细
正下标	0	1	2	3	4
负下标	-5	-4	-3	-2	-1

通过下标运算,可以获得字符串中的一个或多个字符,格式是:

<字符串表达式>[<下标>]

例如:

```
>>> s="University"
>>> s[0]
'U'
>>> s[-1]
'y'
>>> s[len(s)-1]
'y'
```

```
>>> "University"[0]
U
```

下标的使用不能越界,即不能超过 $0 \sim n-1$ 或 $-1 \sim -n$ 的范围,超出时程序出错,称为**越界**。例如:

```
>>> s="University"
>>> len(s)
10
>>> s[10]                               #越界
Traceback (most recent call last):
  File "<pyshell#10>", line 1, in <module>
    s[10]
IndexError: string index out of range
```

3. 字符串的其他运算

以下提到的字符串,既可以是常量,也可以是变量。

1) 切片运算

切片运算是通过下标取出字符串中的一部分,切片的通常写法是:

```
string[start:end:step]
```

表示字符串 string 从 start 开始,到 end-1 结束,间隔 step 个字符。

例如:

```
>>> s='1234567890'
>>> s[1:10:2]
'24680'
>>> s[1:100:2]     #终止值超出字符串长度,至多取到字符串末尾
'24680'
>>> s[100:200:2]  #起始值和终止值均超出范围,结果为空字符串
''
```

上面的格式中,start 省略时,默认起始值为 0;end 省略时,末尾为 len(字符串);step 省略时,间隔为 1。

例如:

```
>>> s='1234567890'
>>> s[5:]          #end 省略,默认为 n;step 省略,默认为 1
'67890'
>>> s[:5]          #start 省略,默认为 0
'12345'
>>>
```

step 可以为负值,例如:

```
>>> s='12345'
>>> s[-1::-1]
'54321'
```

```
>>> s[::-1]
'54321'
>>> s[1::-1]
'21'
```

2) 连接运算

字符串的连接使用的运算符是"+",用于将多个字符串连接成一个字符串,例如:

```
>>> str1="Hello"
>>> str2="Python"
>>> str3=str1+str2                    #结果为: 'HelloPython'
>>> len(str1),len(str2),len(str3)     #结果为:(5, 6, 11)
```

3) 重复运算

重复运算是一个字符串乘以一个整数,结果是该字符串重复连接,运算符是"＊",例如:

```
>>> str1="好好学习 "
>>> str2=str1＊3                       #结果为: '好好学习 好好学习 好好学习 '
```

4) 判断子串

判断一个字符串是否是另一个字符串的子串,即一个字符串是否包含在另一个之中,使用运算符 in 和 not in,判断的结果为布尔值 True 或 False。例如:

```
>>> str1="大学计算机基础"
>>> str2="计算机"
>>> str3="程序设计"
>>> str2 in str1                       #结果: True
>>> str3 in str1                       #结果: False
>>> str3 not in str1                   #结果: True
```

5) 字符串比较

字符串可以使用比较运算符进行比较,比较时是按字符编码从下标 0 将对应的字符逐个进行比较,这种比较是区分大小写的。例如:

```
>>> 'index'>'range'                    #结果: False
>>> 'index'<'range'                    #结果: True
>>> 'rand'>'range'                     #结果: False
>>> 'rand'<'range'                     #结果: True
>>> 'str'>'string'                     #结果: False
>>> 'Trace'=='trace'                   #结果: False
>>> 'trace'=='trace'                   #结果: True
```

4. 字符串处理函数

Python 中提供了许多用于字符串处理的函数,例如,函数 str.lower() 将 str 中的字母按小写输出,函数 str.upper()将 str 中的字母按大写输出。由于这些函数是与字符串相关联的,使用时前面要写字符串变量或常量,它们称为**字符串的方法**。

下面列举一些常用的字符串的方法。

1）字母大小写转换

```
str.lower()          #转换字符串中所有字母为小写,其中,str 表示此处是一个字符串,下同
str.upper()          #转换字符串中所有字母为大写
str.swapcase()       #字母大小写互换
str.capitalize()     #字符串首字母大写,其余小写
str.title()          #每个单词的首字母大写,其余小写
```

例如：

```
>>> str1="Computer"              #注意,不要用 str 作为变量名
>>> str2=str1.upper()
>>> str3=str1.lower()
>>> str1,str2,str3               #结果: ('Computer', 'COMPUTER', 'computer')
```

2）字符串查找

```
str.find(substr, [start, [end]])    #在 str 中查找子串 substr,如果找到,则返回第一个
                                    #字符的下标,找不到返回-1,查找的下标区间为
                                    #[start,end),省略区间时表示在整个字符串中查找
str.count(substr, [start, [end]])   #返回 substr 在 str 里面出现的次数,查找的下标区间
                                    #为[start,end),省略时表示在整个字符串中查找
```

例如：

```
>>> string="一寸光阴一寸金,寸金难买寸光阴"
>>> string.find('光阴',0,10)       #在[0,10)内找,结果下标: 2
>>> string.find('光阴',0,3)        #在[0,3)内找,结果: -1,表示没找到
>>> string.find('光阴',10)         #从下标 10 开始找,结果下标: 13
>>> string.count('光阴',0,3)       #在[0,3)内统计,结果: 0
>>> string.count('光阴',0,10)      #在[0,10)内统计,结果: 1
>>> string.count('光阴')           #在整个串内统计,结果: 2
```

3）字符串替换

```
str.replace(oldstr,newstr,[count])  #把 str 中 oldstr 替换成 newstr,count 为替换
                                    #次数。返回新字符串,原字符串不变。下同
str.strip([chars])                  #从首尾两端去掉 str 中 chars 包含的字符,默认去掉两
                                    #头的空格(含回车和 Tab 字符)
str.rstrip([chars])                 #从右端(即尾部)去掉 str 中 chars 包含的字符,默认
                                    #去掉空格(含回车和 Tab 字符)
str.lstrip([chars])                 #从左端(即首部)去掉 str 中 chars 包含的字符,
                                    #默认去掉左边的空格(含回车和 Tab 字符)
```

例如：

```
>>> s="www#xjtu#edu#cn"
>>> s.replace("#",".",3)            #结果: 'www.xjtu.edu.cn'
>>> s="123BigData321"
```

```
>>> s.strip("123")                                    #结果'BigData'
>>> '***cloud computing***'.rstrip('* ')   #结果: '***cloud computing'
>>> s='   Artificial Intelligence     '        #注意,该字符串前后有若干空格
>>> s.strip()                                    #结果: 'Artificial Intelligence',无空格
```

4) 字符串拆分与组合

```
str.split(sep,[maxsplit])        #按 sep 字符串,把字符串 str 分隔成列表,maxsplit
                                 #表示分隔的次数,参数都省略时表示按一个或多个空格、
                                 #\t、\n、\r 分隔
str.join(字符串列表)              #以 str 连接字符串列表中的元素
```

例如:

```
>>> s='www.xjtu.edu.cn'
>>> s.split('.')      #结果: ['www', 'xjtu', 'edu', 'cn']
>>> s='Data###structure###and###Algorithms'
>>> s.split("###")    #结果: ['Data', 'structure', 'and', 'Algorithms']
>>> s='Cloud Computing and Cloud Storage'
>>> s.split()         #结果: ['Cloud', 'Computing', 'and', 'Cloud', 'Storage']
>>> '.'.join(['202','117','0','20'])              #结果: '202.117.0.20'
>>> s=['Embedded', 'and', 'Real', 'time', 'Systems']   #多个字符串组成的列表
>>> ' '.join(s)       #结果: 'Embedded and Real time Systems',连成一个字符串
```

5. 字符串操作的特点

(1) 字符串的字符不能修改,例如:

```
>>> s='西安半坡博物馆'
>>> s[1]='京'   #出错,TypeError: 'str' object does not support item assignment
```

但可以重新组合新的字符串,例如:

```
>>> s='西安半坡博物馆'
>>> s=s[:2]+'碑林'+s[4:]    #s 的新值为'西安碑林博物馆',但不是原来的 s 了
```

(2) 不能向字符串中添加新的元素。
(3) 不能删除串中的元素,例如:

```
>>> s='西安博物院'
>>> del s[4]   #出错,TypeError: 'str' object doesn't support item deletion
```

所以说字符串是不可变类型,其内容不可改变。但可以新构造字符串赋值给原来的变量,但这只是变量指向了新的字符串,并没有改变原来的字符串。

3.4.2　列表

Python 中的列表是一系列元素组成的序列。序列中的元素的类型可以相同,也可以不相同,也允许出现重复的元素。列表和字符串中的每个元素都有自己的位置编号,就是下标。

1. 创建列表

有多种方法创建列表。

1）罗列元素创建列表

将若干元素用方括号[]括起来,元素之间用逗号隔开,元素的类型可以不同。例如,[1,2,3,4,5,6]就是一个列表。不含有任何元素的列表称为空列表,即[]。为方便使用,通常定义列表时将列表赋值给一个变量,例如:

```
>>> list0=[]                        #空列表
>>> mydate=[2022,4,21]              #整型元素的列表赋值给 mydate
>>> seasons = ["Spring", "Summer", "Autumn", "Winter"]
                            #4 个字符串的列表赋值给变量 seasons
>>> weather=['北京',18.3,'上海',19.7,'西安',20.8,'杭州',20.6]
                            #不同类型元素的列表,表示部分城市某日气温
```

列表元素也可以是列表,例如:

```
>>> cityweather=[['北京',18.3],['上海',19.7],['西安',20.8],['杭州',20.6]]
```

这个列表由四个元素组成,每个元素是一个列表,如['北京',18.3]、['上海',19.7]等。使用列表中嵌套列表的方法可以表示数学中的矩阵。

2）使用 list 类构造函数创建列表

list 的构造函数 list()是创建对象的函数。list 的构造函数最多只能有 1 个参数,可以是已创建的列表或元组,也可以是字符串,没有参数时创建一个空的列表。元组是用圆括号括起来的用逗号隔开的若干元素,元素类型可以不同,例如,('HDD','FDD','HUB','UPS')。

```
>>> accessory=list()                        #创建空列表赋值给 accessory
>>> accessory=('HDD','FDD','HUB','UPS')    #定义元组
>>> accessory=list(accessory)    #由元组创建列表,结果为['HDD', 'FDD', 'HUB', 'UPS']
>>> list('HTTP')                 #由字符串创建列表,结果为 ['H', 'T', 'T', 'P']
```

3）使用列表生成式创建列表

列表生成式是一种通过遍历可迭代对象的元素创建列表的方法,基本格式为

```
list=[<expression> for <item> in <iterable> [if <condition>]]
```

功能是按条件<condition>取<iterable>中的每个元素<item>进行<expression>的计算,这些结果转换为列表,其中,[if <condition>]部分可以省略。例如:

```
>>> score=['90','80','87','50']    #字符串组成的列表,实际表示的是成绩
>>> score=[int(x) for x in score]  #转换为整数列表,结果为[90, 80, 87, 50]
>>> [x for x in score if x>=60]    #选出 60 以上的数组成新列表,结果为[90, 80, 87]
>>>>>> [ord(x) for x in 'secret']  #将'secret'每个字符转换为 ASCII 码组成列表
                                   #结果为[115, 101, 99, 114, 101, 116]
```

2. 列表元素的访问

可以使用下标的方式访问列表中的一个元素,也可以访问其中的一组元素,这种访问方式称为**切片操作**。

1) 访问一个元素

访问列表中的一个元素的语法格式如下。

<列表名>[<下标>]

假定列表长度为 N,则下标的范围是 $0 \sim N-1$(从左到右),也可以是 $-1 \sim -N$,下标为负数表示起始点从末尾开始(从右到左)。

例如,下面对前面定义的列表 list1 中元素进行访问:

```
>>> print(list1[0])
Spring
>>> print(list1[-1])
Winter
```

当下标不在 $0 \sim N-1$ 范围时,会显示下标超界错误,例如下面的语句:

```
>>> print(list1[4])
```

执行该语句时会出现下面的错误信息。

```
IndexError: list index out of range
```

2) 访问连续若干个元素

访问连续元素的语法格式如下。

<列表名>[[<开始下标>]:[<终止下标>]]

这两个下标可以是正数,也可以是负数,不指定时分别表示起点和终点,显示的结果是从开始下标到终止下标前一个位置的连续元素。

请看以下各条命令的输出。

```
>>> print(list1[1:3])
['Summer', 'Autumn']
>>> print(list1[-3: -2])
['Summer']
>>> print(list1[: ])
['Spring', 'Summer', 'Autumn', 'Winter']
>>> print(list1[1: ])
['Summer', 'Autumn', 'Winter']
>>> print(list1[-2: ])
['Autumn', 'Winter']
```

3) 访问若干个间隔的元素

访问的语法格式如下。

```
<列表名>[[<开始下标>]:[<终止下标>]:[<步长>]]
```

对比连续访问元素的格式,这里多了一个步长,省略时为 1。

请看以下各条命令的输出。

```
>>> print(list1[0: 4: 2])
['Spring', 'Autumn']
>>> print(list1[: : 2])
['Spring', 'Autumn']
>>> print(list1[: : -1])
['Winter', 'Autumn', 'Summer', 'Spring']
>>> print(list1[: : ])
['Spring', 'Summer', 'Autumn', 'Winter']
```

3. 更新列表中的元素

列表中元素的更新包括改变某个元素的值、向列表中添加元素和从列表中删除元素。

1) 更新元素的值

可以使用单个元素的访问方法直接修改某个元素的值。例如,下列命令修改列表 list1 中第 0 个元素的值。

```
>>> list1
['Spring', 'Summer', 'Autumn', 'Winter']
>>> list1[0]='Season1'
>>> list1
['Season1', 'Summer', 'Autumn', 'Winter']
```

下面的语句可以更新一个索引范围内的所有元素。

```
>>> list8=list("computer")
>>> list8
['c', 'o', 'm', 'p', 'u', 't', 'e', 'r']
>>> list8[2:4]='x'
>>> list8
['c', 'o', 'x', 'u', 't', 'e', 'r']     #'m','p'替换为'x'
```

替换和被替换的元素个数不要求相同,例如下面的例子。

```
>>> list8=list("computer")
>>> list8[2:4]=['x','y','z']
>>> list8
['c', 'o', 'x', 'y', 'z', 'u', 't', 'e', 'r']     #'m','p'替换为'x', 'y', 'z'
```

2) 向列表中添加新的元素

可以使用 append()方法向列表的末尾追加一个元素。例如,下面的命令向列表 list1 末尾添加新的元素'Winter'。

```
>>> list1=['Season1', 'Autumn']
>>> list1.append('Winter')
>>> list1
```

```
['Season1', 'Autumn', 'Winter']
```

使用 insert()方法可以向列表中指定的位置插入一个新的元素。例如,下面的命令在列表 list1 下标为 1 的位置插入新的元素'Summer'。

```
>>> list1.insert(1,'Summer')
>>> list1
['Season1', 'Summer', 'Autumn', 'Winter']
```

使用 extend()方法可以向列表末尾添加多个元素。例如,下面的命令向列表 list1 的末尾添加了 3 个元素。

```
>>> list1=[1,2,3]
>>> list1.extend([3,4,5])      #试试与 append()有何不同?
>>> list1
[1, 2, 3, 3, 4, 5]
```

3) 删除列表中指定的元素

使用 pop()方法可以删除指定下标的元素。例如,下面的语句删除列表中下标为 1 的元素,该方法的返回值为被删除的元素。

```
>>> list1
['Spring', 'Summer', 'Autumn', 'Winter']
>>> list1.pop(1)
'Summer'
>>> list1
['Spring', 'Autumn', 'Winter']
```

pop()方法中不指定删除的下标时,默认删除的是最后一个元素,它与 append()方法配合使用可以完成数据结构中栈结构的入栈和出栈操作。

例如,下面的操作删除列表中最后一个元素。

```
>>> list2=[1,2,3,4]
>>> list2.pop()
4
>>> list2
[1, 2, 3]
```

使用 del 命令也可以删除指定下标的元素。例如,下面的语句删除列表中下标为 1 的元素。

```
>>> list2=[1,2,3,4]
>>> del list2[1]
>>> list2
[1, 3, 4]
```

使用 remove()方法删除指定值的元素。例如,下面的语句删除元素'Autumn'。

```
>>> list1.remove('Autumn')
>>> list1
```

```
['Spring', 'Winter']
```

以下语句是删除 list1 中下标为 2 的元素。

```
list1.remove(list1[2])
```

使用 clear()方法可以删除列表中的所有元素,例如,list1.clear()。

4. 可以应用于列表的其他函数和方法

1) 获取列表长度 len()

该方法返回列表中元素的个数。例如:

```
>>> list1=['Spring', 'Summer', 'Autumn', 'Winter']
>>> len(list1)
4
>>> list2=[]
>>> len(list2)
0
```

2) 获得最小元素和最大元素 min()和 max()

这两个函数分别返回列表中的最小元素和最大元素。函数的参数中,要求元素的数据是可比较的类型,例如,在数字之间或字符串之间,通常应是相同的类型。

例如,下面是数字之间的比较。

```
>>> list1=[4,-1,678,5]
>>> max(list1),min(list1)
(678, -1)
>>>
```

下面是字符串之间的比较。

```
>>> list1=['c','z','a','v']
>>> max(list1),min(list1)
('z', 'a')
```

下面的语句在执行时会出错。

```
>>> list1=[1,'z',3,'v']
>>> max(list1),min(list1)
Traceback (most recent call last):
  File "<pyshell#11>", line 1, in <module>
    max(list1),min(list1)
TypeError: unorderable types: str() > int()
```

3) 返回元素的下标 index()

这是列表的一个方法,格式如下。

列表名.index(元素,整数 n)

其返回值为元素在列表中第 n 次出现的位置(下标),省略 n 时为第 1 次出现的位置。

例如：

```
>>> list1=['c','z','a','v','z']
>>> list1.index('z')
1
>>> list1.index('z',2)
4
```

4）统计元素出现次数 count()方法

该方法的格式如下。

列表名.count(元素)

该方法的返回值为元素在列表中出现的次数。

例如：

```
>>> list1=['c','z','a','v','z']
>>> list1.count('z')
2
>>> list1.count('a')
1
```

5）求和函数 sum()

该函数返回元素皆为数字的列表中元素之和。例如：

```
>>> list1=[1,2,3,4,5]
>>> sum(list1)
15
```

6）排序方法 sort()

该方法将列表中的元素排序，默认为升序。例如：

```
>>> list1=['zz','yyy','aaa','AA']
>>> list1.sort()
>>> list1
['AA', 'aaa', 'yyy', 'zz']
```

如果方法中使用了参数 reverse＝True,则进行降序排序。例如：

```
list1.sort(reverse=True)    #结果 ['zz', 'yyy', 'aaa', 'AA']
```

7）反转方法 reverse()

该方法将列表中元素的位置进行反转，列表本身会发生改变。例如，下面的语句将列表 list1 中的元素逆序。

```
>>> list1=['zz','yyy','aaa','AA']
>>> list1.reverse()
>>> list1
['AA', 'aaa', 'yyy', 'zz']
```

8）复制方法 copy()

该方法对列表进行复制。下面的语句将列表 list1 复制到 list2，复制后的 list1 和 list2 相互独立，对其中一个列表中元素的修改不会影响到另一个列表。

```
>>> list1=['zz','yyy','aaa','AA']
>>> list2=list1.copy()
>>> list2
['zz', 'yyy', 'aaa', 'AA']
>>> list2[0]='ZZZZ'                 #改变 list2 中的元素
>>> list2
['ZZZZ', 'yyy', 'aaa', 'AA']
>>> list1
['zz', 'yyy', 'aaa', 'AA']          #list1 中的元素不受影响
```

其中，语句 list2＝list1.copy()也可以使用切片操作实现：list2＝list1[:]。

5. 用于列表操作的运算符

1）拼接运算

运算符“＋”用于列表的拼接运算。例如，下面的语句将两个列表拼接成一个列表。

```
>>> list1=['aaa','bbb','ccc']
>>> list2=['ccc','ddd']
>>> list3=list1+list2
>>> list3
['aaa', 'bbb', 'ccc', 'ccc', 'ddd']
```

2）重复运算

重复运算将列表重复若干次构成新列表。例如，下面的语句将列表 list1 中的内容重复 3 遍后赋给 list2。

```
>>> list1=['aaa','bbb','ccc']
>>> list2=list1 * 3
>>> list2
['aaa', 'bbb', 'ccc', 'aaa', 'bbb', 'ccc', 'aaa', 'bbb', 'ccc']
```

3）列表的比较

从下标 0 开始依次进行元素的比较。例如：

```
>>> a=[1,2,3]
>>> b=[1,2,4]
>>> a>b
False
>>>
```

两个列表的前两对元素相同，没有分出大小，第 3 对的 3 和 4 比较出了大小。

对应元素的类型不同或不能比较的数据类型，不能进行比较。例如：

```
>>> a=[1,2,3]
>>> b=['a','b']
```

```
>>> a>b
Traceback (most recent call last):
  File "<pyshell#49>", line 1, in <module>
    a>b
TypeError: '>' not supported between instances of 'int' and 'str'
```

出错的原因是两个列表中第 0 个元素 1 和'a'类型不同,不能进行比较,进行下面的修改后,就可以比较了。

```
>>> b[0]=20
>>> a>b
False
```

4) in 和 not in

用来判断某个元素是否包含在列表中,结果为逻辑值。例如:

```
>>> list1=['zz', 'yyy', 'aaa', 'AA']
>>> 'zz' in list1
True
>>> 'xx' in list1
False
>>> 'xx' not in list1
True
```

列表具有下列特点。

- 列表长度可以改变,可以添加或删除元素。
- 元素类型可以不同。
- 元素也可以是列表。
- 元素的内容可以改变。

3.5 函数和模块

3.5.1 函数

1. 函数的概念

在程序中,如果某段程序需要在不同的位置反复使用,可以将这段程序单独命名,这样需要再执行这段程序时,只需按一定格式写出名称和所需的参数即可,这段有名的程序就是函数。

使用函数可以实现代码的重用,降低编程的复杂性。函数通常分为内置函数和自定义函数。

2. 内置函数

内置函数又称为系统函数,或内建函数,是 Python 本身提供的函数,任何时候都可以直接使用。常用的内置函数有数学运算函数、类型转换函数等。

如果要查看所有的内置函数名,可以在交互方式下输入下面的命令。

```
>>> dir (__builtins__)
```

注意,builtins 的前后都是两个下画线。

数学函数用于完成算术运算,常见的内置数学函数如下。

abs(x): 求 x 的绝对值。

complex([real],[image]): 创建一个复数。

divmod(a,b): 分别计算商和余数。

float(x): 将一个字符串或数字转换为浮点数。

int[x[,base]]): 将一个字符串按 base 进制转换为整数,默认是十进制。

pow(x,y): 计算 x 的 y 次方。

range([start],stop[,step]): 产生一个序列迭代器。

eval(str): 将字符串当作一个有效的表达式进行计算。

input(),print(),ord(),chr(): 输入、输出、获得字符编码、获得某编码的字符。

sum(),min(),max(),sorted(): 求和、最小、最大、排序。

其中的 divmod(a,b)函数计算商和余数,也就是该函数返回两个值,可以用以下方法将这两个值分别保存在两个变量中。

```
>>> x,y=divmod(5,2)
>>> x,y
(2, 1)
```

变量 x 和 y 分别保存了商和余数。

3. 函数的定义

如果系统中提供的函数不能满足需要,可以自行编写,这类函数称为**自定义函数**。

使用自定函数时需要先定义,再使用。

定义函数的一般格式如下。

```
def    函数名(参数列表):
       函数体
```

其中:

- 函数名:需符合标识符规范,不能与关键词同名,也不要与已有的函数同名。例如,不要用 str、sum、max、min、sort、len、list 等符号命名自己定义的函数。
- 参数列表:是一些用逗号隔开的变量,它们代表实现函数功能需要的数据,称为形式参数,简称形参。
- 函数体:是完成功能的一系列语句,注意,要求缩进对齐。若函数有计算结果,要用"return 表达式"返回计算结果(见例 3.17、例 3.18)。

4. 函数的调用

函数的调用格式如下。

```
函数名(表达式列表)
```

其中,表达式列表是实现函数功能需要的实际数据,称为实际参数,简称实参。它们与函数定义时形参的个数、类型、意义、顺序一致,用逗号隔开。

函数的参数可以是整数、实数、字符串、列表等各种类型的对象。

【例 3-17】 编写计算圆的面积的函数并调用。

【解】 计算圆的面积需要半径,所以半径作为形参;面积是函数的结果,作为返回值。

```
#函数定义,在调用之前
def  area(r):              #圆的半径是函数的形参
    pi=3.1415926          #不变的量,不需要作为参数
    y=pi*r*r              #计算面积
    return y;             #面积是函数的返回值
#调用,在定义之后
s=area(2)                 #2是实参,计算的是半径为2的圆的面积,结果赋值给s
print(s)
```

【例 3-18】 找出 2～100 中的所有素数。

【解】 将判断素数部分单独编写成一个函数 isprime(n),当 n 是素数时,函数返回值为 1,否则返回 0,程序如下。

```
def isprime(n):
    if n<=1:
        return 0
    if n==2:              #n=2是素数
        return 1
    for i in range(2,n):
        if n%i==0:        #不是素数
            return 0
    return 1              #是素数
for  i in range(2,100):
    if isprime(i)==1:
        print(i,end=',')
```

程序的运行结果是:

2,3,5,7,11,13,17,19,23,29,31,37,41,43,47,53,59,61,67,71,73,79,83,89,97

函数中,return 可以多次出现,但程序执行到任何一个 return,就会结束函数的执行,返回结果,其他的程序不再执行。

【例 3-19】 找出 2～100 中的所有孪生素数。

【解】 相邻的两个奇数如果又都是素数,则称它们是孪生素数。本题可以使用例 3-18 编写的判断素数的函数,对 2～100 中的整数 i 和 $i+2$ 判断它们是否同时为素数,如果是则为一对孪生素数,程序如下。

```
#将例 3-18 中的 isprime() 函数写在此处(这里不再重复)
for  i in range(1,100):
    if isprime(i)==1 and isprime(i+2)==1:
        print(i,i+2)
```

程序的运行结果如下。

```
3 5
5 7
11 13
17 19
29 31
41 43
59 61
71 73
```

5. 函数参数的传递方式

参数的传递方式指实参是如何传递给形参的。

1）位置参数

位置参数指的是实参按顺序传递给实参。例如,求 4 个数的和的函数定义为

```
def mysum(a,b,c,d):
    return a+b+c+d
```

函数调用时:

```
sigma=mysum(1,2,3,4)
```

其中的 1,2,3,4 依次传递给形参 a,b,c,d。这就是位置参数。

2）关键字参数

位置参数,如果实参的数据位置颠倒,数据就会传给另一个参数。例如,上例中如果实参为 2,1,3,4,那么 2 就会传给 a,1 就会传给 b。

关键字参数允许在实参中给出形参的名字,而可以不按顺序,例如,上面的 mysum() 函数可以这样调用:

```
sigma=mysum(d=4,c=3,a=1,d=2)
```

这样,也可以把 1,2,3,4 分别传给 a,b,c,d,而且,实参的顺序可以任意。

位置参数和关键字参数可以混用,不过在实参中,第 1 个关键字参数后,都要使用关键字参数。例如:

```
sigma=mysum(1,2,d=4,c=3)
```

1,2 分别传给 a,b,3,4 按关键字传给 c,d。而

```
sigma=mysum(b=2,a=1,c,d)
```

这样传递是错误的。

关键字参数也叫名字参数。

3）默认值参数

默认值参数是指在定义函数时给形参指定一个数值,调用函数时,如果给定实参,则形参的值就是给定的实参值,如果实参省略,形参的值就取原来指定的值。

【例 3-20】 重要的事情说 n 遍,默认是 3 遍。

【解】 重要的事情,设是一句话,一般是说 3 遍。如果不管用,可能要说 5 遍、10 遍,如果比较重视,1 遍就行了。事情用字符串表示,遍数设定默认值 3。程序如下。

```
#函数预定义
def say(thing,count=3):
    for i in range(count):
        print(thing)
#函数调用:
say("好好学习",2)              #给定第 2 个参数,形参 count 取实参值 2
```

运行结果为

```
好好学习
好好学习
#函数调用:
say("好好学习")               #没有给定第 2 个参数,形参 count 会取默认值 3
```

运行结果为

```
好好学习
好好学习
好好学习
```

默认值参数必须出现在形参列表的最右端,而且连续出现。调用时可以从右向左连续省略。例如:

```
#函数定义
def g(a,b=10,c=20,d=100):       #从 b 开始,右边都是默认值参数
    print(a,b,c,d)
#合法调用
g(1,2,3,4)                      #a,b,c,d 分别得到 1,2,3,4
g(1,2,3)                        #a,b,c 分别得到 1,2,3,d 取默认值 100
g(1,2)                          #a,b 分别取到 1,2;c,d 分别取默认值 20 和 100
g(1)                            #a 得到 1,b,c,d 取默认值 10,20,100
g(1,c=50)                       #a 得到 1,c 得到 50,b,d 取默认值 10,100
#不合法调用
g(c=50,1)                       #实参 1 试图用位置参数,不正确
```

此外,Python 中还可以使用变长参数,也就是说,参数的个数可以不确定。Python 函数可以返回多个数值,如 return a,b,c。

6. 变量作用域

在函数中可以定义变量。那么在函数中定义的变量,在函数外可以使用吗?反过来呢?也就是说,变量在哪个范围是有效的呢?这就是变量的**作用域**。

一般在函数内定义的变量,只在该函数中起作用,称为**局部变量**。局部变量可以在函数内及函数内的循环、分支中使用。函数结束后,函数中定义的变量将被自动清除。

在函数外定义的变量,在函数内可以使用,这样的变量称为**隐式全局变量**。当在函数中给隐式全局变量赋值时,这个变量则变为**隐式局部变量**。也就是说,在函数中,隐式全局变量一经赋值,就不再是函数外的那个变量了。

在函数外定义的变量,在函数中使用前用 global 声明后,这个变量则称为**显式全局变量**。显式全局变量在函数中可使用,可赋值。赋值后,函数外的同名变量的值也随之改变。

看下面这段程序:

```
def f():
    global a                    #a 用 global 声明,显式全局变量
    x=10                        #局部变量
    print("#1# ",a,c,x)         #c 是隐式全局变量,b 在后面赋值也不再是全局变量
    a=10                        #显式全局变量赋值
    b=20                        #b,隐式局部变量
    print("#2#",a,b,c,x)
#主程序
a=1
b=2
c=3
print("#0#",a,b,c)
f()
print("#3#",a,b,c)              #a 在函数中被改变,此处的 b 与函数 f()中的 b 无关
print("#4#",x)                 #局部变量,函数外不可用
```

运行结果如下。

```
#0#   1 2 3
#1#   1 3 10
#2#   10 20 3 10
#3#   10 2 3
Traceback (most recent call last):
  File "C: \Python36\tmp.py", line 15, in <module>
    print("#4# ",x)
NameError: name 'x' is not defined
```

从中可以看到,函数外的变量,在函数中如果不用 global 声明,一经赋值就成为局部变量,不管它在函数中的何处赋值,而且在此之前也不能作全局变量使用。隐式全局变量和显式全局变量统称为**全局变量**。

7. 递归函数

一般的程序设计语言定义的函数都允许直接或间接调用自己,这样的函数称为**递归函数**。例如,计算 $y(n)=n!$,它的数学定义可以写为

$$y(n)=\begin{cases}1, & n=0 \\ n \times y(n-1), & n>0\end{cases}$$

在 Python 中可以写一个函数:

```
def factor(n):
    if n == 0:
        y=1
    else:
```

```
        y=n * factor(n-1)          #调用自身,递归
      return y
#主程序
y=factor(3)                        #函数调用
print(y)
```

运行结果如下。

```
6
```

使用递归有以下两个条件。

(1) 终止情况,如上述函数定义中的 if n==0:y=1。

(2) 递推关系,如上述函数中的 y=n * factor(n-1)。

递推关系的本质是计算情况 n 时的值可以利用以前若干次 $n-1$,$n-2$,…时的计算结果。终止情况使得递推能够停止。

递归函数的优点是定义简单,逻辑清晰。但使用递归函数,在执行中会占用大量的内存,甚至执行失败。上述例题中,当尝试调用 factor(1000)时,程序可能就会报错。

通常递归函数可以改写成循环的方式。

3.5.2 模块

模块是一个包含定义了若干函数和变量的文件。一个模块可以被其他程序导入,从而使用模块中的函数。

1. 内置模块

内置模块是 Python 解释器内含的模块。内置模块不需要安装,直接使用 import 导入就可使用。常用的内置模块有数学模块 math、随机数模块 random、时间模块 time、操作系统模块 os 等。

1) 模块的导入

使用 Python 的模块时,需要事先将该模块导入,方法是使用 import 语句。导入的形式有以下三种。

(1) 导入所有函数。格式:

```
import 模块名
```

例如:

```
import math                        #导入模块
```

使用方法是"模块名.函数名",例如:

```
math.pow(x,y)                      #调用 pow()函数,格式为:模块名.函数名
math.sqrt(a)                       #调用 sqrt()函数
```

(2) 导入需要的部分函数。格式：

`from 模块名 import 函数名列表`

例如：

`from math import pow, sqrt`　　　　　　`#导入模块中的部分函数,用逗号隔开`

这样导入,可以直接使用函数名,例如：

```
pow(x,y)                    #直接调用
sqrt(a)
```

函数名列表可以用"＊"代替,表示所有的函数。例如：

`from math import *`

(3) 使用别名。格式：

`import 模块名　 as　 别名`

例如：

`import math as mt`　　　　　　`#导入模块并为其定义别名`

使用方法是"别名.函数",例如：

```
mt.pow(x,y)                 #调用时加上别名　 别名.函数名
mt.sqrt(a)
```

一个模块只被导入一次,这样可以防止导入模块被一遍又一遍地执行。

2) 常用模块介绍

(1) 数学库 math。

常用数学函数的模块名为 math,常用的数学函数如下。

sin()、cos()、tan()：三角函数正弦、余弦、正切。

acos()、asin()、atan(x)、atan2(y,x)：反三角函数。

sinh()、cosh()、tanh()、acosh()、asinh()、atanh()：双曲函数。

exp(x)：e 的指数。

pow(x,y)：指数函数。

log()：自然对数。

log10()：常用对数。

sqrt()：开平方根。

fabs()：绝对值。

factorial(n)：n 的阶乘。

e：自然常数。

pi：圆周率。

(2) 随机数库 random。

该模块的函数用来产生不同的随机数,包括分布和范围等。常用函数如下。

randint(a,b)：产生指定区间内的随机整数。

random()：产生[0.0,1.0)的随机实数。

uniform(a,b)：产生[a,b)的随机实数。

gauss(mu,sigma)：产生正态分布的随机数，mu 是均值，sigma 是标准差。

choice(序列)：从序列中随机选取一个元素，如 choice("abcdefghijklmnopqrstuvwxyz")随机产生一个小写字母。

详细用法和其他函数请参阅有关手册。

2. 第三方模块

不是 Python 官方自带的模块和库称为第三方模块或第三方库，如科学计算库 NumPy、SciPy，绘图库 Matplotlib、Seaborn，数据分析库 Pandas，计算机视觉和机器学习库 OpenCV，中文分词工具 jieba，游戏模块 pygame，机器学习库 Scikit-Learn，深度学习库 Pytorch 等。

使用第三方模块需要安装，方法是在命令提示符方式下，进入 Python 安装目录的 scripts 文件夹，使用下列命令。

```
pip install <模块名>
```

使用"pip list"命令可以查看已安装的模块，使用"pip uninstall <模块名>"卸载。

第三方模块的导入方法和使用方法与内置模块相同。

小　结

程序设计语言经历了机器语言、汇编语言和高级语言的发展阶段，读者应了解各阶段程序设计语言的特点。语言处理程序有汇编程序、解释程序和编译程序，Python 用的是解释程序。

对于 Python，首先要了解 Python 程序的书写规则、添加注释的方法和对齐方式的作用。

Python 中有不同的数据类型，例如，数字、字符串、列表等。

变量的值是可以通过赋值运算被改变的，对变量赋值使用赋值运算符"="。

Python 的基本运算主要包括：算术运算、关系运算、逻辑运算和位运算，由相应的运算符完成。

Python 中的输入和输出可以分别通过函数 input()和 print()完成。

程序的基本结构有顺序、分支、循环这三种，任何程序都由这三种基本结构组合而成。

顺序结构是按照线性顺序依次执行每条语句，分支结构是程序根据判断条件，选择不同的执行路径，循环结构是程序中的某一段在满足某个指定条件下重复地执行，被重复执行部分称为循环体，循环体内也可以嵌入另一个循环，这就是循环的嵌套。

字符串和列表是 Python 中的两种数据类型，相同的是，它们都是由若干个元素组成；不同的是，字符串由若干个字符组成，字符串中的内容不可以更改，而列表中的元素可以是各种不同类型的元素,列表中的元素可以更改,也可以添加和删除。列表和字符串中的每个元素都有自己的位置编号,这个编号称为索引或下标,列表和字符串可以通过下标和切片运算获取其中的一个或多个元素。

程序中,如果某个程序段需要在不同的位置重复地执行,可以将这段代码单独编写为一个函数,这样需要重复执行这段程序时,只需按一定格式写出函数名和所需的参数即可,这就是函数的调用。使用函数的方式可以实现代码的重用,降低复杂性。

习　　题

1. Python 中能否使用列表完全取代元组?

2. 什么是切片操作? 总结切片操作的几种不同方式。

3. 如果需要改变不可变集合中的元素,应如何进行?

4. 编写程序,在屏幕上显示"路虽远,行则必至,事虽难,做则必成"。

5. 编写程序,进行面积单位亩和平方米的换算。输入亩,输出平方米。

$$1 \text{ 亩} = 666.666\ 666\ 667 \text{ 平方米}$$

6. 输入两个复数,分别计算这两个复数的和与差。输入一个复数时,分别输入该数的实部和虚部,然后使用 complex() 函数构成复数。提示:

```
complex(2, 3)          #返回值(2+3j)
```

7. 输入三角形的三条边,计算三角形的面积。计算前判断输入的三个值能否构成三角形。

8. 输入三个整数 x, y, z,请把这三个数由小到大输出。

9. 输入一个小于或等于 1000 的整数表示总金额,等价地表示成各种面额纸币的张数,使得纸币张数最少。设可以提供的纸币面额分别是 100 元、50 元、20 元、10 元、5 元、1 元。

例如,输入 145 时,输出如下。

```
100元: 1 张
20元: 2 张
5元: 1 张
```

10. 输入一个人的身高(m)和体重(kg),利用下式计算此人的 BMI(身高质量指数)。

$$\text{BMI} = \text{体重}/\text{身高}^2$$

然后根据 BMI 判断体重类型,体重类型分为四种,标准如下: BMI<18.5 为偏瘦,BMI 在 18.5~23.9 为正常,BMI 在 24~27.9 为偏胖,BMI≥28 为肥胖。

11. 从键盘输入两个正整数 m 和 n,计算 m 到 n 之间(包括这两个数)的连续整数之和并且输出(如果 m 的值大于 n,则先将这两个数进行交换)。

12. 编写程序,输入精度 eps,利用下式计算 π 的近似值,舍去绝对值小于 eps 的通项。

$$\frac{\pi}{4} = 1 - \frac{1}{3} + \frac{1}{5} - \frac{1}{7} + \frac{1}{9} + \cdots$$

提示:先求等号右边级数的和,绝对值小于 eps 时退出循环,将结果再乘以 4 即可得到 π 的近似值。

13. 编程找出 1000 以内的素数,并将找到的素数保存到一个列表中。

14. 编写程序,使用列表判断输入的字符串是否是回文字符串。

15. 回文数是逆序后与原数相等的数,例如 1221,逆序还是 1221,是回文数;而 1234 逆序为 4321,不是回文数。输入一个 4 位的整数,判断该数是否为回文数。

16. 输入正整数 n 和两个 n 维向量,计算两个向量的欧氏距离。

17. 输入一个日期的年、月、日,判断这一天是这一年的第几天。程序中要对输入的年份、月份和日是否有效进行判断,要注意判断闰年。

18. 输出 100 以内的孪生素数,判断素数部分单独编写为一个函数,孪生素数是指相差为 2 的素数,例如,3 和 5、11 和 13 等。

19. 输入 n 和 a,求 $s=a+aa+aaa+aaaa+aa\cdots a$(最后一项是 n 个 a)的值,其中,a 是一个 1 位数字。例如,$2+22+222+2222+22222=24690$(此时 $n=5,a=2$)。

20. 有一分数序列:2/1,3/2,5/3,8/5,13/8,21/13,…,输入 n,计算这个序列的前 n 项之和。

提示:这个序列的特点是后一项的分子是前一项分子、分母的和,后一项的分母是前一项的分子。

21. 编写程序,输入 n 个学生的信息,每个学生的信息包括学号、姓名和成绩。①按学号对它们排序,显示排序结果;②输入姓名,按姓名查找学生信息,找到时显示序号和其信息,找不到时显示"查无此人"。

22. 编写函数,求两个数的最大公因数。编写主程序,输入两个整数,调用函数求最大公因数,在主程序中输出最大公因数。

23. 编写函数,递归计算斐波那契数列 $F(n)$ 的第 n 项。编写主程序,显示前 30 项。

$$F(n)=\begin{cases}1, & n=1,2 \\ F(n-1)+F(n-2), & n>2\end{cases}$$

第4章

Python数据分析基础

数据分析是为了提取有用信息和形成结论而对数据进行详细研究和概括总结的过程。通过数据分析可以发现生产、生活、自然现象中的特征、特性和规律，以帮助人们改进管理策略、改进工艺流程、进行预报预测。

Python 中用于数据分析的工具有很多，如用于科学计算的 NumPy，用于数据可视化的 Matplotlib，用于数据清洗统计的 Pandas，用于数值计算的 SciPy，用于统计建模的 StatsModels，用于回归、分类、聚类的 Scikit-Learn 等。本章主要介绍前三个，其他工具可以之后再学习和使用。

4.1 常用统计量介绍

统计分析是基本的数据分析方法。通过统计量可以了解数据的总体特征。下面介绍一些常用的统计量。

1. 样本均值

样本均值简称均值，是一组数据的总和除以数据的个数得到的商，它反映数据的总体水平。这样的均值也叫算术平均。公式如下。

$$\bar{x} = \frac{1}{n} \sum_{i=1}^{n} x_i$$

如果每个数据的重要程度不同，每个数据的数值乘以权重，再把所有这些成绩加起来除以所有权重的总和，叫作加权平均，公式如下。

$$\bar{x} = \left(\sum_{i=1}^{n} x_i \times w_i \right) \Big/ \sum_{i=1}^{n} w_i$$

其中，x_i 是数据值，w_i 是对应该值的权重。如一位考生初试成绩为 370 分（总分 500），笔试成绩为 82 分，面试成绩为 87 分，如果初试占 40%，笔试占 30%，面试占 30%，那么这位考生的百分制综合成绩为

$$(370/5 \times 0.4 + 82 \times 0.3 + 87 \times 0.3)/(0.4 + 0.3 + 0.3) = 80.3$$

这就是一个加权平均值。而 (370/5＋82＋87)/3 得到的 81 是算术平均值（其中 370/5 是将 500 分制转换为百分制）。

2. 极差

极差是样本数据的最大值和最小值的差,它反映数据的范围和离散程度。如在比赛评分中,对一个选手评分的极差大反映评委的主观性强,观点有差异。考试中,极差大说明两极分化大。

3. 频数和频率

频数是观察到的某现象的单位数,**频率**是观察到的某现象的单位数占各种现象的总数的百分比,它们反映数据的分布情况。

4. 方差和标准差

方差是每个样本数据与均值的差的平方的和的平均数,它展示数据的离散程度,数值越大越分散;数值越小越集中,公式如下。

$$\sigma^2 = \left(\sum_{i=1}^{n} (x_i - \bar{x})^2 \right) \Big/ n$$

其中,$\bar{x}$ 为均值。注意,如果将分母中的 n 换成 $n-1$,这时计算的方差称为样本方差,用 S^2 表示,而 σ^2 称为总体方差。统计学上,样本方差 S^2 是总体方差 σ^2 的无偏估计。

标准差是方差的平方根,用 σ(总体标准差)、S(样本标准差)表示。

5. 分位数和中位数

把一组数据升序排列后分隔成 n 个等分区间并产生 $n-1$ 个等分点,每个等分点所对应的数值就是一个**分位数**。按照升序排列依次叫作第 1 至第 $n-1$ 的 n 分位数。一组数据排序后分成 100 份,就是百分位数,分成 4 等份就是四分位数。

分位数是衡量数据的位置的量度。第 k **百分位数**意味着序列中有 $k\%$ 的数小于或等于这个数。例如,如果成绩的第 5 百分位数是 60,则说明有 5% 的成绩小于 60,它也展示了数据分布情况。第 25 百分位数就是第 1 **四分位数**,第 50 百分位数就是第 2 四分位数,第 75 百分位数就是第 3 四分位数,分别用 Q1、Q2、Q3 表示,Q3-Q1 称为四分位间距或四分位差,它标志着数据的离散程度。第 50 百分位数即中位数。

中位数也叫中值,是序列从小到大排序后中间位置的数,对元素个数为奇数的序列就是中间位置的数,对偶数序列是中间两个数的平均数。中位数反映了中间水平。

6. 样本协方差和相关系数

样本协方差衡量两组样本数据之间的相关程度,即一组样本对另一组样本的影响。设 $x = (x_1, x_2, \cdots, x_n)$ 是变量 x 的一组取值,$y = (y_1, y_2, \cdots, y_n)$ 是变量 y 的对应取值,它们的协方差计算如下。

$$\text{cov}(x, y) = \frac{1}{n-1} \sum_{i=1}^{n} (x_i - \bar{x})(y_i - \bar{y})$$

如果样本协方差为正值,说明随着 x 的增加 y 也会增加,称为正相关;如果样本协方差为负值,说明随着 x 的增加 y 会减少,称为负相关;如果为 0,称为不相关。

样本协方差的值与变量的取值以及单位有关,为消除单位和取值的影响,将它除以 x、y 标准差,就得到:

$$r = \sum_{i=1}^{n} (x_i - \overline{x})(y_i - \overline{y}) \Bigg/ \left(\sqrt{\sum_{i=1}^{n} (x_i - \overline{x})^2} \sqrt{\sum_{i=1}^{n} (y_i - \overline{y})^2} \right)$$

r 的值范围为 $[-1,1]$,它表明了 x 和 y 两个量之间的线性相关关系,由 Pearson 提出,也称为 **Pearson 线性相关系数**。$r>0$ 为正相关,$r<0$ 为负相关,$r=0$ 表示不存在相关关系,$|r|=1$ 表示完全线性相关。一般 $|r|>0.8$ 认为是高度线性相关,$|r|\leqslant0.3$ 认为不存在线性相关关系。

4.2　NumPy 数据分析基础

NumPy 是用于科学计算的第三方库,主要提供了多维数组的数据表示方法,并提供数组上的快速计算,包括数学运算、逻辑运算、排序、选择、离散傅里叶变换、线性代数运算、基本统计操作、随机模拟等。其他众多的数据分析、数据可视化、机器学习等第三方库绝大多数是基于 NumPy 的数组进行数据处理的。在 Windows 的命令提示符方式下,使用下列命令安装和卸载 NumPy。

```
c:\Python\scripts>pip install numpy
c:\Python\scripts>pip uninstall numpy
```

使用 NumPy,需要在使用前导入,习惯上导入的别名为 np,例如:

```
import numpy as np
```

4.2.1　数组的定义

数组是 NumPy 的基本数据类型,称为 ndarray。与列表不同,数组有非常好的运算功能,如向量、矩阵的乘积运算、点积运算,可以并行运算等。

1. 定义数组

可以通过列表、元组定义数组,例如:

```
>>> np.array([1,2,3])                                    #通过列表创建一维数组
array([1, 2, 3])
>>> np.array([[1,2,3],[4,5,6],[7,8,9]],dtype=np.float64) #通过列表创建二维数组
array([[1., 2., 3.],
       [4., 5., 6.],
       [7., 8., 9.]])
>>> np.array([[[1,2,3],[4,5,6],[7,8,9]],[[1.1,1.2,1.3],
              [1.4,1.5,1.6],[7,8,9]]])                   #创建多维数组
array([[[1., 2., 3.],
        [4., 5., 6.],
        [7., 8., 9.]],
```

```
      [[1.1, 1.2, 1.3],
       [1.4, 1.5, 1.6],
       [7. , 8. , 9. ]]])
>>> np.array((1,2,3))                    #通过元组创建 NumPy 数组
array([1, 2, 3]
```

注意：数组元素应有相同数据类型，如果数据类型不同，系统会尽量做类型转换，不能转换时会出错。创建数组的一般格式是：

```
numpy.array(object, dtype=None, * , copy=True, order='K', subok=False, ndmin
=0, like=None)
```

其中：

object：包含待创建数组元素的数组形对象，如列表、元素和数组。

dtype：设定元素的数据类型，如 np.int8，np.int16，np.int32，np.int64，np.float16，np.float32，np.float64，np.complex 等。

copy：如果为 True，产生的数组对象是原对象的副本。

2. 查看其类型

通过 type()函数查看其类型，例如：

```
>>> a=[5,6,7,8]
>>> b=np.array(a)
>>> type(a)
<class 'list'>
>>> type(b)
<class 'numpy.ndarray'>
```

通过数组的 dtype 属性查看元素类型，通过 astype()方法返回新元素类型的数组，例如：

```
>>> b.dtype
dtype('int32')
>> b.astype(np.float64)                  #返回新类型的数组，原数组不变
array([1., 2., 3., 4.])
```

3. 查看和修改维度

通过数组 shape 属性查看其维度和形状(指每维的大小)。

```
>>> a=np.array([1,2,3])                              #一维,大小为 3
>>> a.shape
(3,)
>>> a=np.array([[1,2,3],[4,5,6],[7,8,9]])  #二维,大小为 3×3
>>> a.shape
(3, 3)
>>> a=np.array([[[1,2,3],[4,5,6],[7,8,9]],[[1.1,1.2,1.3], [1.4,1.5,1.6],
                [7,8,9]]])
>>> a.shape
(2, 3, 3)
```

通过 shape 修改数组的维度。

```
>>> a=np.array([1,2,3,4,5,6,7,8,9,10,11,12])
(12,)
>>> a.shape=(2,6)
>>> a.shape
(2, 6)
>>> a.shape=(-1,6)
>>> a.shape
(2, 6)
>>> a.shape=12
>>> a.shape
(12,)
```

其中,设定的某维度大小为-1时,表示自动设置其大小。如数组有 12 个元素,设定二维数组行大小为-1、列大小为 6,则自动设定的行大小为 $12/6=2$。所以,只能设定一个维度的大小为-1。

也可以通过 reshape()方法重新设定数组的维度,例如:

```
>>> a=np.array([1,2,3,4,5,6,7,8,9,10,11,12])
>>> b=a.reshape(-1,6)
>>> b.shape
(2, 6)
>>> a.shape
(12,)
```

这里要注意的是,使用 reshape()设定维度,返回指定维度的数组,而原数组的维度没有变,但 a、b 却共享存储空间,这时如果改变 a 的元素值,则 b 的元素值也会改变。

通过数组的 flatten()方法,将数组展平为一维数组返回。例如:

```
>>> b
array([[1, 2],
       [3, 4]])
>>> b.flatten()
array([1, 2, 3, 4])
```

4. 使用 NumPy 函数生成数组元素

在数值运算、数值模拟中常常需要先设定数组的大小和数组元素,如变量 x 的取值为$[-2,2]$区间的整数。NumPy 提供多种方法用于设定数组。

1) np.arange()创建等差序列数组

通过指定起始值、终止值和步长创建等差序列(得到的结果不包括终止值)。

```
>>> np.arange(-2,3,1)
array([-2, -1,  0,  1,  2])
>>> np.arange(0,1,0.2)
array([0. , 0.2, 0.4, 0.6, 0.8])
```

步长省略时默认为 1,起始值省略时默认为 0。

2）np.linspace()创建指定区间指定元素个数的数组

通过起始值、终止值和元素个数创建指定区间的等差数列，可以通过 endpoint 参数指定是否包含终止值，默认为 True(包含终止值)。

```
>>> np.linspace(0,1,5)
array([0. , 0.25, 0.5 , 0.75, 1.  ])
```

3）使用随机数产生数组

```
>>> np.random.rand(5)                #产生大小为 5 的一维随机数组,元素值在[0, 1)区间
array([0.50316639, 0.6244449 , 0.8338394 , 0.30367393, 0.40448242])
>>> np.random.rand(3,4)              #产生 3 行 4 列二维随机数组,元素值在[0, 1)区间
array([[0.54673381, 0.45446995, 0.53141422, 0.01467905],
       [0.15291635, 0.01119449, 0.38878974, 0.18963921],
       [0.07790495, 0.14488117, 0.94600363, 0.93717687]])
>>> np.random.randint(0,10,size=(2,4))       #产生 2×4 的元素在[0,10)区间的数组
array([[2, 4, 7, 1],
       [7, 2, 6, 4]])
```

另一个产生随机数的函数是：

```
np.random.normal(loc=0.0, scale=1.0, size=None)
```

返回均值为 loc、标准差为 scale 的正态分布随机数，形状为 size。

4）产生 0、1 等数组

np.zeros(shape)：返回一维或多维 0 数组，shape 为整数或整数元组。

np.ones(shape)：返回一维或多维 1 数组，shape 为整数或整数元组。

np.identity(n)：返回 $n \times n$ 的单位矩阵。

np.diag(a)：若 a 为一维列表、元组或数组，返回以 a 的元素为对角元的二维数组；若 a 为二维列表或数组，返回其对角元的一维数组。

5. 存取元素

1）一维数组

可以使用与列表相同的方式对数组进行存取，可以使用**下标**、**切片**，正数下标范围从 0 到 $n-1$，负数下标范围从 -1 到 $-n$(n 是元素个数)，注意**下标的使用不能越界**。

```
>>> a=np.arange(10)
>>> a
array([0, 1, 2, 3, 4, 5, 6, 7, 8, 9])
>>> a[0]=10
>>> a
array([10,  1,  2,  3,  4,  5,  6,  7,  8,  9])
>>> a[: 5]=[11,12,13,14,15]
>>> a
array([11, 12, 13, 14, 15,  5,  6,  7,  8,  9])
>>> a[: 5]=10
>>> a
```

```
array([10, 10, 10, 10, 10,  5,  6,  7,  8,  9])
>>> a[-1]=20
>>> a
array([10, 10, 10, 10, 10,  5,  6,  7,  8, 20])
>>> a[: : -1]
array([20,  8,  7,  6,  5, 10, 10, 10, 10, 10])
>>> a
```

注意：NumPy 数组通过切片获得的新数组和原数组共享存储空间，修改新数组元素，原数组元素一同修改。若想得到独立的数组，可以使用数组的 copy（）方法复制新数组。

```
>>> a=np.arange(5)
>>> b=a.copy()
```

这样得到的 *b* 和 *a* 占用不同的空间。

数组还可以通过整数列表、整数数组和布尔数组存取元素。例如：

```
>>> a=np.arange(5)                              #创建数组
>>> a
array([0, 1, 2, 3, 4])
>>> a[[1,3]]                                    #通过列表获取数组元素
array([1, 3])
>>> a[np.array([2,4])]                          #通过数组获取数组元素
array([2, 4])
>>> a[np.array([True,False,False,True,True])]   #通过布尔数组获取数组元素
array([0, 3, 4])
```

布尔数组大小小于数组元素时，不足的默认为 False。

```
>>> a[[1,3]]=-1,-3                              #通过整数列表修改数组元素
>>> a
array([0, -1,  2, -3,  4])
```

布尔数组可以通过某种条件产生，可以用来筛选数组元素。

【例 4-1】 使用随机数产生一个[0,1]区间大小为 10 的一维数组，筛选其中大于 0.6 的元素。

【问题分析】 数组可以通过 $a=$np.random.rand(10)产生，通过 $a>0.6$ 产生布尔数组，通过 $a[a>0.6]$即可筛选出大于 0.6 的元素，程序如下。

【源程序】

```
import numpy as np
a=np.random.rand(10)    #产生随机数组
print(a)
b=a>0.6                 #构造布尔数组,b的大小与a相同,a元素大于0.6的位置为True
print(b)
c=a[b]                  #筛选出a中对应b为True的元素
print(c)
```

【运行结果】

```
[0.54556776 0.29420526 0.89354679 0.01537088 0.47964885 0.72526725 0.34026776
0.67697437 0.02487015 0.06736163]
[False False  True False False  True False  True False False]
[0.89354679 0.72526725 0.67697437]
```

【结果说明】　结果的第 1 行是使用随机函数产生的大小为 10 的一维数组,第 2 行是使用 $a>0.6$ 产生的布尔数据,第 3 行是用布尔数组筛选出的大于 0.6 的元素。

2) 多维数组

多维数组使用元组作为下标(可以不写括号),每一维下标可以使用切片选择对应的"行"或"列"元素,从而获取多维数组的部分元素。下面以二维数组为例。

```
a=np.arange(12).reshape(3,4)    #结果 a 是二维数组,3 行 4 列
>>> a
array([[ 0,  1,  2,  3],
       [ 4,  5,  6,  7],
       [ 8,  9, 10, 11]])
>>> a[1,2]                      #通过两个下标访问元素
6
>>> a[1,:]                      #切片
array([4, 5, 6, 7])
>>> a[::-1,::-1]                #切片
array([[11, 10,  9,  8],
       [ 7,  6,  5,  4],
       [ 3,  2,  1,  0]])
>>> a[1,:]=15                   #通过切片为一行赋值
>>> a
array([[ 0,  1,  2,  3],
       [15, 15, 15, 15],
       [ 8,  9, 10, 11]])
```

多维数组的下标元组,也可以使用整数元组、整数列表、整数数组、布尔数组,例如:

```
>>> a=np.arange(12).reshape(3,4)
>>> a[(1,2),(2,3)]             #整数元组,实际获取的是(1,2)、(2,3)位置的元素
array([ 6, 11])
>>> a[[0,1,2],[0,0,0]]         #整数列表,实际获取的是(0,0)、(1,0)、(2,0)位置的元素
array([0, 4, 8])
>>> a[[0,1],:]                 #获取第 0 行和第 1 行的元素
array([[0, 1, 2, 3],
       [4, 5, 6, 7]])
>>> a[a>5]                     #筛选大于 5 的元素
array([ 6,  7,  8,  9, 10, 11])
```

注意:与 Python 列表不同的是,对二维数组,取元素使用一个方括号,行、列下标用逗号隔开。

6. 数组的连接和拆分

1）连接数组

np.hstack(tup)：沿水平方向连接数组。tup 是数组序列，它们除第 2 个轴外，其他轴应有相同的大小，如 tup=(a,b,c)，如果 a,b,c 是一维数组，则结果是一维数组，长度是它们的长度和；如果 a,b,c 是二维数组，结果是二维数组，列数是它们的列数和。

np.vstack(tup)：沿垂直方向连接数组。tup 是数组序列，除第 1 个轴外，其他轴应有相同的大小，如 tup=(a,b,c)，如果 a,b,c 是一维数组，则结果是三行的二维数组；如果 a,b,c 是二维数组，结果是二维数组，行数是它们的行数和。

2）拆分数组

np.hsplit(ary,indices_or_sections)：沿水平方向拆分数组。

np.vsplit(ary,indices_or_sections)：沿垂直方向拆分数组。

例如：

```
>>> x=np.arange(12).reshape(2,6)
>>> x
array([[ 0,  1,  2,  3,  4,  5],
       [ 6,  7,  8,  9, 10, 11]])
>>> np.hsplit(x,2)
[array([[0, 1, 2],
       [6, 7, 8]]), array([[ 3,  4,  5],
       [ 9, 10, 11]])]
>>> np.hsplit(x,[2,4,6])
[array([[0, 1],
       [6, 7]]), array([[2, 3],
       [8, 9]]), array([[ 4,  5],
       [10, 11]]), array([], shape=(2, 0), dtype=int32)]
```

更一般的连接方法有 np.concatenate()、np.stack()，拆分方法如 np.split()等。

4.2.2　数组的运算

NumPy 能通过运算符和函数对数组的每个元素进行操作，称为 ufunc（universal function）运算。例如：

```
import numpy as np
a=np.array([[-5,1,2],[-2,-1, 1]])
b=np.array([[-5,5,-10],[6,-9,2]])
c=a+b                #对应元素相加
print(c)
```

结果为

```
[[-10  6  -8]
 [  4 -10   3]]
```

1. 算术运算

支持 ufunc 的算术运算符有＋、－、＊、∕、∕∕(取整)、％(求余)、＊＊(乘方)、－(负号)等。

2. 比较运算

支持 ufunc 的算术运算符有＝＝、!＝、＜、＜＝、＞、＞＝。比较运算的结果是布尔数组。例如,前述的二维数组 a、b,a＜b 的比较结果是:

```
[[False  True False]
 [ True False  True]]
```

逻辑运算符 and、or、not 不支持 ufunc 运算,但可以使用位运算符 &、|、～代替起到 ufunc 运算的效果。

【例 4-2】 使用随机数产生三个元素为整数的数组,显示它们并演示比较运算和逻辑值的位运算的结果。

【解】 程序如下。

```
import numpy as np
#np.random.seed(1)    #置随机数种子,每次运行可以得到相同的结果
a=np.random.randint(-10,10,size=(6))       #一维随机数组
b=np.random.randint(-10,10,size=(6))
c=np.random.randint(-10,10,size=(6))
print('a',a)
print('b',b)
print('c',c)
print('a>b          ',a>b)
print('a>c          ',a>c)
t=((a>b)&(a>c))
print('(a>b)&(a>c)',t)
t=((a>b)|(a>c))
print('(a>b)|(a>c)',t)
t=(~(a>b))
print('~(a>b)          ',t)
```

【运行结果】

```
a [-10  -2 -10   2  -4  -10]
b [  2  -5   8   8   4    1]
c [  4   8  -7  -6  -8   -5]
a>b          [False  True False False False False]
a>c          [False False False  True  True False]
(a>b)&(a>c) [False False False False False False]
(a>b)|(a>c) [False  True False  True  True False]
~(a>b)          [True False  True  True  True  True]
```

np 中的三角函数、指数、对数、开方等函数是 ufunc 运算,如 np.sin(x)、np.exp(x)、

$np.log(x)$、$np.sqrt(x)$、$np.power(x_1, x_2)$ 等。

3. 广播

进行 ufunc 运算时,运算符会对两个数组的对应元素进行运算,所以要求两个数组的维数和大小(即形状)相同。如果形状不同,维数低的会自动在前面增加一维,长度为1的轴会按另一数组该轴的长度扩展数据,使数组形状相同,再计算。例如:

```
a=[[ 0  1  2  3]
   [ 4  5  6  7]
   [ 8  9 10 11]]
b=[0 1 2 3]
```

a 是 3 行 4 列的二维数组,b 是长度为 4 的一维数组,如果要计算 $a+b$,首先将 b 扩展成 shape(1,4)的二维数组,b 的 0 轴长度为 1,a 的 0 轴长度为 3,则扩展 b 的 0 轴长度为 3,相当于再重复第 0 行两次,形成

```
[[0 1 2 3]
 [0 1 2 3]
 [0 1 2 3]]
```

然后再和 a 相加,所以 $a+b$ 的结果为

```
[[ 0  2  4  6]
 [ 4  6  8 10]
 [ 8 10 12 14]]
```

注意:如果是维数相同,但轴的长度不是 1 又不相同,则不能广播,计算出错。例如,如果 a 的形状为(3,4),b 的形状为(2,4),a、b 都是 2 维,但它们的 0 轴长度一个是 3,一个是 2,则不能广播,$a+b$ 会出错(operands could not be broadcast together with shapes (3,4) (2,4))。形状(3,4) 的二维数组和形状(3,) 的一维数组 ufunc 运算也不能广播。

数组和常量运算时,也会进行广播,相当于生成一个形状和数组相同,元素是该常量的数组。例如:

```
>>> a=np.array([[1,2,3],[4,5,6]])
>>> a**2
array([[ 1,  4,  9],
       [16, 25, 36]])
```

4. 矩阵乘积和转置

要实现数学上的矩阵乘积,使用 NumPy 的 dot()、inner()和 outer()等函数。

1) dot()函数

对一维数组,dot()计算的是内积,例如:

```
>>> a=np.array([1,2,3])
>>> b=np.array([-1,2,1])
>>> np.dot(a,b)              #结果为 6
```

对二维数组,dot()计算的是矩阵相乘,例如:

```
>>> a=np.arange(6).reshape(2,3)
>>> b=np.arange(6).reshape(3,2)
>>> a
array([[0, 1, 2],
       [3, 4, 5]])
>>> b
array([[0, 1],
       [2, 3],
       [4, 5]])
>>> np.dot(a,b)
array([[10, 13],
       [28, 40]])
```

2) inner()

对一维数组,inner()计算的是内积。对二维数组,inner(a,b)计算的是 a 和 b^T 的乘积(b^T 是 b 的转置)。例如:

```
>>> a=np.arange(6).reshape(2,3)
>>> b=np.arange(6).reshape(2,3)
>>> a
array([[0, 1, 2],
       [3, 4, 5]])
>>> b
array([[0, 1, 2],
       [3, 4, 5]])
>>> np.inner(a,b)
array([[ 5, 14],
       [14, 50]])
```

3) outer()

outer()计算两个向量的外积。例如,$x=(x_1,x_2,x_3)$,$y=(y_1,y_2,y_3,y_4)$,则 outer(x,y)的结果是一个 $3×4$ 的二维数组 c,$c(i,j)=x_i×y_j$,$i=1,\cdots,3,j=1,\cdots,4$。例如:

```
>>> x=np.array([1,2,3])
>>> y=np.array([1,2,3,4])
>>> np.outer(x,y)
array([[ 1,  2,  3,  4],
       [ 2,  4,  6,  8],
       [ 3,  6,  9, 12]])
```

4) 转置

转置是常用的矩阵运算,可以使用数组的属性 T 或方法 transpose()获得,例如:

```
>>> a=np.array([[1, 2], [3, 4]])
>>> a.T
array([[1, 3],
```

```
       [2, 4]])
>>> a.transpose()
array([[1, 3],
       [2, 4]])
```

5. 线性代数运算

不少实际问题可归结为线性方程组,NumPy 的子模块 linalg 提供矩阵的分解、矩阵的逆、特征向量、特征值、范数、行列式、线性方程组的解、最小二乘解等求解功能。

1) 解线性方程组

求线性方程组的解是常用的计算,NumPy 的 linalg 模块中提供解线性方程组的函数。

```
np.linalg.solve(A, b)
```

该函数返回 $Ax = b$ 的解数组。

【例 4-3】 使用 NumPy 的 linalg 模块解下列线性方程组。

$$x_1 + x_2 + 2x_2 - x_4 = 3$$
$$4x_1 + 2x_2 - 2x_3 - 3x_4 = 6$$
$$3x_1 + 8x_2 + x_3 - 5x_4 = 12$$
$$2x_1 + x_2 - x_3 + 3x_4 = 10$$

【解】 将系数矩阵和右端向量传给 NumPy 中 linalg 模块的 solve() 函数即可得到方程组的解。程序如下。

```
import numpy as np
A=[[1,1,2,-1],[4,2,-1,-1],[3,8,1,-5],[2,1,-1,3]]
b=[3,6,12,10]
x=np.linalg.solve(A,b)           #A,b为列表形式、数组形式均可
print(x)
```

【运行结果】

```
[1.09090909 2.31016043 0.86096257 2.12299465]
```

【结果验证】 要验证求解的结果是否正确,可以计算 $A \times x$ 是否能得到右端向量,使用 $np.dot(\boldsymbol{A}, x)$。

2) 最小二乘解

当方程的个数等于未知数的个数时,且系数矩阵满秩时,线性方程组存在唯一解;否则线性方程组无解或有多个解。但这时可以求得一组 x 使得 $\|Ax - \boldsymbol{b}\|_2$ 最小,这就是线性方程组的最小二乘解。使用 NumPy 中 linalg 模块的 lstsq($\boldsymbol{A}, b$) 函数求 $\boldsymbol{A}x = \boldsymbol{b}$ 的最小二乘解。

```
x,residuals,rank,s=np.linalg.lstsq(A,b,rcond='warn')
```

其中,参数 $\boldsymbol{A}$ 是系数矩阵、$\boldsymbol{b}$ 是右端向量、rcond 指定最小奇异值的截断比(取值'None'表示取消警告信息),返回值 x 是最小二乘解、residuals 是残差、rank 是秩、s 是 $\boldsymbol{A}$ 的奇异值。

【例 4-4】　某产品一段时间的价格和销量呈线性关系,用 $y = ax + b$ 表示,其中,x 是单价,y 是销量,单价和销量的统计数据见表 4-1。

表 4-1　单价和销量统计数据

单价	2	3	4	5	6
销量	610	490	405	305	202

通过统计数据估计 a, b 的近似值。

【解】　将单价和销量代入方程可得

$$2a + b = 610$$
$$3a + b = 490$$
$$\cdots$$

求解 a, b 就是典型的线性最小二乘问题。求解程序如下。

```
A=np.array([[2,1],[3,1],[4,1],[5,1],[6,1]])       #系数矩阵
b=np.array([610,490,405,305,202])                 #右端向量
x,residual,rank,s=np.linalg.lstsq(a,b,rcond=None) #求解
print(x)
```

【运行结果】

```
[-100.1  802.8]
```

【结果分析】　运行结果的 $x[0]$ 就是方程中 a 的估计,$x[1]$ 就是方程中 b 的估计。其他返回参数可在学习了线性代数有关知识后再进一步理解,这里只需知道最小二乘解即可。

4.2.3　基本统计函数

数据分析的基本方法之一是对数据进行统计分析,如对数据排序,求数据的均值、方差、标准差、中位数等。

1. 排序

可以使用 NumPy 函数 sort()和数组对象的 sort()方法对数组从小到大排序,它们具有基本相同的参数。sort()函数返回数组的副本,原数组不变。sort()方法会改变原数组。

NumPy 排序函数的格式如下。

```
numpy.sort(a, axis=1, kind='quicksort', order=None)
```

其中:

a 是待排序的数组,可以是一维或多维。

axis 指定按哪个轴排序。轴就是数组的维,NumPy 按维的顺序给维编号,例如,一维数组只有一个轴,即 0 轴;二维数组有两个轴,序号为 0、1,0 对应行维度,1 对应列维度;

三维数组有三个轴,序号为 0、1、2,0 对应层维度,1 对应行维度,2 对应列维度。

kind 指定排序方法,默认为 quicksort 表示快速排序。

order 可以指定按哪个属性排序,例如,按学号或出生日期排序,不过需要为数组的列命名,这里不做介绍。

【例 4-5】　随机产生数值为 0~10 的大小为 10 的一维数组,使用 NumPy 的 sort()函数对其排序;随机产生数值为 0~10 的 3 行 4 列的二维数组,分别对 0 轴和 1 轴排序。

【问题分析】　使用随机数,会使得每次运行的结果不一样。为了复现例题的结果,可以使用随机数种子函数 random.seed(n),其中,n 为非负整数。只要使用相同的 n 就可以复现例题结果。

【源程序】

```
import numpy as np
np.random.seed(1)                           #设置随机数种子,种子相同,得到的随机序列相同
a=np.random.randint(0,10,size=(10))         #产生值为 0~10 的 10 个整数
print('一维随机数组',a)                      #显示产生的数组
print('  排序结果',np.sort(a))              #排序并显示结果
a=np.random.randint(0,10,size=(3,4))        #产生 3 行 4 列 0~10 的整数数组
print('二维随机数组\n',a)                    #显示数组
print('沿 0 轴排序结果\n',np.sort(a,axis=0)) #沿 0 轴排序并显示结果
print('沿 1 轴排序结果\n',np.sort(a,axis=1)) #沿 1 轴排序并显示结果
```

【运行结果】

```
一维随机数组 [5 8 9 5 0 0 1 7 6 9]
  排序结果 [0 0 1 5 5 6 7 8 9 9]
二维随机数组
[[2 4 5 2]
 [4 2 4 7]
 [7 9 1 7]]
沿 0 轴排序结果
[[2 2 1 2]
 [4 4 4 7]
 [7 9 5 7]]
沿 1 轴排序结果
[[2 2 4 5]
 [2 4 4 7]
 [1 7 7 9]]
```

【结果分析】　从运行结果看出,对二维数组,沿 0 轴排序实际是对每一列分别排序;沿 1 轴排序实际是对每一行分别排序。

ndarray 对象的方法 sort()的格式如下(设 a 是 ndarray 数组)。

```
a.sort(axis=1, kind='quicksort', order=None)
```

2. 统计

前面介绍的常用统计量可以使用 NumPy 中的函数或数组对象的方法得到。下面列

出常用的函数,并给出主要参数,使用时除第 1 个参数外,其他请使用关键字。

```
numpy.max(a, axis=None)                              #沿指定轴求最大值
numpy.min(a, axis=None)                              #沿指定轴求最小值
numpy.mean(a,axis=None,dtype=None)                   #沿指定轴计算算术平均值
numpy.average(a, axis=None, weights=None)            #沿指定轴计算带权平均值
numpy.var(a, axis=None, dtype=None, out=None,ddof=0) #沿指定轴计算方差
numpy.std(a, axis=None, dtype=None, out=None,ddof=0) #沿指定轴计算标准差
numpy.percentile(a, q, axis=None)     #沿指定轴计算 a 的第 q 百分位数,q 为 0~100
numpy.quantile(a, q, axis=None)       #沿指定轴计算 a 的第 q 分位数,q 为 0~1
numpy.median(a, axis=None)            #沿指定轴求中位数
numpy.cov(m)                          #返回给定数据的协方差矩阵(每行相当于一个变量)
numpy.corrcoef(x)                     #返回给定数据的相关系数矩阵(每行相当于一个变量)
```

hist,bin_array=numpy.histogram(a,bins=10,range=None,density=None),计算数据集的统计直方图,其中,a 是输入数据,基于所有元素计算;bins 指定将数据分为多少区间,每个区间就是一个 bin,如果是整数,就是 bin 的个数;如果是序列,表示给出的是 bin 的边界。其返回值 hist 是每个区间数据的频数或频率(density 为 True 时)的数组,bin_array 是区间端点的数组。

有时,不仅需要知道数据的最大值、最小值,还需要知道最大值、最小值是原数组中的第几个,NumPy 给出这样一类函数。

np.argmax(a,axis=None):返回最大值的下标。

np.argmin(a,axis):返回最小值的下标。

np.argsort(a,axis=−1):返回结果的元素原来的下标,axis=−1 表示沿最后一个轴排序。

【例 4-6】 设 a 表示某单位招聘笔试成绩,b 表示面试成绩:

a=[60,59,55,61,57,71,63,65,68,65]
b=[66,88,79,82,81,65,73,90,86,80]

现统计笔试平均分、每个人的平均分、每个人的综合分(笔试占 40%,面试占 60%,即加权平均分),笔试和面试成绩是否存在相关性?

【解】 平均分可以通过均值的计算得到,相关性可以通过计算笔试成绩、面试成绩的协方差或相关系数得出。程序如下。

```
import numpy as np
a=[60,59,55,61,57,71,63,65,68,65]          #笔试成绩
b=[66,88,79,82,81,65,73,90,86,80]          #面试成绩
data=np.array([a,b])                       #2 * 10
print(data)
avg=np.mean(data,axis=1)                   #面试和笔试的平均成绩
print('笔试、面试平均成绩: ',avg)
avg=np.mean(data,axis=0)                   #每个人的算术平均成绩
print('每个人的算术平均: ',avg)
covariance=np.cov(data)                    #协方差
print('协方差矩阵: ')
```

```
print(covariance)
corrcoef=np.corrcoef(data)                          #相关系数
print('相关系数矩阵：')
print(corrcoef)
```

【运行结果】

```
[[60 59 55 61 57 71 63 65 68 65]
 [66 88 79 82 81 65 73 90 86 80]]
笔试、面试平均成绩：[62.4 79. ]
每个人的算术平均：[63.  73.5 67.  71.5 69.  68.  68.  77.5 77.  72.5]
协方差矩阵：
[[24.71111111 -7.55555556]
 [-7.55555556 74.        ]]
相关系数矩阵：
[[ 1.         -0.17668692]
 [-0.17668692  1.        ]]
```

【结论】 从结果看,笔试成绩和面试成绩的相关系数是 $-0.176\,686\,92$,认为是没有线性相关关系,也就是说,笔试成绩高,面试成绩不一定高。

【结果分析】 从运行结果看,沿 1 轴求平均,相当于每行求一个平均;沿 0 轴平均,相当于每列求一个平均。协方差矩阵的 c_{ij} 元素是 $data$ 的第 i 行元素和第 j 行元素的协方差,它是对称矩阵。相关系数矩阵的对角元素总是 1。

【例 4-7】 某医院有 162 例男性血清总胆固醇(mmol/L)的数据,将它们分成 10 个区间,统计每个区间的数据个数和频率。部分数据如下。

5.53	4.34	5.60	3.55	4.13	3.93	4.20	4.35	4.31
4.81	5.80	4.08	4.90	4.92	3.94	6.34	4.89	4.16
3.05	4.50	4.48	3.62	4.52	3.97	4.11	4.37	5.26

【解】 使用 max(),min()函数可以确定数据的区间,将这个区间分成 10 等份,容易求得各区间的边界,使用 histogram 容易统计每个区间的数据个数。程序如下。

```
import numpy as np
data='''5.53 4.34 5.60 3.55 4.13 3.93  4.20 4.35 4.31...'''   #限于篇幅仅列出部分数据
data=data.split()                                             #分隔数据
data=[float(x) for x in data]                                 #转换为实数
a=np.min(data)                                                #最小值
b=np.max(data)                                                #最大值
h=(b-a)/10                                                    #每个小区间的宽度
bins=[a+i*h for i in range(11)]                               #各个小区间的边界
hist,bins=np.histogram(data,bins=bins)                        #统计数据
print("区间","\t    数据频数","\t 频率")
for i in range(9):                                            #显示结果
    print('['+"%.2f"%bins[i]+','+"%.2f"%bins[i+1]+')',
        "\t%d"%hist[i],"\t%.2f"%(hist[i]/len(data)))
i=9
print('['+"%.2f"%bins[i]+','+"%.2f"%bins[i+1]+']',
    "\t%d"%hist[i],"\t%.2f"%(hist[i]/len(data)))
```

【运行结果】

区间	数据频数	频率
[2.72,3.08)	3	0.02
[3.08,3.44)	3	0.02
[3.44,3.81)	11	0.07
[3.81,4.17)	17	0.10
[4.17,4.53)	34	0.21
[4.53,4.89)	41	0.25
[4.89,5.25)	28	0.17
[5.25,5.62)	14	0.09
[5.62,5.98)	7	0.04
[5.98,6.34]	4	0.02

【程序分析】 事实上,np.histogram()返回的 hist 为 $[3\ 3\ 11\ 17\ 34\ 41\ 28\ 14\ 7\ 4]$,bins 为 $[2.72\ 3.082\ 3.444\ 3.806\ 4.168\ 4.53\ 4.892\ 5.254\ 5.616\ 5.978\ 6.34]$,这容易通过 print(hist)、print(bins)查看。后面可以画出直方图则更加直观。数据说明,大部分男性血清总胆固醇的值在[3.44,5.62),这个区间的人数占到 89%,数值在[3.81,5.25)的人数占到 63%。不过,这个结论与区间的划分有关。

4.2.4　文件读写

数据分析时,数据量很大。数据会存放在数据库或文件中。本节介绍如何从文本文件中读取和写入数据。

写文本文件的函数是 savetxt(),格式如下。

```
np.savetxt(fname, X, fmt='%.18e', delimiter=' ', newline='\n',
        header='', footer='', comments='#', encoding=None)
```

其中,fname 是文件名或文件对象,X 是一维或二维数组,fmt 指定数据的格式,如"%4d"、"%.2f"等,delimiter 指定数据分隔符,header 指定数据头(第 1 行),comments 指定注释符号。

读取文本文件的函数是 loadtxt(),格式为

```
np.loadtxt(fname, dtype=<class 'float'>,comments='#',delimiter=None,
    skiprows=0, usecols=None, unpack=False, encoding='bytes', max_rows=None)
```

其中,skiprowsint 指定跳过前几行开始读取;usecols 是整数或序列,指定读取哪些列的数据(从 0 到 $n-1$);max_rows 指定读取的行数。

1. 最简单的文件读写

```
>>> a=np.arange(15).reshape(3,5)      #二维数组
>>> np.savetxt('a.txt',a,fmt='%d')
#保存文件。默认格式是"%.18e",数据很长,"%d"表示以整数保存
```

保存的文件如下。

```
0    1    2    3    4
5    6    7    8    9
10   11   12   13   14
```

```
>>> b=np.loadtxt('a.txt')          #读取文件
>>> b
array([[ 0.,   1.,   2.,   3.,   4.],
       [ 5.,   6.,   7.,   8.,   9.],
       [10.,  11.,  12.,  13.,  14.]])
```

2. 读取某列数据

```
>>> b=np.loadtxt('a.txt',usecols=[0,2,4])
>>> b
array([[ 0.,   2.,   4.],
       [ 5.,   7.,   9.],
       [10.,  12.,  14.]])
```

3. 读写带注释的文件

```
>>> a=np.arange(15).reshape(3,5)   #二维数组
>>> np.savetxt('a.txt',a,fmt='%d', header='table 1', footer='7/21/2023')
#保存文件
```

保存的文件:

```
# table 1
0    1    2    3    4
5    6    7    8    9
10   11   12   13   14
# 7/21/2023
```

读文件:

```
>>> b=np.loadtxt('a.txt')
>>> b
array([[0.,   1.,   2.,   3.,   4.],
       [ 5.,   6.,   7.,   8.,   9.],
       [10.,  11.,  12.,  13.,  14.]])
```

4. 读第 1 行为标题行但不是注释的文件

文件内容:

```
no. chinese   math physics
1      80        98     92
2      87        98     86
3      78        87     81
```

读取:

```
>>> b=np.loadtxt('a.txt',skiprows=1)    #跳过前面1行读取
>>> b
array([[ 1., 80., 98., 92.],
       [ 2., 87., 98., 86.],
       [ 3., 78., 87., 81.]])
```

excel 文件可以另存为 CSV 文件,使用上面的方法读取,只是文件扩展名为.csv。

读写文件中的文件名,可以是常量、字符串变量或 Python 的文件对象。使用文件对象时,可以在一个文件中写入多个数组。

本节介绍了文本文件的读写。还可以使用 fromfile()、tofile()读写二进制文件。

4.3 Matplotlib 数据可视化基础

数据分析中,以图形化的方式展示数据是一种形象、直观的方法。Matplotlib 库提供多种图形的绘制方法。

4.3.1 Matplotlib 基本绘图结构

Matplotlib 的 pyplot 模块提供了一套和 MATLAB 类似的绘图函数,通过这些函数可以方便地绘制各种图形。导入时通常使用别名 plt。

```
import matplotlib.pyplot as plt
```

1. Matplotlib 基本绘图流程和图形的基本结构

Matplotlib 每一幅图是一个 figure,也是一个窗口,相当于一张纸,这里称为画布。每个 figure 上可以再划分为几部分绘图,每一部分称为一个子图,Matplotlib 称为 axes。每个 axes 上可以绘制曲线、点、条形图、圆饼图、标注信息等。使用 pyplot 的 figure()创建 figure,使用 pyplot 的 subplot()函数在当前画布下创建子图,使用子图对象的 plot()等绘图方法绘制图形,使用 pyplot 的 savefig()函数在外存保存图形,使用 show()在屏幕上显示图形。

```
fig=plt.figure(num=None, figsize=None, dpi=None,facecolor=None, edgecolor=None)
```

该函数创建画布,返回画布对象,其中常用可选参数:num,画布编号,如果该编号的画布存在,则激活该画布(设为当前);figsize,元组,指定画布的宽度和高度,单位为英寸,如 figsize=(8,6),可以是实数;dpi,实数,设定分辨率,默认为 100dpi;facecolor,指定前景颜色,可以是名称如'blue'、'green'、'white',可以是简称如'b'、'g'、'w',可以是以 # 开始的十六进制三原色字符串,如"#0000FF"、"00FF00"等;edgecolor 指定边框颜色。

```
ax=fig.subplot(nrows,ncols,index)          #在画布 fig 中创建子图对象
ax=plt.subplot(nrows,ncols,index)          #在当前画布创建子图
```

它们返回子图对象,其中,nrows 指定子图的行数,ncols 指定子图的列数,index 指定

创建的子图的序号（对 n 行 m 列的子图，从左到右，从上到下，从 1 编号），例如，fig
.subplot(2,2,1)表示当前创建的是 2 行 2 列的子图中的第 1 个（左上角的一个）。如果三
个数字都是 1 位数时，可以写成一个三位数，即 subplot(2,2,1)可以写成 subplot(221)。

```
fig.subplots(nrows=1, ncols=1)
```

在画布 fig 中创建布局为 nrow 行 ncols 列的子图对象数组。

```
ax.plot(x1,y1,[fmt],x2,y2,[fmt],…)
```

在子图 ax 中绘制折线图，其中，x_1 是 NumPy 一维数组或列表，表示折线上点的 x 坐标，
y_1 表示 y 坐标，fmt 指定线的样式，由颜色、点的形状和线的形状组成，如'bo--'表示用蓝
色短画线画线，折线点用圆点标出；x_2，y_2，[fmt]是另一条线的坐标和样式，可以画多
条线。

```
fig.savefig(fname, *, dpi='figure', format=None)
```

保存画布 fig，其中，fname 指定文件名，最好含扩展名；dpi 指定分辨率，默认和画布设定
相同；format 指定文件格式，如'pdf'、'svg'、'jpg'等，默认为'png'，如果没有指定 format 系统
将从扩展名推断。

```
fig.show()          #显示当前画布
plt.show()          #显示所有打开的画布
```

【例 4-8】　在一张画布上创建 4 个子图，分别绘制 $\sin(x)$、$\cos(x)$、$\exp(x)$、$\log_2(x)$
函数在$[0,4\pi]$之间的函数曲线。

【解】　程序如下。

```
import matplotlib.pyplot as plt
import numpy as np
#创建画布,宽 8 英寸,高 6 英寸,浅灰色
fig = plt.figure(figsize=(8,6),facecolor='lightgray')
fig.suptitle('Funcion curves')              #设置当前画布的标题
ax =fig.subplots(2,2)                        #在画布 fig 上添加子图,两行两列
ax1=ax[0,0];ax2=ax[0,1];ax3=ax[1,0];ax4=ax[1,1]
                                             #可以用 axi=fig.subplot(2,2,i)创建
ax1.set_title('sin(x)')                      #设置子图 1 的标题
ax2.set_title('cos(x)')                      #设置子图 2 的标题
ax3.set_title('exp(x)')                      #设置子图 3 的标题
ax4.set_title('log2(x)')                     #设置子图 4 的标题
#绘制 sin(x),cos(x)
x=np.linspace(0,4 * np.pi,100)               #产生[0,4π]之间的 100 个点
y_sin=np.sin(x)                              #sin(x)函数值
y_cos=np.cos(x)                              #cos(x)函数值
ax1.plot(x,y_sin)
ax2.plot(x,y_cos)
```

```
x=np.linspace(-1,1,11)              #产生[-10,10]之间的 100 个点
y_exp=np.exp(x)                     #指数
ax3.plot(x,y_exp)                   #绘制 exp(x)
x=np.linspace(0.01,10,100)          #产生[0.01,10]之间的 100 个点
y_log=np.log2(x)                    #以 2 为底的对数
ax4.plot(x,y_log)                   #绘制 log₂(x)
plt.show()
```

【运行结果】 程序的运行结果如下(图 4-1)。

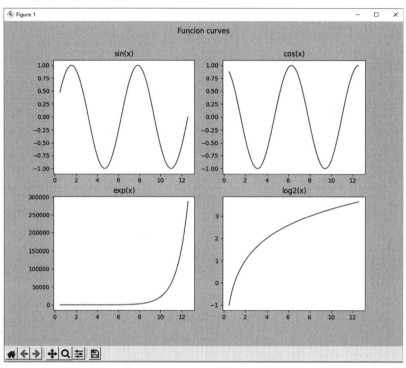

图 4-1　Matplotlib 绘图基本结构

2. 简化流程

如果只需一个画布,可以不使用 figure()函数创建画布,系统将自动创建默认画布。如果画布中只有一个子图,也不必创建子图,直接使用 plt.plot()等绘图函数绘图即可,然后使用 show()显示图形。例如:

```
import matplotlib.pyplot as plt
x = ['fail', '60-', '70-', '80-','90-100']   #成绩分段
y=[3,10,25,20,10]                            #分段成绩统计
#颜色
colors=['magenta','cyan','lawngreen','springgreen','darkgreen','orange']
plt.bar(x,y,color=colors)                    #绘制条形图
plt.show()                                   #显示图形
```

运行结果见图 4-2。

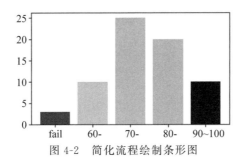

图 4-2　简化流程绘制条形图

4.3.2　图形的辅助信息

除了绘制主要图形外,常常需要在图上添加标题、刻度、图例等辅助信息,以帮助用户更容易地理解图形。

1. 画布标题

```
fig.suptitle(str,**kwargs)
```

设置画布 fig 的标题,其中：str 为字符串,是要显示的标题;kwargs 是字典参数;x 指定标题的横向位置,使用画布坐标,默认为 0.5;y 指定标题的纵向位置,默认为 0.98;horizontalalignment 指定水平对齐方式,如 "left"、"right",默认为 "center";verticalalignment 指定垂直对齐方式；fontsize,字号,实数或相对大小的名称均可,如 "medium"、"small" 等,默认为 "large";fontweight,加粗效果,0～1000 的数值,也可以是相应名称,如 'light'、'regular'、'book'、'bold'、'heavy'等,默认是'normal';返回 Text 对象。

```
plt.suptitle(str)                         #设置当前画布的标题
```

2. 子图标题

```
axes.set_title(str, loc=None, pad=None, y=None)
```

设置子图 axes 的标题,其中：str 是字符串;loc 是对齐方式,默认为'center';pad 相对顶部的偏移量,单位为点;y 是垂直位置,1 表示顶部,默认为 None 表示自动调整。

```
plt.title(str)                            #设置当前子图的标题
```

3. 刻度范围

```
axes.set_xlim(left,right)                 #设置子图 axes 的 x 轴的刻度范围
axes.set_ylim(left,right)                 #设置子图 axes 的 y 轴的刻度范围
plt.xlim(left,right)                      #设置当前子图的 x 轴的刻度范围
plt.ylim(left,right)                      #设置当前子图的 y 轴的刻度范围
```

它们的返回值为刻度范围 left,right,可以没有参数,仅返回当前子图的范围。

4. 坐标轴标签

```
#子图 x 标签
```

```
axes.set_xlabel(xlabel, fontdict=None, labelpad=None, *, loc=None)
#子图 y 标签
axes.set_ylabel(ylabel, fontdict=None, labelpad=None, *, loc=None)
pyplot.xlabel(xlabel, fontdict=None, labelpad=None, *, loc=None) #当前子图 x 标签
pyplot.ylabel(ylabel, fontdict=None, labelpad=None, *, loc=None) #当前子图 y 标签
```

其中,参数 xlabel,ylabel 是标签内容;fontdic 设置标签字体参数;labelpad 设置距子图的
距离,单位为点,默认为 4.0;loc 是对齐方式,默认为'center'。

5. 刻度和刻度标签

```
#设置子图 x 轴刻度和标签
axes.set_xticks(ticks, labels=None, *, minor=False,**kwargs)
#设置子图 y 轴刻度和标签
axes.set_yticks(ticks, labels=None, *, minor=False,**kwargs)
#当前子图 x 轴刻度和标签
pyplot.xticks(ticks=None, labels=None, *, minor=False,**kwargs)
#当前子图 y 轴刻度和标签
pyplot.yticks(ticks=None, labels=None, *, minor=False,**kwargs)
```

其中,ticks 是刻度列表,如[1,2,3,4];labels 是显示在刻度处的符号的 list,是一个字符
串列表,元素个数和刻度列表相同;省略时使用刻度数字本身作标签;minor 为 False 时设
置的是主刻度,为 True 时设置的是辅助刻度。字典参数中常用的是 rotation,设置刻度
标签的旋转角度。

6. 图例

当子图中有多个图形时用以标记不同的图形,如有两条曲线,通过图例标记不同的
曲线。

```
axes.legend()                        #自动设置图例
axes.legend(handles, labels)         #列出图形对象和图例标签
axes.legend(handles=handles)         #列出图例对象
axes.legend(labels)                  #列出图例标签
```

其中,第 1 种用法需要在图形绘制的函数中设定图形的标签或使用图形对象的
set_label(label)方法设置标签,参数 handles 是图形的可迭代对象,labels 是对应图例标
签的可迭代对象。

7. 显示中文

默认配置文件选用的字体不能显示中文,要显示中文,这里介绍两种方法。
1)修改系统参数

```
plt.rcParams['font.sans-serif']=['STKaiti', 'STSong']
```

设置 sans-serif 字体簇的字体列表,优先选用第一个,常用字体包括'STkaiti'、
'STSong'、'STXihei'、'STFangsong'、'SimHei'等。

2) 创建字体对象在图形对象中引用

```
from matplotlib.font_manager import FontProperties          #导入字体属性类
font=FontProperties(family=None,fname=None,size=None)        #创建字体对象
ax.set_title(title,font=font)                                #引用字体对象
```

其中,fname 指定字体文件的路径,如 fname='C:\Windows\Fonts\\simkai.ttf',size 指定字的大小。这种方法可以为不同对象中的文字设定不同的字体。

8. 在子图中显示文字信息

除了绘制图形外,有时需要在子图中显示一些说明性文字,方法是使用子图对象的 text 方法:

```
axes.text(x, y, s, fontdict=None)
```

其中,x,y 是坐标位置,使用的是数据坐标;s 是要显示的文字;fontdict 设置字体属性。

【例 4-9】　使用前面的方法绘图。绘制的图形有一个画布,两个子图,子图标题和画布标题字体不同,第 1 个子图中绘制初始相位不同的两条 $\sin(x)$ 曲线,第 2 个子图中绘制初始相位不同的两条 $\cos(x)$ 曲线,设置它们的刻度范围、刻度和刻度标签。

【源程序】

```
import matplotlib.pyplot as plt
import numpy as np
from matplotlib.font_manager import FontProperties

plt.rcParams['font.sans-serif']=['STFangsong']    #设置系统参数,以显示中文
font1=FontProperties(fname='C:\Windows\Fonts\\simkai.ttf',size=14)   #字体对象1
font2=FontProperties(fname='C:\Windows\Fonts\\simsun.ttc',size=14)   #字体对象2

fig=plt.figure(figsize=(6.4,4.8))                 #创建画布
fig.suptitle('不同初相的正弦余弦函数曲线')         #画布标题
ax1=fig.add_subplot(1,2,1)                        #子图1
ax2=fig.add_subplot(1,2,2)                        #子图2
#绘图
x=np.linspace(0,4*np.pi,100)                      #构造 x 坐标数组
y_sin1=np.sin(x)                                  #计算函数值
y_sin2=np.sin(x+np.pi/2)                          #计算函数值
y_cos1=np.cos(x)                                  #计算函数值
y_cos2=np.cos(x+np.pi/2)                          #计算函数值
line1,=ax1.plot(x,y_sin1,'--',label='sin(x)-1')  #折线1,设线型和图例标签
line2,=ax1.plot(x,y_sin2,'-.')                    #折线2
line3,=ax2.plot(x,y_cos1,'--')                    #折线3
line4,=ax2.plot(x,y_cos2,'-.')                    #折线4
#子图标题
ax1.set_title('sin(x)',font=font1)               #子图1标题
ax2.set_title('cos(x)',font=font2)               #子图2标题,不同字体
#符号图例
```

```
line2.set_label('sin(x)-2')                         #设置 line2 的图例标签
ax1.legend()                                        #子图 1 图例
ax2.legend([line3,line4],['cos(x)-1','cos(x)-2'])   #子图 2 图例
#坐标轴标签
ax1.set_xlabel('x')
ax2.set_xlabel('x')
ax2.set_ylabel('y')
#刻度
ax1.set_xlim(-0.5,4 * np.pi+0.4)                    #子图 1 数据范围
ax2.set_xlim(-0.5,4 * np.pi+0.4)                    #子图 2 数据范围
xticks=[]                                           #x 轴刻度列表初始化
for i in range(9):
    xticks.append(i * np.pi/2)                      # 横轴刻度
xlabels=['0','pi/2','pi','3pi/2','2pi','5pi/2','3pi','7pi/2','4pi']
                                                    #横轴刻度标签
ax1.set_xticks(ticks=xticks,labels=xlabels)         #设置子图 1 刻度
ax2.set_xticks(ticks=xticks,labels=xlabels)         #设置子图 2 刻度
plt.ylim(-1.5,1.2)                                  # 当前子图 y 轴数据范围
plt.yticks(ticks=[-1,-0.5,0,0.5,1])                 #设置当前子图的 y 轴刻度
plt.text(2 * np.pi,-1.4,'不同初相的 cos(x)')          # 当前子图显示文字
plt.show()                                          #显示图形
```

【运行结果】 见图 4-3。

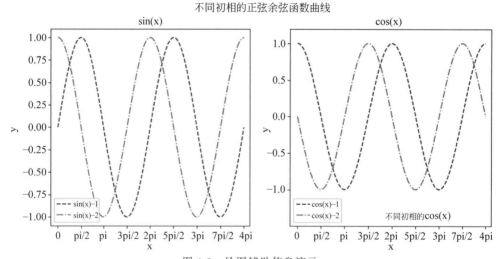

图 4-3　绘图辅助信息演示

【程序分析】 本题中相同的功能使用了不同的方式实现,有使用对象方法的方法,也有使用 pyplot 函数的方法。一般使用 pyplot 函数设置的是当前对象的属性,如子图 2 的 y 轴刻度和 y 轴标签。请仔细阅读题目及注释,体会不同的使用方法。

另外注意:plot()绘图方法返回的是一个绘制的折线的对象列表,可以使用下标取其中的某个,只有一个对象时可以在调用时直接解包(就是例题中的用法),请注意观察。

4.3.3 常用绘图函数

下面介绍几个常用的绘图函数。

1. 散点图

散点图将数据点在坐标系中展示,可以观察到数据点的分布情况和相互关系。

```
pyplot.scatter(x, y, s=None, c=None, marker=None, cmap=None, norm=None,
    vmin=None, vmax=None, alpha=None, linewidths=None, *,
    edgecolors=None, plotnonfinite=False, data=None, **kwargs)
```

显示 x 为横坐标、y 为纵坐标的散点图。

其中:

x,y 是每个点的坐标位置,x,y 为一维数组。

s,实数或一维数组,设定点的大小。

c,数组或颜色列表,设定点的颜色,如果是数,会自动做颜色映射。

cmap,是颜色映射,决定将数值映射为什么颜色(详情请查 Matplotlib 官网文档)。

norm,规范化方法,决定如何将表示颜色的实数数组的值映射到[0,1]区间(详情请查 Matplotlib 官网文档)。

marker,点的样式,如'.'(点)、'o'(圆)、'v'(向下的三角形)、'^'(向上的三角形)、's'(方块)、'*'(星号)、'x'(X 号)等,默认为'o'。

alpha,透明度,取值为 0~1,0 表示全透明,1 表示不透明。

linewidths,实数或数组,点边缘线宽,默认为 1.5。

edgecolors,边缘颜色,颜色或颜色序列。

注意: 由于画图函数的参数很多,无法全部介绍,所以本书只介绍常用的,其他的请读者查官网的文档。

【例 4-10】 文件 stu_score.csv 保存的是某课程的平时成绩、考试成绩和综合成绩,utf-8 格式,以逗号分隔。试编写程序,画出以平时成绩为横坐标,以考试成绩为纵坐标的散点图。

文件的内容样式如下:

```
序号,平时成绩,期末成绩,总成绩
1,98,77,83
2,92,59,69
3,91,47,60
...
```

【源程序】

```
import matplotlib.pyplot as plt
import numpy as np

plt.rcParams['font.sans-serif']=['STSong']        #设置中文字体
#读数据,跳过第 1 列,第 1 行
```

```
data=np.loadtxt("stu_score.csv",delimiter=',',
            usecols=[1,2,3],skiprows=1,encoding='utf8')
fig, ax = plt.subplots()                          #创建一个画布和一个子图
ax.scatter(data[:,0],data[:,1],(data[:,2]/10)**2,
            c=(data[:,2]/10)**2,marker='*')        #画点,综合成绩确定点的大小
ax.set_xlabel('平时成绩')                          #x轴标签
ax.set_ylabel('考试成绩')                          #y轴标签
plt.show()
```

【运行结果】 见图 4-4。

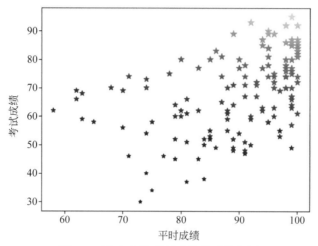

图 4-4　平时成绩-考试成绩关系散点图

【结果说明】 程序中,以每人的平时成绩作为横坐标、考试成绩为纵坐标画点,大小和颜色与综合成绩有关。从图中看出,图形从左下向左上发展,似乎有线性关系,但这种线性不明显。也就是说,总体上,平时成绩好,考试成绩也好;对个人来说,差别很大。

2. 折线

折线图便于观察因变量随自变量的变化关系,自变量的取值应从小到大排列。

```
pyplot.plot(*args, scalex=True, scaley=True, data=None, **kwargs)
```

常用格式为

```
plot([x], y, [fmt], [x₂], y₂, [fmt2], …, **kwargs)
```

其中,x,y 是数据点的 x 坐标和 y 坐标,可以为列表或一维 NumPy 数组,x 省略时取值为 $0,1,2,3,\cdots$;fmt 是格式字符串,其格式为

```
fmt = '[marker][line][color]'
```

其中,marker 表示点的形状,可选项为'.'、'o'、'v'、'^'、's'、'*'、'x'等,更多的请查看 Matplotlib 手册;line 表示线型,如'-'(实线)、'--'(虚线)、'-.'(点画线)、':'(点线)、color 表示颜色,如'b'(蓝)、'g'(绿)、'r'(红)、'c'(青色)、'y'(黄)、'k'(黑)、'w'(白)、'm'(品红)等。例如,'--*g'表示绿色虚线,折线点显示为星号。

　　plot( )其他的字典参数包括颜色 color、图例标签 label、线型 linestyle、线宽 linewidth、点形状 marker、点颜色 markerfacecolor、点边缘颜色 markeredgecolor、点大小 markersize 等。

　　【例 4-11】　近 15 年某国家对其他三个地区的投资额在文件 Investment.csv 中,以逗号隔开,有标题行,utf-8 格式,试使用该数据绘制近 15 年的投资对比曲线。数据文件格式如下(限于篇幅,仅列部分)。

```
year,area1,area2,area3
2007,19573,103257,56654
2008,46203,703,1671
2009,90874,61313,19217
...
```

【源程序】

```
import matplotlib.pyplot as plt
import numpy as np

plt.rcParams['font.sans-serif']=['STSong']        #设置中文字体
#读文件,分隔符为逗号,跳过第 1 行
data=np.loadtxt("Investment.csv",delimiter=',',skiprows=1)
year=data[:,0]                                    #第 1 列为年份
area1=data[:,1]                                   #第 2 列为地区 1 的投资额
area2=data[:,2]
area3=data[:,3]

plt.plot(year,area1,'.-r',label='area1')          #折线 1
plt.plot(year,area2,'^--g',label='area2',linewidth=2)#折线 2
plt.plot(year,area3,'o-.b',label='area3',linewidth=3)#折线 3
plt.legend()                                      #显示图例
xticks=year                                       #x 轴刻度
plt.xticks(ticks=xticks,rotation=-30)             #设置 x 轴刻度和刻度标签
                                                  #的旋转角度
plt.text(2007,1.7e6,'单位:万美元')                #显示文本
plt.title('某地对其他三个地区投资对比图')         #显示标题
plt.show()                                        #显示图形
```

【运行结果】　见图 4-5。

3. 条形图

条形图适合分类数据各组之间指标的比较。

```
pyplot.bar(x, height, width=0.8, bottom=None, *, align='center', data=None,
**kwargs)
```

其中,x 为实数或数组,是条的 x 坐标;height 是条的高度,width 是条的宽度;bottom 是条的 y 坐标;align 是对齐方式,可取值 'center'、'edge'。字典参数常用的还有 color、edgecolor、linewidth、tick_label、label 等。

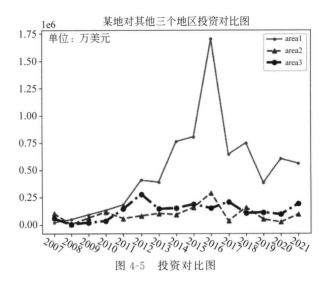

图 4-5　投资对比图

【例 4-12】　有数据文件 age_gender.csv 保存的是某地区不同年龄段的男女比例,utf-8 文本,以逗号分隔,试编写程序,绘制不同年龄段的男女比例条形图,要求用两种形式,一种是将一个段的男性比例和女性比例条上下堆叠排放,另一种是左右并列排放。文本文件格式如下。

```
年龄,男(%),女(%)
0-4, 2.91, 2.62
5-9, 3.41, 3
10-14, 3.24, 2.81
...
```

【问题分析】　①要读取文件跳过第 1 列(因第 1 列不是数值),可以使用 loadtext( ) 函数的 usecols 参数;②上下堆叠,需要修改每个条的 bottom 参数,左右并列,需要修改 x 参数。

【源程序】

```
import matplotlib.pyplot as plt
import numpy as np

plt.rcParams['font.sans-serif']=['STSong']          #设置中文字体
#读文件,分隔符为逗号,跳过第 1 行和第 1 列
data=np.loadtxt("age_gender.csv",delimiter=',',usecols=[1,2],skiprows=1)
n=len(data)                                         #数据的行数,即年龄段数
x=np.arange(1,n+1)                                  #bar 的 x 轴位置
color=['cyan','orange']                             #颜色
label=['male','female']                             #图例标签

xticks=x                                            #x 轴刻度
xlabel=[]                                           #刻度标签
for i in range(n): #
    xlabel.append("%d-%d"%(i * 5,i * 5+4))          #构造刻度标签
```

```
xlabel[-1]='80-'                                    #修改最后一个标签

ax1=plt.subplot(1,2,1)                              #子图
ax2=plt.subplot(1,2,2)

#子图 ax1 中画图
bottom=np.zeros(n)                                  #显示 bar 的 y 位置
for i in range(2):              #两组 bar,第 1 组为各年龄段的男性比例,第 2 组为女性比例
    p=ax1.bar(x,data[:,i],bottom=bottom,color=color[i],width=0.8,label=
label[i])
    bottom+=data[:,i]           #bar 的 y 值更新,每条 bar 都有不同的 y
    ax1.bar_label(p,label_type='center')           #每条 bar 显示的信息
ax1.legend()                                        #图例
#设置 x 轴刻度和刻度标签的旋转角度
ax1.set_xticks(ticks=xticks,labels=xlabel,rotation=-30)
ax1.text(1,8.5,'单位:%')                            #显示文本
ax1.set_xlabel('年龄段')
ax1.set_ylabel('%')
ax1.set_title('堆叠条形图')

#子图 ax2 画图
width=0.45
multiplier=0
bottom=np.zeros(n)
for i in range(2):            #两组 bar,第 1 组为各年龄段的男性比例,第 2 组为女性比例
    offset=width * multiplier
    rect=ax2.bar(x+offset,data[:,i],bottom=bottom,color=color[i],width=
width,label=label[i])
    multiplier=multiplier+1
    ax2.bar_label(rect,label_type='center')        #每条 bar 显示的信息

ax2.legend()                                        #显示图例
#x
ax2.set_xticks(ticks=xticks,labels=xlabel,rotation=-30)
                                                    #x 轴刻度,标签的旋转角度
ax2.text(0,4.5,'单位:%')                            #显示文本
ax2.set_xlabel('年龄段')
ax2.set_ylabel('%')
ax2.set_title('并列条形图')                          #显示标题

plt.suptitle("某地区不同年龄段的男女人数比例")
plt.show()                                          #显示图形
```

【运行结果】 见图 4-6。

barh()函数用于绘制水平条形图,相当于上述条形图顺时针转 90°的效果,函数格式如下。

```
pyplot.barh(y, width, height=0.8, left=None, * , align='center', data=None,
**kwargs)
```

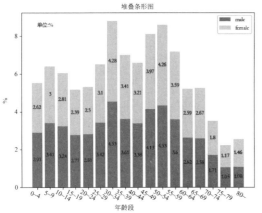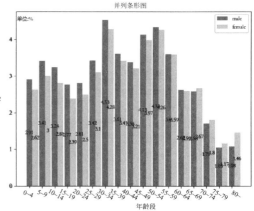

图 4-6　不同年龄段男女比例对比图

4. 统计直方图

统计直方图根据给定的区间数或区间边界,统计落在每个区间的样本数量,然后以此为高度画条形图,便于观察数据的分布情况,如是否符合正态分布等。

```
pyplot.hist(x, bins=None, range=None, density=False, weights=None,
    cumulative=False, bottom=None, histtype='bar', align='mid',
    orientation='vertical', rwidth=None, log=False, color=None, label=None,
    stacked=False, * , data=None, **kwargs)
```

该函数调用 NumPy 的 histogram()函数将 x 中的数据划分到不同的桶(bin)中,统计每个桶的数据数量,然后画出图形。其中:

x:数组或列表,是待统计的数据。如果是二维数组,每列是一组数据进行统计。如果是 Python 列表,每行是一个数据集。

bins:整数、序列或字符。整数表示桶的数量,序列表示每个桶的区间,字符串是分桶策略。常用整数或序列。默认值为 10。

range:元组,桶的数据范围,默认是(x.min(),x.max())。

density:逻辑型,是否显示并返回概率密度。默认为 False,显示和返回频数。如果为 True,显示和返回的是频数除以总数(百分比)。

weights:数组,x 值对桶的贡献权重。默认值是 None,贡献权重为 1。

cumulative:逻辑型或-1,True 表示画累积直方图,-1 表示反转累积直方图(从右向左累积),默认为 False。

histtype:直方图类型,取值'bar'表示条形,'barstacked'表示堆叠条形,'step'表示阶梯线,'stepfilled'表示填充的阶梯线,默认为'bar'。

align:对齐方式,取值为{'left','mid','right'},默认为'mid'。

orientation:直方图方向,'vertical'表示垂直(默认),'horizontal'表示水平。

color:颜色,每个数据集直方图的颜色。

label:标签,每组数据的标签。

stack：逻辑型,是否堆叠。

【例 4-13】 文件 stu_score.csv 保存的是某课程的平时成绩、考试成绩和综合成绩,utf-8 格式,以逗号分隔。试编写程序,画出平时成绩、考试成绩和综合成绩的各成绩段的人数的直方图。文件的内容样式如下。

```
序号,平时成绩,期末成绩,总成绩
1,98,77,83
2,92,59,69
3,91,47,60
...
```

【源程序】

```
import matplotlib.pyplot as plt
import numpy as np

plt.rcParams['font.sans-serif']=['STSong']    #设置中文字体
#读数据,跳过第 1 列,第 1 行
data=np.loadtxt("stu_score.csv",delimiter=',',
            usecols=[1,2,3],skiprows=1,encoding='utf8')
bins=[0]
for i in range(60,101,10):                     #构造 bin [0,60,70,80,90,100]
    bins.append(i)

fig, ax = plt.subplots()                       #创建一个画布和一个子图
#画统计直方图
labels=['平时','考试','综合']                   #直方图标签
color=['cyan','lightgreen','orange']           #颜色
hist,bins,bars=ax.hist(data,bins=bins,histtype='bar',color=color,label=
labels)

xlabels=['不及格-']                             #构造刻度标签
for i in range(60,91,10):
    xlabels.append(str(i)+'-')                 #构造刻度标签 60-, 70-, 80-, …
xlabels.append('100')
ax.set_xticks(bins,labels=xlabels)             #设置刻度位置和标签
ax.set_xlabel('平时成绩')                       #x 轴标签
ax.set_ylabel('人数')                           #y 轴标签
ax.legend()                                     #显示图例
plt.show()
```

【运行结果】 见图 4-7。

【结果分析】 数据有三列,对每列统计一组直方图,所以图中有三组,用三种颜色标出。

5. 饼图

饼图适用于描述各组成部分的构成比例,以扇形表示,共同组成一个圆,扇形的面积表示比例的大小。

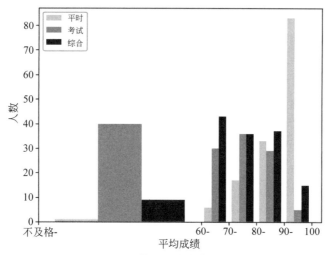

图 4-7 某课程统计直方图

```
pyplot.pie(x, explode=None, labels=None, colors=None, autopct=None,
    pctdistance=0.6, shadow=False, labeldistance=1.1, startangle=0,
    radius=1, counterclock=True, wedgeprops=None, textprops=None,
    center=(0, 0), frame=False, rotatelabels=False, *, normalize=True,
    hatch=None, data=None)
```

绘制数组 x 的饼图,每个扇形区域的比例由 $x/\mathrm{sum}(x)$ 确定。

其中:

x:一维数组,表示每块扇形区域的大小。

explode:数组每个扇形区域离开圆心的比例,应和 x 的元素个数相同。

labels:字符串列表,每个扇形的标签。

colors:每个扇形的颜色。

autopct:函数或格式字符串,表示显示数值标签的格式。为 None 时不显示数值标签。

pctdistance:实数,表示 autopct 生成的数值标签离开圆心的相对距离,小于 1 表示在圆内。

labeldistance:实数,表示 labels 离开圆心的相对距离,大于 1 表示在圆外。

shadow:是否画阴影。

startangle:第 1 个扇形区域的起始角度(位置)。

该函数的返回值包括 patches、tests 和 autotexts,分别是扇形对象序列、标签列表和数值标签列表。

【例 4-14】 表 4-2 表示 2022 年某地区居民人均消费支出及其构成,请用饼图展示。

表 4-2 2022 年某地区居民人均消费支出及其构成

支出项目	食品烟酒	衣着	居住	生活用品及服务	交通通信	教育文化娱乐	医疗保健	其他用品及服务
消费金额/元	7481	1365	5882	1432	3195	2469	2120	595

【源程序】

```
import matplotlib.pyplot as plt
import numpy as np

plt.rcParams['font.sans-serif']=['STSong']                #设置中文字体
x=[7481,1365,5882,1432,3195,2469,2120,595]                #数据
#类别
labels="食品烟酒 衣着 居住 生活用品及服务 交通通信 教育文化娱乐 医疗保健 其他用品及
服务"
labels=labels.split()                                     #分离类别
explode=np.zeros(len(x))                                  #扇形区离开距离
explode[0]=0.02                                           #第 1 个扇形"抽出"
wedges, texts, autotexts=plt.pie(x,labels=labels,         #绘制饼图
        explode=explode,autopct="%.2f%%",startangle=-20)
plt.legend(wedges,labels,                                 #图例
    title="图例",
    #loc='center left',
    bbox_to_anchor=(1, 0, 0.5, 1))                        #图例位置和大小
plt.title("2022 年某地区居民人均消费支出及其构成")          #标题
#plt.suptitle("2022 年某地区居民人均消费支出及其构成")
plt.show()                                                #显示图形
```

【运行结果】　见图 4-8。

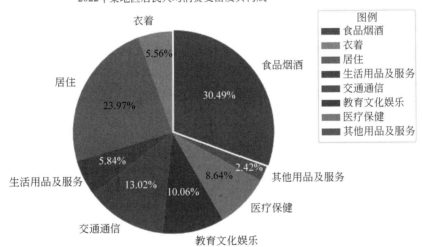

图 4-8　2022 年某地区居民人均消费支出及其构成图

6. 箱型图

箱型图也称为箱图,以四分位数为基础绘制,便于观察数据的分布情况和分散情况,如图 4-9 所示,其中,上边线在 Q3+1.5IQR 位置,下边线在 Q1−1.5IQR 处,超出边线的数被认为异常。

```
Axes.boxplot(x, notch=None, sym=None, vert=None, whis=None, positions=None,
        widths=None, patch_artist=None, bootstrap=None, usermedians=None,
        conf_intervals=None, meanline=None, showmeans=None, showcaps=None,
        showbox=None, showfliers=None, boxprops=None, labels=None,
        flierprops=None, medianprops=None, meanprops=None, capprops=None,
        whiskerprops=None, manage_ticks=True, autorange=False, zorder=None,
        capwidths=None, *, data=None)
```

该函数绘制箱型图,其中:

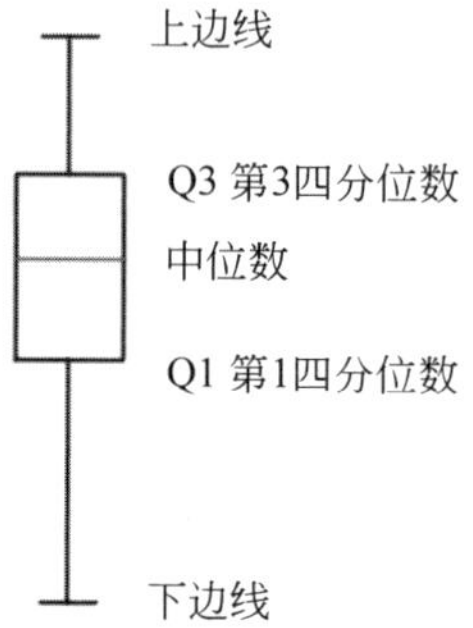

x:绘制箱型图的数据,数组,可以是一维或二维,如果是二维数组,则为每一列数据绘制一个箱型图。

notch:是否绘制有凹口的箱型图,凹口表示中值附近的置信区间,默认为 False。

sym:字符串,表示异常点的形状,如'o'、'v'、'*'等。

vert:逻辑值,True 表示绘制垂直图,False 表示绘制水平图,默认为 True。

图 4-9　箱型图

whis:实数,或两个实数的元组,指定上下边线与上下四分位的距离,下边线在 Q1−whis×(Q3−Q1)之上的最小值处(这两值的大值),上边线在 Q3+whis×(Q3−Q1)之下的最大值处(这两值的最小值)。例如,Q1=84,Q3=98,whis=1.5,Q1−1.5×(98−84)=63,Q3+1.5×(98−84)=119,而数据的最小值为 58,最大值为 100,所以下边线在 63 处,上边线在 100 处。whis 的默认值为 1.5。

positions:数组,表示箱线的位置,默认是 range(1,N+1),N 是箱的个数。

widths:比例或数组,箱型图的宽度,默认为 0.5。

labels:数组,每个箱型图的标签。

meanline:逻辑值,是否显示均值线,默认为 False。

showfliers:是否显示异常值,默认显示。

flierprops=None:设置异常值的属性,如异常点的形状、大小、填充色等。

medianprops=None:设置中位数的属性,如线的类型、粗细等。

meanprops=None:设置均值的属性,如点的大小、颜色等。

capprops=None:设置箱型图顶端和末端线条的属性,如颜色、粗细等。

whiskerprops=None:设置线的属性,如颜色、粗细、线的类型等。

【例 4-15】　文件 stu_score.csv 保存的是某课程的平时成绩、考试成绩和综合成绩,utf-8 格式,以逗号分隔。试编写成绩,分别画出平时成绩、考试成绩和综合成绩的箱型图。

【源程序】

```
import matplotlib.pyplot as plt
import numpy as np

plt.rcParams['font.sans-serif']=['STSong']          #设置中文字体
```

```
data=np.loadtxt("stu_score.csv",delimiter=',',
          usecols=[1,2,3],skiprows=1,encoding='utf8')
labels=['平时','考试','综合']                          #箱线标签
fig, ax = plt.subplots()                            #创建子图
ax.boxplot(data,labels=labels)                      #画箱线
Q=[]
for i in range(3):
    Q.append(np.percentile(data,(i+1) * 25,axis=0))  #计算四分位数
max_score=np.max(data,axis=0)                        #统计最高成绩
min_score=np.min(data,axis=0)                        #最低成绩
avg_score=np.average(data,axis=0)                    #平均成绩
print('\t\t平时\t考试\t综合')
for i in range(3):                                   #显示四分位数 Q1,Q2,Q3
    print('\tQ'+str(i+1)+'\t'+str(Q[i][0])+'\t'+str(Q[i][1])+'\t'+str(Q[i][2]))


line=['\tmax\t','\tmin\t','\tavg\t',"whisker_low\t","whisker_high\t"]
for j in range(3):                                   # 0,1,2 对应平时、考试、综合
    line[0]+=str(max_score[j])+'\t'                  #构造显示最高成绩的字符串
    line[1]+=str(min_score[j])+'\t'                  #构造显示最低成绩的字符串
    line[2]+="%.2f"%avg_score[j]+'\t'                #构造显示平均成绩的字符串
    whisker_low=max(Q[0][j]-1.5 * (Q[2][j]-Q[0][j]),min_score[j])
                                                     #计算下边线位置
    line[3]+=str(whisker_low)+'\t
    whisker_high=min(Q[2][j]+1.5 * (Q[2][j]-Q[0][j]),max_score[j])
                                                     #计算上边线位置
    line[4]+=str(whisker_high)+'\t'
for i in range(5): #0,1,2,3,4 对应 max, min, avg, whisker_low,whisker_high
    print(line[i])                                   #显示信息
plt.show()
```

【运行结果】　显示的文字信息如下。

	平时	考试	综合
Q1	84.0	58.0	65.75
Q2	92.0	69.5	75.0
Q3	98.0	78.0	83.0
max	100.0	95.0	96.0
min	58.0	30.0	43.0
avg	89.41	67.75	74.28
whisker_low	63.0	30.0	43.0
whisker_high	100.0	95.0	96.0

图形显示如下(见图 4-10)。

【结果分析】　本程序不仅画出了箱型图,还计算并显示了成绩的最大值、最小值、平均值,以及第 1、3 四分位数和中位数,计算了上边线和下边线的位置,边线之外的值被认为是异常值。图中平时成绩的箱型图有两个异常值,低于下边线。

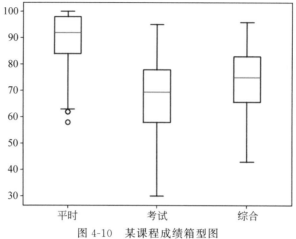

图 4-10　某课程成绩箱型图

Matplotlib 能画的图形还有很多,本书不再一一列出。另外,Seaborn 是在 Matplotlib 基础上的数据可视化库,能提供更多形式的统计图表,请读者查阅相关手册。

4.4　Pandas 基础

Pandas 是一个基于 NumPy 的 Python 库,提供快速、灵活和富有表现力的数据结构,旨在简单、直观地处理"关系"或"标记"数据。

Pandas 适合多种不同类型的数据。

- 具有异构类型列的表格数据,如 SQL 表或 Excel 电子表格。
- 有序和无序的时间序列数据。
- 带有行和列标签的任意矩阵数据。
- 任何其他形式的观测/统计数据集。

Pandas 提供两种基本的数据结构:Series(序列)和 DataFrame(数据框),适合金融、统计、社会科学以及许多工程领域。Series 是一维结构,是标量的容器;DataFrame 是二维结构,是 Series 的容器。

Pandas 可以轻松处理缺失数据,行列大小易变,可以对数据进行分组和聚合操作。

Pandas 使用 pip 安装:

```
pip install pandas
```

导入时,习惯上为其赋予别名 pd:

```
import pandas as pd
```

4.4.1　Pandas 数据结构

为了表示、管理和分析数据,Pandas 定义了自己的数据结构。表示数据序列用 Series(序列),表示二维数据用 DataFrame(数据框)。

1. 序列

序列(Series)是带标签的一维数组,可存储整数、实数、字符串、Python 对象等类型的数据。为了和 Python 的列表、元组、字符串等序列(Sequence)区分,本章称序列为 Series。

1) 创建 Series

Series 是带标签的一维数组。

pd.Series([]):创建空 Series。

pd.Series([1,2,3,4,5]):通过列表创建 Series,列表元素可以是整数、实数、字符串、对象,甚至是混合类型。例如:

```
>>> pd.Series([1921,1949,2021])   #通过列表创建 Series
0    1921
1    1949
2    2021
dtype: int64
```

上述 Pandas 的 Series 展示形式中有两列,左边一列是 Series 的索引,默认情况下索引号为 $0 \sim N-1$,N 为元素个数。最底下一行为数据类型。创建 Series 的一般格式为

```
pandas.Series(data=None, index=None, dtype=None, name=None, copy=None,
fastpath=False)
```

其中:

data:是创建 Series 的初始数据,可以是数组、可迭代对象、字典或标量。省略时创建空 Series。

index:数组或索引,相当于为每个元素起的别名,省略时索引为 $0 \sim N-1$(N 为元素个数),如果 data 是字典,则字典的键是索引。

dtype:Series 的数据类型,省略时从数据推断。

name:Series 的名称。

copy:如果为 True,产生的 Series 是原对象副本,修改 Series 元素,原对象不变;如果为 False,不同对象,机制可能不同,使用时要注意观察验证。

2) Series 元素的访问

可以通过下标、切片、索引访问和修改 Series 元素。例如:

```
>>> a=pd.Series([1,2,3,4,5],index=['one','two','three','four','five'])
#带索引的 Series
>>> a[0]=10          #通过下标访问
>>> a['two']=20      #通过索引访问
>>> a[2:4]=30        #通过切片访问
>>> a
one      10
two      20
three    30
```

```
four      30
five       5
dtype: int64
```

甚至可以通过索引切片访问,例如:

```
a['two': 'five': 2]=40
```

还可以通过逻辑值的列表筛选数据,如 a[[False,False,True,True,True]]或 a[a>2]。

2. 数据框

数据框(DataFrame)是一种二维表结构,每行有行索引,每列有列索引。

1) 创建数据框

pd.DataFrame():创建空数据框。

pd.DataFrame([[1,2,3],[4,5,6]]):由列表创建数据框。

pd.DataFrame([[1,2,3],[4,5,6]],columns=['X','Y','Z'],index=list("AB")):由列表创建数据框,并带列索引和行索引。

```
>>> pd.DataFrame([[1,2,3],[4,5,6]],columns=['X','Y','Z'],index=list("AB"))
   X  Y  Z
A  1  2  3
B  4  5  6
```

下面的例子由字典创建数据框(某年北京、西安三日的天气气温预报):

```
>>> beijing=[33,34,33]
>>> xian=[37,37,39]
>>> date=['7.23','7.24','7.25']
>>> data={'beijing': beijing,'xian': xian}   #构造字典
>>> df=pd.DataFrame(data,index=date)          #带行索引
>>>df
      beijing  xian
7.23        33    37
7.24        34    37
7.25        33    39
```

创建数据框的一般格式如下。

```
pandas.DataFrame(data=None, index=None, columns=None, dtype=None, copy=None)
```

其中,data 是数组、可迭代对象、字典或数据框。

2) 存取元素

数据框属性 at 通过行、列标签对存取单个元素;iat 通过整数位置对(下标)存取单个元素。例如:

```
>>> df.at['7.24','beijing']    #第 1 个是行标签,第 2 个是列标签,df 是前面定义的数据框
34
>>> df.iat[1,0]
34
```

数据框属性 loc 通过标签存取一组元素。例如：

```
df.loc['7.24']                              #存取一行
df.loc[['7.25','7.24']]                     #存取多行
df.loc[:,'beijing']                         #存取一列
df.loc[:,['beijing','xian']]                #存取多列
df.loc[['7.25','7.24'],['beijing','xian']]  #存取一块区域
df.loc['7.24','beijing']                    #存取一个元素
```

数据框的 iloc 属性通过整数行索引和列索引（下标）存取元素。下标范围与 Python 相同。下标可以取负值。例如：

```
df.iloc[1]                  #存取一行
df.iloc[[1,2]]              #存取多行
df.iloc[:,1]               #存取一块
df.iloc[:,[0,1]]           #存取多列
df.iloc[[1,2],[0,1]]       #存取区域,1行0,1列和2行0,1列
df.iloc[1,1]               #存取一个元素
```

可以通过对象.列名的方式存取一列,例如：

```
df.beijing=[33,34,33]
df['beijing']=[33,34,33]
```

3) 数据框行列的增加和删除

增加一列：

```
>>>df['zhengzhou']=[38,37,36]
>>> df
      beijing  xian  zhengzhou
7.23     33     37      38
7.24     34     37      37
7.25     33     39      36
```

删除一列：

```
>>> del df['zhengzhou']
```

增加一行：

```
>>> df.loc['7.26']=[33,36]
>>> df
      beijing  xian
7.23     33     37
7.24     34     37
7.25     33     39
7.26     33     36
```

drop()方法删除行、列：

```
>>> df.drop(index=['7.25','7.26'],columns=['xian'])   #删除多行、多列
```

```
        beijing
7.23    33.0
7.24    34.0
```

注意：该方法返回删除的数据框,原数据框不变。

series 具有相似的操作。

4）数据框的其他属性

通过数据框的属性可以获取数据框的参数(表 4-3)。

表 4-3　数据框的属性

属　　性	说　　明	属　　性	说　　明
T	返回转置的数据框	dtypes	返回各列数据的类型
values	返回数据的元素	shape	返回数据的行数和列数
index	返回数据的行索引	size	返回数据的总个数
columns	返回数据的列索引	ndim	返回数据的维数

3. 数据的拆分和堆叠

沿指定轴连接对象：

```
pandas.concat(objs, * , axis=0, join='outer', ignore_index=False, keys=None,
    levels=None, names=None, verify_integrity=False, sort=False, copy=None)
```

其中：

objs：Series 或数据框的序列。

axis：表示连接方向的轴。

join：其他轴的处理方式,'inner'表示取交集,'outer'表示取并集,默认为'outer'。

ignore_index：True 表示对已有的索引重新编号,默认为 False。当索引标签没有实际含义时建议用 False,如一般的行标签。

例如：

```
>>> s1=pd.Series([20,23])
>>> s2=pd.Series([7,29])
>>> s3=pd.concat([s1,s2],ignore_index=True)    #Series 连接 ignore_index=True
>>> s3
0    20
1    23
2     7
3    29
dtype: int64

>>> df1 = pd.DataFrame([['7.29', 29], ['7.30', 30]],
                 columns=['date', 'temperature1'])
>>> df2 = pd.DataFrame([['7.29', 26], ['7.30', 28]],
```

```
                          columns=['date', 'temperature2'])
>>> df3=pd.concat([df1,df2],axis=1)                          #数据框,沿 1 轴连接
>>> df3
   date  temperature1  date  temperature2
0  7.29            29  7.29            26
1  7.30            30  7.30            28

>>> df4=pd.concat([df1,df2],axis=0,ignore_index=True)
#沿 0 轴连接,join 默认为 outer
>>> df4
   date  temperature1  temperature2
0  7.29          29.0           NaN
1  7.30          30.0           NaN
2  7.29           NaN          26.0
3  7.30           NaN          28.0
```

4.4.2　Pandas 读写数据文件

1. 写文本文件

```
DataFrame.to_csv(path_or_buf=None, sep=',', na_rep='', float_format=None,
    columns=None, header=True, index=True, index_label=None, mode='w',
    encoding=None,compression='infer',quoting=None,quotechar='"',
    ineterminator=None,chunksize=None,date_format=None,doublequote=True,
    escapechar=None, decimal='.', errors='strict', storage_options=None)
```

其中:

path_or_buf:文件路径。

sep:一个字符,作为列数据间的分隔符,如 sep＝'\t'表示以'\t'分隔,默认为以逗号分隔。

na_rep:字符串,用于缺失值表示,如 na_rep＝'***',表示缺失值用'***'代替,默认为' '。

float_format:字符串或可调用对象,说明实数的格式,如 float_format＝'%.5f'表示实数保留 5 位小数。

columns:序列,列出要写的列标签,如 columns＝['beijing']。

header:布尔值或字符串列表,表示是否写列名,如果是字符串列表,则表示列的别名,默认为 True。

index:布尔值,表示是否写行标签或行索引,默认为 True。

encoding:编码格式。

例如:

```
>>> df
      beijing  xian  zhengzhou
7.23     33.0  37.0       38.0
7.24     34.0  37.0       37.0
7.25     33.0  39.0       36.0
7.26     33.0  36.0       34.0
```

```
df.to_csv('dftxt.csv',encoding='utf8')
```

写入的文件 dftxt.csv 内容如下。

```
,beijing,xian,zhengzhou
7.23,33.0,37.0,38.0
7.24,34.0,37.0,37.0
7.25,33.0,39.0,36.0
7.26,33.0,36.0,34.0
```

注意：第 1 行是标题行，其第 1 列是空白，所以最前面是逗号。

2. 读文本文件

```
pandas.read_csv(filepath_or_buffer, sep=',', header='infer', names=_
    NoDefault.no_default, index_col=None, usecols=None, dtype=None,
    skiprows=None, skipfooter=0, nrows=None, na_values=None)   #仅列出部分参数
```

其中：

header：说明哪一行是标题，None 表示没有标题行，整数表示标题行行号（0 开始），省略时自动推断标题行。

index_col：说明哪一列是行标签列，0 表示第 1 列是标签列，默认为 None 表示没有标签列。

在上述 dftxt.csv 文件中增加一列 guangzhou，四天的气温为 34,36,37,37。读文件：

```
>>> df=pd.read_csv('dftxt.csv',index_col=0)   #第 1 列是行标签列
>>> df
      beijing  xian  zhengzhou  guangzhou
7.23       33    37         38         34
7.24       34    37         37         36
7.25       33    39         36         37
7.26       33    36         34         37
```

注意：其中的 index_col＝0 表示文件的第 1 列是行索引。

3. 读写 Excel 文件

```
DataFrame.to_excel(excel_writer, sheet_name='Sheet1', na_rep='',
    float_format=None, columns=None, header=True, index=True,
    index_label=None, startrow=0, startcol=0, engine=None,
    merge_cells=True, inf_rep='inf', freeze_panes=None,
    storage_options=None)
```

用于写 Excel 文件。其中，excel_writer 是文件名或 Excel 文件对象，sheet_name 是工作表（Sheet）名。

```
pandas.read_excel(io, sheet_name=0, *, header=0, names=None,
    index_col=None, usecols=None, dtype=None, engine=None, converters=None,
    true_values=None, false_values=None, skiprows=None, nrows=None,
    na_values=None, keep_default_na=True, na_filter=True, verbose=False,
```

```
parse_dates=False, date_parser=_NoDefault.no_default, date_format=None,
thousands=None, decimal='.', comment=None, skipfooter=0,
storage_options=None, dtype_backend=_NoDefault.no_default)
```

用于读 Excel 文件。其中，io 是文件名或 Excel 文件对象，sheet_name 是工作表
（Sheet）名或工作表序号（从 0 开始）。

简单读写样例：

```
df.to_excel('dfa.xlsx')
df1=pd.read_excel('dfa.xlsx')
```

4.4.3　数据处理和分析

1. 查看数据基本信息

DataFrame 的方法 info()可以查看数据的总体信息，包括列名、数据量、数据类型等。
例如：

```
>>>import pandas as pd
>>>df=pd.read_excel('student_info.xlsx')
>>>df.info()
<class 'pandas.core.frame.DataFrame'>
RangeIndex: 390 entries, 0 to 389
Data columns(total 8 columns):
 #   Column      Non-Null Count    Dtype
--  -------     --------------   -----
 0   序号          390 non-null      int64
 1   编号          390 non-null      int64
 2   性别          390 non-null      object
 3   出生年月        390 non-null      object
 4   省份          390 non-null      object
 5   笔试成绩        384 non-null      float64
 6   面试成绩        379 non-null      float64
 7   综合成绩        379 non-null      float64
dtypes: float64(3), int64(2), object(3)
memory usage: 24.5+ KB
None
```

从结果可以看到，该数据文件共有 8 列，390 条，并列出了每列的名称、非空数据条数
和数据类型。第 0~4 列数据每列 390 条，而后三列的非空数据条数是 384 和 379，说明
有缺失。

df.describe()返回数值数据列的统计信息，如数据总数、平均值、标准差、最小值、最
大值、四分位数、中值等。

```
>>> df.describe()
           序号              编号          笔试成绩        面试成绩        综合成绩
count   391.000000      3.910000e+02    384.000000   379.000000   379.000000
mean    195.997442      2.160126e+09     74.489583    83.860158    80.108179
```

std	113.011810	4.393343e+04	13.890279	4.940811	6.757431
min	1.000000	2.160100e+09	37.000000	39.000000	50.000000
25%	98.500000	2.160100e+09	67.750000	82.000000	76.000000
50%	196.000000	2.160100e+09	77.000000	84.000000	81.000000
75%	293.500000	2.160201e+09	85.000000	87.000000	85.000000
max	390.000000	2.160201e+09	100.000000	93.000000	94.000000

另外,df.head(n=5)返回 df 的前 n 行数据;df.tail(n=5)返回 df 的后 n 行数据。

2. 缺失值和重复值处理

缺失值是指数据中的某些项由于某种原因为空,如情况调查中用户没有填写的项等。缺失值一般的处理方式是:不处理、删除和填充。

1) 查看缺失值信息

使用 DataFrame 的 info()方法可以查看每列的数据条数,数据条数少的列说明有缺失值,使用 DataFrame 的 loc()方法加条件可以查看有缺失值的行。

```
>>> df.loc[df['笔试成绩'].isnull() | df['面试成绩'].isnull() | df['综合成绩']
.isnull()]
```

	序号	编号	性别	出生年月	省份	笔试成绩	面试成绩	综合成绩
9	10	2160100010	男	1998-06-03	山东	53.0	NaN	NaN
32	33	2160100033	男	1997-10-24	宁夏	72.0	NaN	NaN
40	41	2160100041	男	1998-06-25	山东	68.0	NaN	NaN
159	160	2160100160	男	1998-04-21	陕西	85.0	NaN	NaN
211	212	2160100212	男	1998-12-12	上海	75.0	NaN	NaN
384	385	2160201093	男	1999-09-06	江苏	NaN	NaN	NaN
385	386	2160201094	男	1998-06-08	广西	NaN	NaN	NaN
386	387	2160201095	女	1998-12-18	福建	NaN	NaN	NaN
387	388	2160201096	女	1998-01-29	陕西	NaN	NaN	NaN
388	389	2160201097	女	1999-07-16	浙江	NaN	NaN	NaN
389	390	2160201098	女	1998-03-14	广西	NaN	NaN	NaN

数据中的缺失值标记为 NaN。

2) 处理缺失值

```
df.dropna()                                    #删除所有有缺失值的行
df['笔试成绩']=df['笔试成绩'].fillna(0)          #将缺失值填充为 0
df['笔试成绩']=df['笔试成绩'].fillna(df['笔试成绩'].mean())   #将缺失值填充为均值
```

还可以使用上一个正常值填充相邻缺失值,删除有缺失值的行,删除有缺失值的列等。

3) 处理重复值

如果数据中有多行重复的数据,应该将其删除。方法如下。

```
df.drop_duplicates()                           #返回删除 df 中重复行的 DataFrame
df.duplicated().sum()                          #值大于 0,表示有重复
```

3. 处理异常值

异常值是指超出或低于正常范围的值。如果知道正常值的范围,则直接判断数值是

否超出范围即可。如果不知道正常值的范围,下面介绍两种简单的方法。

1) 3σ 法

统计学中,如果数据分布近似正态分布,那么99.7%的数值会在均值的三个标准差的范围内,3σ 法将 $[u-3\sigma, u+3\sigma]$ 区间之外的数值视为异常。

【例 4-16】 有一组调查数据测得某地区男性空腹血糖的均值是 5.15(mmol/L),标准差是 0.83(mmol/L),试判断下列测量值是否异常。

```
9.4, 10.1, 8.7, 101, -5.1, 3.8, 6.2
```

【解】 定义函数判断 Series 或 np 数组数据是否异常,参数有三个:Series、均值和标准差。返回值有三个:判断结果的逻辑数组、3σ 区间的左端点和右端点。

【源程序】

```
import pandas as pd
#异常判断,series 为待判别的数组,mu 为均值,sigma 为标准差
def sigma3(series,mu,sigma):
    fliers=(series-mu).abs()>3*sigma        #是否超出 3σ 的逻辑判断
    left=mu-3*sigma                         #区间端点
    right=mu+3*sigma
    return fliers,left,right

pds=pd.Series([9.4,10.1,8.7,101,-5.1,3.8,6.2])   #待检测数据
mu=5.15
sigma=0.83
fliers,left,right=sigma3(pds,mu,sigma)           #调用函数
print('3sigma 区间:[%.2f , %.2f]'%(left,right))
print("空腹血糖测量值: ",pds.values)
print("  异常判别结果: ",fliers.values)
```

【运行结果】

```
3sigma 区间:[2.66 , 7.64]
空腹血糖测量值: [  9.4  10.1   8.7 101.   -5.1   3.8   6.2]
  异常判别结果: [ True  True  True  True  True False False]
```

【结果分析】 为了简洁,本例的均值和标准差设定为已知,事实上可以让机器对一组正常的测量值进行统计,再进行异常判断。根据结果对异常值进行修改或删除等处理。待判断的数据可以来源于一个数据框或二维数组的一列。

统计资料表明,正常的空腹血糖值在[3.9,6.1]范围内,本例的前三个异常值是高血糖患者的采样值,第 4 个 101 实际是数据的识别错误。后面两个按正常空腹血糖值区间计算是异常值,但距离正常边界很近,3σ 法认为是正常值。

2) 箱型图法

箱型图计算采样数据的下四分位数(Q1)和上四分位数(Q3),IQR=Q3-Q1 为四分位数间距,将两端远离 Q1、Q3 超过 $n\times$IQR 的数据视为异常,n 一般取 1.5。

【例 4-17】 有数据文件 tu2603medicine.xlsx,其中,'bloodsugar'为空腹血糖采样数据,另外添加例 4-16 中的待检测数据,使用箱型图法进行异常检测。

【解】

```
import pandas as pd
import numpy as np

def box_fliers(series):                          #箱型图异常检测,参数是 series 或一维数组
    q1=series.quantile(0.25)                     #计算 Q1
    q3=series.quantile(0.75)                     #计算 Q3
    a=q1-1.5*(q3-q1)                             #下边线
    b=q3+1.5*(q3-q1)                             #上边线
    fliers=(np.array(series.values)<a)|(np.array(series.values)>b) #判断异常
    return fliers,a,b

df=pd.read_excel('tu2603medicine.xlsx') #读 Excel 数据
col=df['bloodsugar']                             #提取'bloodsugar'列的血糖数据
pds=pd.Series([9.4,10.1,8.7,101,-5.1,3.8,6.2])
data=pd.concat([col,pds])                        #添加异常数据
fliers,a,b=box_fliers(data)                      #调用函数求异常
tmp=data[fliers]                                 #筛选异常数据
print("箱型图法正常区间:[%.2f, %.2f]"%(a,b))      #显示上下限
print("判别为异常的数据")
print(tmp)                                       #显示异常数据
```

【运行结果】

```
箱型图法正常区间:[3.19, 7.00]
判别为异常的数据
8          7.04
138        7.30
0          9.40
1         10.10
2          8.70
3        101.00
4         -5.10
dtype: float64
```

【结果分析】 结果第 1 列是数据的索引号。

对于异常数据,从数据分析角度,可以删除或使用合理的数据填充。另外,需对异常数据进行分析,找出异常原因,减少异常。

4. 数据排序

1) 按索引排序

数据框的 sort_index()方法,按索引排序,可以按行索引或列索引,升序或降序。

```
DataFrame.sort_index(*,axis=0,level=None,ascending=True,inplace=False,
    kind='quicksort',na_position='last', sort_remaining=True,
    ignore_index=False, key=None)
```

其中,axis 指定按行索引(0)或列索引(1);ascending 指定升序(True)或降序(False);

inplace 为 False 返回排序结果,为 True 修改原数据框;kind 指定排序方法。

2) 按值排序

```
DataFrame.sort_values(by, *, axis=0, ascending=True, inplace=False,
    kind='quicksort', na_position='last', ignore_index=False, key=None)
```

其中,by 指定排序依据的数据是字符串(整数)或字符串(整数)列表,如 by='col1'表示按 col1 排序;by=["col1","col2"]表示按 col1 和 col2 两个指标排序。axis 指定轴,按行或按列排序。

```
df.sort_values(by=['col1'])           #按 col1 列排序
df.sort_values(by=[0],axis=1)         #按第 1 行的数据排序
```

5. 统计量计算

通过 Series、数据框的方法,可以计算各种统计量(这里仅列出 DataFrame 的部分方法,Series 的用法相同)。

1) 基本统计量

```
DataFrame.mean(axis=0, skipna=True, numeric_only=False, **kwargs)
```

用于统计均值。其中:

axis:指定沿哪个轴统计,0 表示对每列统计,1 表示对每行统计。

skipna:指定是否排除空值,默认为 True(排除)。

numeric_only:是否仅对数值型数据统计,默认为 False,遇到字符串等非数值类型会出错。

对 Series 来说,有相同的格式,不过它的 axis 只能取 0。例如:

```
Series.mean(axis=0, skipna=True, numeric_only=False, **kwargs)
```

下面仅列出数据框的统计方法,不再对参数一一解释,读者仅掌握主要参数即可。

```
DataFrame.count(axis=0, numeric_only=False)       #非空值数量
DataFrame.min(axis=0, skipna=True, numeric_only=False, **kwargs)     #最小值
DataFrame.max(axis=0, skipna=True, numeric_only=False, **kwargs)     #最大值
#求和
DataFrame.sum(axis=None, skipna=True, numeric_only=False, min_count=0,
**kwargs)
#方差
DataFrame.var(axis=None, skipna=True, ddof=1, numeric_only=False, **kwargs)
#标准差
DataFrame.std(axis=None, skipna=True, ddof=1, numeric_only=False, **kwargs)
#无偏标准误差
DataFrame.sem(axis=None, skipna=True, ddof=1, numeric_only=False, **kwargs)
#偏度(无偏),由 N-1 归一化
DataFrame.skew(axis=0, skipna=True, numeric_only=False, **kwargs)
DataFrame.cov(min_periods=None, ddof=1, numeric_only=False)     #列间协方差
DataFrame.median(axis=0, skipna=True, numeric_only=False, **kwargs)   #中位数
```

```
#分位数,q=0.25 是第 1 四分位,q=0.75 是第 3 四分位
DataFrame.quantile(q=0.5, axis=0, numeric_only=False, interpolation='linear',
method='single')
DataFrame.mode(axis=0, numeric_only=False, dropna=True)          #众数
```

下面以均值方法为例,给出统计函数的用法。

```
>>> df = pd.DataFrame({                          #定义数据框
    'math': [80,72,92,60],
    'chinese': [82,90,75,62],
    'english': [87,92,83,81] })
>>> df                                           #显示数据框数据
    math   chinese   english
0    80      82        87
1    72      90        92
2    92      75        83
3    60      62        81
>>> df.mean(axis=0,numeric_only=True)            #计算每列的平均值
math       76.00
chinese    77.25
english    85.75
dtype: float64
>>> df.mean(axis=1,numeric_only=True)            #计算每行的平均值
0    83.000000
1    84.666667
2    83.333333
3    67.666667
dtype: float64
>>> df['math'].mean()                            #计算一列的平均值
76.0
>>> df.loc[:,['math','chinese']].mean()          #计算其中两列的平均值
math       76.00
chinese    77.25
dtype: float64
```

2) 分类汇总

前面介绍的统计函数,仅针对整列数据,有时需要针对不同类别的数据进行分类统计。例如,学生成绩表有三列:姓名、班级和成绩,现在要统计每个班的人数、平均成绩等信息,就需要现对数据按班级分组,然后再统计。Pandas 提供这样的函数:

```
DataFrame.groupby(by=None, axis=0, level=None, as_index=True, sort=True,
group_keys=True, observed=False, dropna=True)
```

对数据分组,其中:

by:映射、函数、标签或它们的列表,是分组的依据。例如,by=['a']表示按'a'列分组,by=['a','b']表示按'a'和'b'两列分组。

axis:表示沿哪个轴分组。

sort:True 或 False,表示是否按关键字排序。

该函数只对数据分组,返回的是一个 DataFrameGroupBy 对象,通常需要使用该对象的统计方法统计需要的具体值,如 count()、max()、min()、sum()、mean()、std()、var()等。

例如:

```
>>> d = [[1, 1, 5], [2, None, 4], [2, 1, 3], [1, 2, 2]]    #4 行 3 列的列表
>>> df = pd.DataFrame(d, columns=["a", "b", "c"])          #列标签 a,b,c
>>> df.groupby(by=['a']).count()                           #按 a 的值分组,统计数据个数
   b  c
a
1  2  2
2  1  2
>>> df.groupby(by=['b'],dropna=False).sum()                #按 b 的值分组,求和
     a  c
b
1.0  3  8
2.0  1  2
NaN  2  4
```

【例 4-18】 有数据文件 programming.xlsx,其中保存的是某课程的成绩,包括序号、班级、平时成绩和考试成绩。编写程序,首先计算综合成绩,方法是平时成绩占 30%、考试成绩占 70%,然后统计各班的平时、考试和综合成绩的平均值,画出条形图;再统计各班综合成绩不及格的人数,画出饼图。成绩文件的格式如下。

序号	班级	平时成绩	考试成绩
1	临床 01	98	77
2	经济 01	92	59
3	机械 01	91	47
...			

【解】 综合成绩容易计算,关于求各班成绩的平均值,按班分组再统计平均即可。统计不及格人数时,需要先筛选出不及格的人,然后再分组统计,具体见下面的源程序。

【源程序】

```
import numpy as np
import pandas as pd
import matplotlib.pyplot as plt
df=pd.read_excel('programming.xlsx')                        #读 Excel 数据文件
#计算综合成绩并四舍五入转为整数
df['综合成绩']=(df['平时成绩'] * .3+df['考试成绩'] * .7+0.5).astype('int8')
df2=df.loc[df['综合成绩']<60,['班级','综合成绩']] #筛选不及格的成绩
#准备画条形图
result=df.groupby(by='班级').mean()                         #按班级分组求平均
x=np.array([1,2,3,4,5])                                     #x 轴坐标
width=0.8/3 * 0.9                                           #每个条的绘制宽度
step=0.8/3                                                  #每个条占的总宽度

ax1=plt.subplot(1,2,1)                                      #子图 1
ax2=plt.subplot(1,2,2)                                      #子图 2
```

```
plt.rcParams['font.sans-serif']=['STSong']          #设置中文字体
#画条
ax1.bar(x-0.8/2+0.5*step,result['平时成绩'],width=width,label='平时成绩')
#画条
ax1.bar(x-0.8/2+1.5*step,result['考试成绩'],width=width,label='考试成绩')
#画条
ax1.bar(x-0.8/2+2.5*step,result['综合成绩'],width=width,label='综合成绩')
ax1.set_xticks(ticks=x,labels=result.index,rotation=-30)        #横向刻度标签
ax1.legend()                                        #显示图例

result2=df2.groupby(by='班级').count()              #不及格的人,按班级分组统计人数
explode=[0.05,0,0,0,0]                              #扇形离开中心的比例
ax2.pie(result2['综合成绩'],explode=explode,autopct="%.2f%%",labels=result2
.index)                                             #饼图
plt.show()                                          #显示图形
```

【运行结果】 见图 4-11。

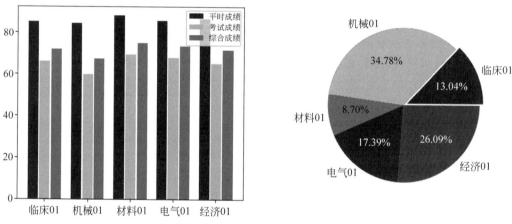

图 4-11　课程成绩分组统计图

小　　结

本章简单介绍了数据的几个统计指标,如均值、方差、标准差、极差、频数、频率、分位数、协方差、相关系数等。还介绍了数据分析的几个常用的 Python 库:NumPy、Matplotlib 和 Pandas。

NumPy 的基本数据结构是数组,含有一维数组和多维数组,用于存储和高效处理大量数值数据。NumPy 支持对整个数组执行简单的数学运算,而无须编写循环。NumPy 提供各种矩阵运算,如矩阵乘法、转置和分解等。NumPy 提供许多线性代数函数,如矩阵乘法、行列式计算、特征值分解、多项式运算、多项式积分、求导、多项式拟合、线性方程组求解、线性最小二乘问题求解、离散傅里叶变换等。NumPy 提供生成随机数的工具,包括随机数生成器和各种概率分布,提供各种统计功能。

Matplotlib 是基于 NumPy 的一个绘图库,可以绘制线图、散点图、条形图、统计直方

图、饼图、雷达图、等高线图、热力图、柱状图、3D 图形,可以绘制静态、动态、交互式图表,可以使用极坐标绘图,可以读取位图图像并进行处理。

　　Pandas 是 Python 的一个数据分析包,其名称来自于面板数据(Panel data)和 Python 数据分析(Python data analysis),最初由 AQR Capital Management 于 2008 年 4 月开发,并于 2009 年年底开源。Pandas 最初被作为金融数据分析工具,对时间序列分析提供了很好的支持。Pandas 主要数据结构是 Series(一维数据)和 DataFrame(二维数据),支持数据整理与清洗、数据分析与建模、数据可视化与制表等功能,用以处理金融、统计、社会科学、工程等领域里的大多数典型数据处理问题。

　　此外,NumPy 之上 SciPy 是一个常用的科学计算库,提供最优化、线性代数、积分、插值、特征值、特殊函数、信号处理、微分方程、显著性检验等计算功能,支持稀疏矩阵、图结构数据、空间数据的处理功能。

　　Seaborn 是 Matplotlib 和 Pandas 之上的数据可视化库,提供极具魅力和信息丰富的统计绘图功能,如统计关系可视化、数据分布可视化、分类数据可视化、统计估计条、回归拟合估计等,可轻松绘制散点图矩阵、时间序列图、线性回归图、小提琴图、点估计图、分布绘图、残差分布图、核密度估计图等。

　　其实,数据分析是一个很大的话题,包含的范围很广,内容很多,如调查收集数据、整理数据、数据清洗、描述性统计分析、推断性统计分析、数据挖掘,等等。数据分析的方法、软件也很多,本章只是介绍了 Python 语言体系中常用的几个,而且也仅仅是入门,其实 NumPy、Matplotlib、Pandas 这三个库本身的内容也很多。所以,到此只是介绍了数据分析的简单基础知识和基础工具的基础使用,未来还需要读者继续学习、深入了解。

习　　题

一、单选题

1. NumPy 创建数组的函数是(　　)。
   A. Array()　　　　　B. array()　　　　　C. ndarray()　　　　　D. Series()
2. 创建[0,100)内间隔是 2 的一维数组的 NumPy 函数是(　　)。
   A. range()　　　　　B. Arange()　　　　　C. arange()　　　　　D. array()
3. 在[0,1]内取 11 个等间隔采样点组成一维数组,使用 NumPy 的(　　)函数。
   A. array()　　　　　B. arange()　　　　　C. linsapce()　　　　　D. linesapce()
4. 产生[0,1)内均匀分布的随机数的 numpy.random 子模块函数是(　　)。
   A. normal()　　　　　B. rand()　　　　　C. randn()　　　　　D. randint()
5. 下列哪个函数是 numpy.random 子模块置随机数种子的函数?(　　)
   A. seek()　　　　　B. seed()　　　　　C. set_state()　　　　　D. peek()
6. 产生均值 u,标准差为 σ 的正态分布的 numpy.random 子模块随机数函数是(　　)。
   A. randn()　　　　　B. gauss()　　　　　C. formal()　　　　　D. normal()
7. Matplotlib 绘制折线的函数是(　　)。

A. plot( )　　　　　B. line( )　　　　　C. scatter( )　　　　　D. hist( )

8. Matplotlib 绘制统计直方图的函数是(　　　　)。

　　A. histogram( )　　　B. hist( )　　　　C. bar( )　　　　　D. pie( )

9. Matplotlib 创建画布的函数是(　　　　)。

　　A. canvas( )　　　　B. axes( )　　　　C. subplot( )　　　D. figure( )

10. Pandas 表示一维数据的数据结构是(　　　　)。

　　A. ndarray　　　　B. array　　　　　C. Series　　　　D. DataFrame

11. Pandas 表示二维数据的数据结构是(　　　　)。

　　A. Pandas　　　　B. DataFrame　　　C. Series　　　　D. figure

12. df 是 Pandas 的 DataFrame,其列标签有 name,age,major。下列哪个表达式能获取它的一列?(　　　　)

　　A. df.name　　　　　　　　　　　　B. df[name]

　　C. df.loc['name']　　　　　　　　　D. df.iloc['name']

13. 下列哪条创建 Pandas 的 DataFrame 的语句是不正确的?(　　　　)

　　A. df＝pd.DataFrame({'zhang','21','computer'})

　　B. df＝pd.DataFrame({'name':'zhang','age':'21','major':'computer'})

　　C. df＝pd.DataFrame(['zhang','21','computer'])

　　D. f＝pd.DataFrame({'name':['zhang'],'age':['21'],'major':['computer']})

14. df 是 Pandas 的 DataFrame,其列标签有 name,age,major。下列哪个表达式能获取它的两列数据?(　　　　)。

　　A. df['name','age']　　　　　　　　B. df.loc['name','age']

　　C. df.iloc[:,['name','age']]　　　　D. df.loc[:,['name','age']]

15. Pandas 连接两个数据框的函数是(　　　　)。

　　A. stack( )　　　　B. link( )　　　　C. pack( )　　　　D. concat( )

二、程序题

1. 表 4-4 为若干人员的身高和体重数据。

表 4-4　成人身高和体重调查数据

体重	67	43	91	79	119	115	75	74	65	108
身高	184	140	199	165	158	199	177	194	145	150
体重	90	69	73	54	81	118	53	96	80	60
身高	147	197	142	160	176	153	168	179	155	189

　　请使用 NumPy 统计身高和体重的最大、最小、平均值、标准差、四分位数,计算身高和体重的线性相关系数。

2. 查询最近 15 天三个城市的天气预报,绘制近 15 天三个城市的天气预报折线图。

3. 使用随机函数模拟考试成绩,正态分布,均值为 75,方差为 20,样本数量为 150,统计该班的最高成绩、最低成绩、平均成绩和方差,画出不同成绩段成绩分布的直方图和饼图。

4. 使用 NumPy 的随机数函数产生 100 个人的性别、身高、体重信息,其中,性别使用均匀分布,男性身高使用均值 164、标准差 57,体重使用均值 60、标准差 8 的正态分布;女性身高使用均值 154、标准差 54,体重使用均值 50、标准差 8 的正态分布。使用 Pandas 数据框存储,统计男女身高体重样本的最大值、最小值、平均值、方差,计算四分位数,画出男女身高和体重的箱型图,查看有无异常点。

第5章

信息的表示

本章先介绍信息和数据的概念；然后介绍信息在计算机中的表示、编码、存储与运算的过程，具体内容包括十进制、二进制、八进制和十六进制四种数制及其转换，位、字节和字长的概念，整数的真值、机器数和在计算机中的补码表示，实数在计算机中的浮点表示，英文字符和汉字等非数值信息在计算机中的编码，多媒体中的声音、图像、视频等复杂信息在计算机中的数字化过程以及编码；最后介绍二进制数的算术运算和布尔逻辑运算，数字逻辑电路中基本的逻辑门电路的知识，以及门电路作为存储器和运算器的应用。通过本章的学习，读者对计算机中的信息处理过程将有一个更清晰的认识，从而在使用计算机求解现实问题的过程中能更好地把握信息的实质和更合理地处理信息。

5.1 数 与 进 制

本节介绍信息和数据的概念，数的十进制、二进制、八进制、十六进制四种常见的进制表示，数制转换以及各种进制数的算术运算。

5.1.1 信息与数据

信息的广义解释是对现实世界中事物的存在方式或运动状态的反映。从信息论的角度理解信息，则是对事物运动状态或存在方式的不确定性的描述。在通信行业，信息又定义为用于消除通信对方知识上的不确定性的东西。

在计算机科学中，信息通常被认为是能够用计算机处理的任何有意义的内容或消息，它们一般以数据的形式表达，如数字、字符、文本、图像、视频、声音等，而且计算机可以完成信息的表示、存储、传输和处理等过程。

与信息对应的另一个概念则是数据。数据是描述现实世界事物的符号，即用物理符号记录下来的可以鉴别的信息。其中，物理符号可以是数字、文字、图形、图像、声音及其他特殊符号等。数据作为信息的载体，其多种表现形式可以经过数字化后存入计算机中。

信息与数据是两个既有联系又有区别的概念。数据是信息的符号表示，或称载体；信息是数据的内涵，是数据的语义解释；数据是信息存在的一种形式，只有通过解释和处理才能成为有用的信息；数据可用不同的形式表示，而信息不会随数据的形式而改变。

对于生活中的信息来说，同一信息可以有不同的表示方法，表达信息的形式还可以相互转换。而在计算机科学中,信息的表示形式可以是一种符号表示,即数学上的数据;信息可以转换为物理器件的状态表示,例如,电平的高低、磁极的方向、电路的开闭等。由于电信号具有连续形式,但计算机又受到实现条件的制约,只能表示离散形式的信息,这就给现代计算机采用二进制提出了客观需求。

计算机采用二进制的第一个原因是二进位记数制仅有两个数码 0 和 1,所以,任何具有两个不同稳定状态的元件都可用来表示数的一位。现实中这种具有两种截然不同的稳定状态的元件非常多,例如,氖灯的"亮"和"熄"、阀门的"开"和"关"、电压的"高"和"低"以及"正"和"负";纸带上的"有孔"和"无孔"、电路中的"有信号"和"无信号"以及磁性材料的"南极"和"北极"等。利用两种截然不同的稳定状态来表示数据不但很容易实现,简化设计的复杂性,而且两种截然不同的稳定状态既是量的不同,更是质的差别,对提高机器的抗干扰能力和可靠性很有好处,况且现实中具有两种以上状态的简单而可靠的器件也不易寻找。

计算机采用二进制的第二个原因是二进位记数制的四则运算规则十分简单,而且四则运算最后都可以归结为加法和移位运算,这使得计算机中的运算器电路设计起来变得非常容易。简化的表示也带来运算速度的大幅度提高,而人们平常使用的十进位记数制是无法胜任计算机的高速运算的。

综上所述,现代计算机一般采用二进制的 0、1 来表示物理上的两种状态,用不同的 0、1 序列表示不同的信息,每一个二进制位称为一个比特(bit),也称为"位",简写为 b,是信息的最小单位。"位"常用来描述速率(即单位时间内传输的二进制位数),如常说的网速是 100M,指的是每秒钟传输 100M 位。而根据计算机物理器件的构造特性,在计算机中,信息的基本单位约定为 8b,叫作 1 字节(Byte,B)。"字节"常用来表示存储空间的大小,如常说的内存 8G 指的是 8GB。

除位(b)、字节(B)外,随着数据量的增大,常用的数据单位还有 KB、MB、GB、TB 等。换算关系如下。

1B(Byte,字节)=8b(bit,比特)

1KB(Kilobyte,千字节)=1024B=2^{10} B

1MB(Megabyte,兆字节,百万字节,简称"兆")=1024KB=2^{20} B

1GB(Gigabyte,吉字节,十亿字节,又称"千兆")=1024MB=2^{30} B

1TB(Terabyte,万亿字节,太字节)=1024GB=2^{40} B

1PB(Petabyte,千万亿字节,拍字节)=1024TB=2^{50} B

1EB(Exabyte,百亿亿字节,艾字节)=1024PB=2^{60} B

1ZB(Zettabyte,十万亿亿字节,泽字节)=1024EB=2^{70} B

1YB(Yottabyte,一亿亿亿字节,尧字节)=1024ZB=2^{80} B

1BB(Brontobyte,一千亿亿亿字节)=1024YB=2^{90} B

1NB(NonaByte,一百万亿亿亿字节)=1024BB=2^{100} B

1DB(DoggaByte,十亿亿亿亿字节)=1024NB=2^{110} B

【例 5-1】　计算一块标称 512GB 的硬盘的实际容量。

【解】　市场上买到的标称 512GB 的硬盘,在计算机上查看其实际容量,发现差很多。

实际上,商家是按 1000 来进行单位换算的,所以,标称 512GB 的硬盘实际容量为

$$512×1000×1000×1000＝512\ 000\ 000\ 000(B)$$

按计算机的标准换算,它的容量是

$$512\ 000\ 000\ 000/1024/1024/1024＝476.837(GB)$$

所以在计算机上看到的会是 476GB。

【例 5-2】 计算百兆宽带的下载速度,每秒下载多少字节的数据?

【解】 下载速度 100M 指的是二进制位,而这里的兆(M)是按 10^6 换算得到的。所以,

$$100Mb＝100\ 000\ 000b$$

转换为字节:

$$100\ 000\ 000/8/1024/1024＝11.92(MB)$$

这里的 M 是 2^{20},B 是字节。

5.1.2 进位记数制

表示数据时,用多个数位表示,每个数位一个数字,左边的数位高,右边的数位低,当低位的数字达到某一数字时再加 1,则本位计 0,高位加 1,这种记数的方法就是**进位记数制**。目前日常用的十进制就是一种进位记数制。

用进位记数制表示数据,有以下四个要素。

- 数码:一组用来表示数的数字,如十进制的 0,1,2,3,…,9 这 10 个数字。
- 基数:其实就是表示数的数码个数,如十进制的 10。
- 数位:数码在数中的位置。对于整数,一般右边是低位,左边是高位,从右向左,十进制用个位、十位、百位等表示,其他进制用序号 0,1,2,3,… 表示。对小数部分,从左向右编号为 −1,−2,−3,…。
- 权:不同位置上的数字的份量,就是这个数位的 1 表示的数值。如对于十进制,个位的权是 1,十位的权是 10,百位的权是 100,序号是 k 的位上的权是 10^k。

进位记数制的进位规则是"逢 N 进一,借一当 N"。对于十进制,N＝10。

数的表示可以采用不同的数制,计算机科学中常用的有十进制、二进制、八进制和十六进制。

任何一个以 N 为基数的记数系统,其数可以表示为以下形式。

$$(x_{n-1},\cdots,x_1,x_0.y_{-1}y_{-2}\cdots y_{-(m-1)}y_{-m})_N=\sum_{i=0}^{n-1}x_iN^i+\sum_{j=1}^{m}y_{-j}N^{-j}$$

其中,n 表示整数部分的位数,m 表示小数部分的位数,x_i 表示每一位整数数字,y_{-j} 表示每一位小数数字,x_i 和 y_{-j} 是属于 $0,1,\cdots,N-1$ 的数字,N^i 和 N^{-j} 就是位权,$i=0$,$1,\cdots,n-1,j=1,\cdots,m$。注意,$x_0$ 的右边是小数点符号。等号左边是 N 进制数的表示形式,右边是这个数对应的十进制数量,所以这个公式也是 N 进制数转换为十进制数的公式,这种运算方式称为按权展开。

1. 十进制

十进制数的数码是 0,1,2,3,4,5,6,7,8,9 共 10 个符号。

基数是 10。

位权是 10^k，k 是数位的序号。

进位规则是"逢十进一，借一当十"。

当多种数制的数同时使用时，同样的数代表的量可能是不同的，如 11，如果是十进制，它代表的数量就是"十一"，如果是二进制数，它代表的数量是"三"。为了区别不同数制表示的数，常在数的后面加上后缀，如用 D、B、Q、H 分别表示十进制、二进制、八进制和十六进制数，如 11B 是二进制数，11Q 是八进制数，AFH 是十六进制数。如果省略，默认是十进制数，如 1011，不写后缀，被认为是十进制数。也常用下标表示，如 $(11)_{10}$ 表示十进制数，$(11)_2$ 表示二进制数，$(11)_{16}$ 表示十六进制数等。

2. 二进制

二进制数的数码是 0，1 共两个符号。

基数是 2。

位权是 2^k，k 是数位的序号。

进位规则是"逢二进一，借一当二"。

例如，$(1101.1011)_2$ 按权展开：

$$
\begin{aligned}
(1101.1011)_2 &= 1 \times 2^3 + 1 \times 2^2 + 0 \times 2^1 + 1 \times 2^0 + 1 \times 2^{-1} + \\
&\quad 0 \times 2^{-2} + 1 \times 2^{-3} + 1 \times 2^{-4} \\
&= (13.6875)_{10}
\end{aligned}
$$

习惯上，为了清晰，写二进制数时每 4 位加一个空格隔开，如 1001 0010 1111B。

3. 八进制

八进制数的数码是 0，1，2，3，4，5，6，7 共 8 个符号。

基数是 8。

位权是 8^k，k 是数位的序号。

进位规则是"逢八进一，借一当八"。

例如，$(1101.1011)_8$ 按权展开：

$$
\begin{aligned}
(1101.1011)_8 &= 1 \times 8^3 + 1 \times 8^2 + 0 \times 8^1 + 1 \times 8^0 + 1 \times 8^{-1} + \\
&\quad 0 \times 8^{-2} + 1 \times 8^{-3} + 1 \times 8^{-4} \\
&= (577.127197265625)_{10}
\end{aligned}
$$

4. 十六进制

十六进制数的数码是 0～9 共 10 个数字符号和 A～F 共 6 个字母符号（大小写均可，习惯大写），共 16 个符号。A～F 依次分别相当于十进制的 10～15。

基数是 16。

位权是 16^k，k 是数位的序号。

进位规则是"逢十六进一，借一当十六"。

例如，$(2AE.11)_{16}$ 按权展开：

$$(2AE.11)_{16} = 2 \times 16^2 + 10 \times 16^1 + 14 \times 16^0 + 1 \times 16^{-1} + 1 \times 16^{-2}$$
$$= (686.06640625)_{10}$$

表 5-1 列出了不同进制的数和十进制数的对应关系。

表 5-1 不同进制的基本数值的对应关系

进制	数值															
十进制	0	1	2	3	4	5	6	7	8	9	10	11	12	13	14	15
二进制	0	1	10	11	100	101	110	111	1000	1001	1010	1011	1100	1101	1110	1111
八进制	0	1	2	3	4	5	6	7	10	11	12	13	14	15	16	17
十六进制	0	1	2	3	4	5	6	7	8	9	A	B	C	D	E	F

十六进制中的字母符号，大小写均可，通常用大写。

5. 不同进制数的转换

在不同的场合会用不同进制的数，所以常常需要相互转换。其他进制转十进制的方法就是前述的按权展开，下面介绍十进制转其他进制。

1）十进制转二进制

十进制转成二进制包括两个部分：十进制整数部分转二进制和十进制小数部分转二进制。

整数部分，除二取余，直到商为零，对得到的余数按先后依次从右向左排列。

小数部分，乘二取整，直到小数为零，按先后依次从左向右排列得到的整数部分。出现循环时，可以根据精度需要取若干位的小数即可。

【例 5-3】 将十进制数 25.3125 转换为二进制数。

【解】 对整数部分，采用"除二取余"的方法。

```
2 | 25      余数
  2 | 12      1 —— 最低位
    2 | 6      0
      2 | 3      0
        2 | 1      1
          0      1 —— 最高位
```

将得到的余数依次从右向左排列，得到 $(25)_{10} = (11001)_2$。

对小数部分，采用"乘二取整"的方法。

$0.3125 \times 2 = 0.625$ ·················· 0

$0.625 \times 2 = 0.25$ ·················· 1

$0.25 \times 2 = 0.5$ ·················· 0

$0.5 \times 2 = 0.0$ ·················· 1

将得到的整数从左到右依次排列，得到 $(0.3125)_{10} = (0.0101)_2$

十进制转任意的 N 进制，均可以采用"除 N 取余"和"乘 N 取整"的方法。

2）二进制和八进制相互转换

从表 5-1 了解到,二进制的 000,001,010,011,100,101,110,111 依次分别对应八进制的 0,1,2,3,4,5,6,7 共 8 个数字。也可以说使用三位的不同的 0、1 序列刚好可以表示八进制的 8 个数字符号。所以,一个三位二进制数刚好对应一位八进制数。这就得到了二进制数转八进制数的方法。

二进制转八进制,整数部分,从右向左每三位一组,不够三位时补 0,将每三位二进制转换为一位八进制数。小数部分,从左向右每三位一组,不够三位时补 0,将每三位二进制转换为一位八进制数。

【例 5-4】　将 $(10011.11001)_2$ 转换为八进制。

【解】　按照规则,整数部分,从右向左每三位一组,不够三位时补 0;小数部分,从左向右每三位一组,不够三位时补 0。

$$(10011.11001)_2 \rightarrow 010\ 011.110\ 010$$

将每三位二进制转换为一位八进制数。

$$010\ 011.110\ 010 \rightarrow 23.62$$

所以:$(10011.11001)_2 = (23.62)_8$。

注意:不够三位一定要补 0,忘掉补 0 会得到不同的数,结果就会错误。

反过来,八进制转二进制,将每位八进制数转换为三位的二进制数即可。

【例 5-5】　将 $(121.61)_8$ 转换为二进制。

【解】　按照规则,将每位八进制数转换为三位的二进制数。

$$(121.61)_8 = (001\ 010\ 001.110\ 001)_2$$

注意:一定要将一位八进制数写成三位二进制数,例如,$(1)_8$ 要写成 $(001)_2$,否则,得到的结果就会是错误的。

3）二进制和十六进制

从表 5-1 还可以了解到,二进制的 0000,0001,0010,…,1111 依次分别对应十六进制的 0,1,2,…,E,F 共 16 个数码。也可以说使用四位的不同的 0、1 序列刚好可以表示十六进制的 16 个数字符号。所以,一个四位二进制数刚好对应一位十六进制数。这就得到了二进制数转十六进制数的方法。

二进制转十六进制,整数部分,从右向左每 4 位一组,不够 4 位时补 0,将每 4 位二进制转换为一位十六进制数。小数部分,从左向右每 4 位一组,不够 4 位时补 0,将每 4 位二进制转换为一位十六进制数。

【例 5-6】　将二进制数 1010 1000 1100.1 转换为十六进制数。

【解】　首先进行补位和每 4 位分隔后得到:1010　1000　1100. 1000,每 4 位转换为一位十六进制数,十六进制结果为 A8C.8H。

十六进制转二进制,将每位十六进制数转换为 4 位二进制数。

【例 5-7】　将十六进制数 A2.B3 转换为二进制数。

【解】　首先从小数点开始分别向左右查表扩写如下:1010　0010. 1011　0011,最后写出紧凑的二进制结果 10100010.10110011B。

十进制到八进制、十六进制的转换可以借助于二进制来进行。

6. 二进制的算术运算

二进制数的算术运算与十进制类似，也有加减乘除四则运算，对于二进制数字 0 和 1 来说，其算术运算规则如表 5-2 所示。

表 5-2　二进制的算术运算规则

加法	$0+0=0$	$0+1=1$	$1+0=1$	$1+1=10$
乘法	$0\times0=0$	$0\times1=0$	$1\times0=0$	$1\times1=1$
减法	$0-0=0$	$0-1=-1$	$1-0=1$	$1-1=0$
除法		$0\div1=0$		$1\div1=1$

知道了二进制算术运算规则之后，就可以进行任意位的二进制整数和实数的算术运算了。

【例 5-8】　二进制整数的四则运算。计算下式的值（均为二进制，结果也是二进制）。

$10101010+00101010=?$

$01000000-00001010=?$

$1001110\times1011101=?$

$10111010\div110=?$

【解】

$10101010+00101010=11010100$

$01000000-00001010=00110110$

$1001110\times1011101=1110001010110$

$10111010\div110=11111$

【例 5-9】　二进制实数的四则运算。计算下式的值（均为二进制，结果也是二进制）。

$0.11001+1.01010=?$

$1.1000011-0.0101101=?$

$0.11011\times0.10011=?$

$0.1010\div0.1011=?$

【解】

$0.11001+1.01010=10.00011$

$1.1000011-0.0101101=1.0010110$

$0.11011\times0.10011=0.1001000001$

$0.1010\div0.1011=0.111\cdots$

5.2　数 的 编 码

本节主要介绍计算机中整数和实数的表示方法。由于它们在形式上与数学上的表示方式不相同，而更重要的是一种代号的概念，所以称为编码。编码的含义是用某个符号代表另一个事物。

5.2.1 整数的编码

首先介绍几个概念,即字、字长、真值和机器数,然后介绍机器数的编码。

1. 字与字长

字是指计算机中作为一个整体来处理或运算的一串数码。这串数码的长度称为**字长**。如现在说的 64 位计算机或 64 位操作系统,它们一次可以处理 64 位的二进制数据,64 位是一个字,64 就是字长。

2. 机器数和真值

前面讨论的数未涉及符号,称为**无符号数**。实际中的数有正有负,带有正负号的数称为**有符号数**或带符号数。数学中的正负号用"+""−"表示,而计算机中所有的信息都要转换为 0、1 序列。通常规定,用 0 表示正号,1 表示负号,放在一个数的最高位。例如,设机器的字长为 8 位,则第 7 位(即最高位)为符号位,$(0000\ 1001)_2$ 表示 $+9$,$(1000\ 0101)_2$ 表示 -5。

符号被数值化了的(二进制)数称为**机器数**。而把原来带"+""−"号的数称为**真值**,如 $(+0001001)_2$,$(-0000101)_2$。

3. 机器数的编码

一个数可以使用不同的形式表示,计算机中的数有原码、反码和补码三种形式。

1)原码

原码就是机器数,即真值的绝对值加上符号位,即用最高位表示符号,其余位表示值。例如,对于字长为 8 位的机器来讲,$+1$ 的原码为 0000 0001,-1 的原码为 1000 0001,记为

$$[+1]_原 = 0000\ 0001, \quad [-1]_原 = 1000\ 0001$$

$+0$ 的原码为 0000 0000,-0 的原码为 1000 0000,说明 0 的原码不唯一。

对于 8 位字长,由于最高位即第 7 位为符号位,所以 8 位二进制机器数的取值范围为 1111 1111~0111 1111,即十进制 -127~$+127$。

2)反码

规定反码的表示方法为:正数的反码是其原码;负数的反码是在其原码的基础上,保持符号位不变,其余数据位的各个位取反,即 0 变为 1,1 变为 0。例如,字长 8 位,$+1$ 和 -1 的原码为 0000 0001 和 1000 0001,其反码分别为 00000001 和 11111110。记为

$$[+1]_反 = 0000\ 0001, \quad [-1]_反 = 1111\ 1110$$

$+0$ 的反码为 0000 0000,-0 的反码为 1111 1111,说明 0 的反码不唯一。

3)补码

规定补码的表示方法为:正数的补码和其原码相同,负数的补码是在其反码的基础上加 1。例如,字长为 8 位,$+1$ 和 -1 的反码分别为 00000001 和 11111110,其补码分别

为 00000001 和 11111111,记为

$$[+1]_{补} = 0000\ 0001, \quad [-1]_{补} = 11111111$$

计算机中采用补码的优点是,可以将加法、减法运算统一简化为加法运算。例如:对于式子 $5-5=0$,可以改写为 $(5)+(-5)=(0)$,而 5 的补码为 0000 0101,-5 的补码为 1111 1011,这里假定机器字长为 8 位。由于 0000 0101+1111 1011=1 0000 0000,去掉溢出的第 8 位,00000000 正好为 0 的补码。

再如对于式子 $3-5=-2$,可以改写为 $(3)+(-5)=(-2)$,而 3 的补码为 0000 0011,-5 的补码为 1111 1011,这里假定机器字长为 8 位。由于 0000 0011+1111 1011=1111 1110,1111 1110 正好为 -2 的补码。

事实上,计算机中的整数是用补码表示的,而运算也是补码运算,将减法转为加法。

4) 特殊数补码

假定字长为 8 位。

0 有 $+0$ 和 -0,$+0$ 的原码、反码和补码均为 0000 0000;-0 的原码、反码和补码分别为 1000 0000、11111 1111、1 0000 0000,去掉溢出最高位第 8 位 1,得到 -0 的补码也为 0000 0000。这样 0 的补码是唯一的。

$+127$ 的原码、反码和补码均为 0111 1111;-127 的原码、反码和补码分别为 1111 1111、1000 0000 和 1000 0001。

由于补码 1000 0000 未被占用,所以规定它代表 -128 的补码形式,而 -128 没有原码和反码。8 位补码的表示范围是 $-128 \sim 127$。

对于 n 位二进制数,原码的表示范围为 $-(2^{n-1}-1) \sim +(2^{n-1}-1)$,补码的表示范围为 $-2^{n-1} \sim +(2^{n-1}-1)$。补码可以定义为

$$[X]_{补} = \begin{cases} X & 0 \leqslant X < 2^{n-1} \\ 2^n + X = 2^n - |X| & -2^{n-1} \leqslant X < 0 \end{cases}$$

5) 补码的简便计算

设字长为 n 位,则正数的补码是其原码,0 的补码是 n 个 0,-1 的补码是 n 个 1,-2^{n-1} 的补码是 1 后面 $n-1$ 个 0,其他负数的补码:先写出其原码,然后从右向左的连续 0 和第一个 1 不变,再向左按位取反,符号位不变。如 8 位字长,$-2^{8-1}=-128$ 的补码是 1000 0000,$[-52]_{原}=1011\ 0100$,$[-52]_{补}=1100\ 1100$。

4. 溢出问题

由于计算机表示数据时用的二进制位是有限的,例如 8 位,那么它能表示的数的范围就是有限的。8 位补码能表示的数的范围是 $-128 \sim 127$。这样两个同符号的数相加时就可能超出 8 位二进制能表示的范围,例如 $127+1=128$,这种现象称为溢出。大于能表示的最大正数称为上溢,小于能表示的最小负数称为下溢。

如何判断溢出呢?方法是:异号相加不会溢出;同号相加,最高位变号则溢出,最高位不变号则不溢出,而不管是否向 D8 进位。因为异号相加,结果的绝对值小于两数的绝对值,一定在能表示的范围内;而两正数相加应该为正数,两负数相加应该为负数,如果符

号位改变,说明结果是不正确的,本质上是产生了溢出。

例如,补码运算 1000 0001+0100 1101=1100 1110,异号相加,不溢出。0100 0000+0100 0000=1000 0000 两个正数相加,符号位改变(结果为负数),溢出。1100 0000+1100 0000=(1)1000 0000,两个负数相加,符号位没变,不溢出,尽管有向 D8 位进 1(括号中的 1),这个 1 会被自然舍去,而 8 位的最高位没变。

注意:D8 表示整数部分序号是 8 的数位。

【**例 5-10**】 若计算机采用 8 位二进制,判断下列计算是否会溢出,说明原因。

① $(-32)_{10}+(-32)_{10}$

② $(-119)_{10}+(-63)_{10}$

③ $(-63)_{10}+(74)_{10}$

④ $(67)_{10}+(62)_{10}$

⑤ $(79)_{10}+(35)_{10}$

⑥ $(-63)_{10}+(-63)_{10}$

【**解**】 (本例未标几进制的是二进制补码形式)11100000 代表 -32 的补码,其最高位为 1,计算 $(-32)_{10}+(-32)_{10}=$ 1110 0000+1110 0000=1 1100 0000,出现进位,舍掉进位得到 1100 0000=$-(64)_{10}$,这是假溢出,新的最高位仍为 1,计算结果正确。

$(-119)_{10}+(-63)_{10}=$ 1000 1001+1100 0001=1 0100 1010,舍去掉 D8 的进位得到 0100 1010=$(+74)_{10}$,符号位改变,溢出。

$(-63)_{10}+(74)_{10}=$ 1100 0001+0100 1010=1 0000 1011,舍掉 D8 的进位得到 0000 1011=$(+11)_{10}$,不溢出。

$(67)_{10}+(62)_{10}=$ 0100 0011+0011 1110=1000 0001=$(-127)_{10}$,无进位,但符号位改变$(-127)_{10}$,溢出。

$(79)_{10}+(35)_{10}=$ 0100 1111+0010 0011=0111 0010=$(+114)_{10}$,无进位,符号位不变,不是溢出。

$(-63)_{10}+(-63)_{10}=$ 1100 0001+1100 0001=1 1000 0010,去掉进位得到 1000 0010=$(-126)_{10}$,符号位不变,不是溢出。

5.2.2 浮点数的编码

数学中的实数包含整数、有限位小数、无限循环小数和无限不循环小数,计算机中的实数一般有两种表示形式,即定点数和浮点数。

1. 定点数和浮点数

定点数将小数点始终固定于实数全部数字中间的某个位置上。例如,货币值一般采用的就是这种定点方式,假如共有 4 位精确度,小数点固定在第二位数之后,如 87.60 或者 03.52。

定点数表示形式尽管简单,但其缺点在于形式过于死板,当小数点位置固定下来后,也就决定了整数部分和小数部分都具有固定位数,一旦遇到特别大或者特别小的数时就不胜任了。浮点数表示数据更灵活,可以有更大的表示范围,它利用科学记数法来表示实数,即将一个尾数、一个基数、一个指数和一个符号位组合起来共同来表示实数。

例如,123.45 用十进制科学记数法可以表达为 $(-1)^0 \times 1.2345 \times 10^2$,其中,$(-1)^0$ 的 0 表示符号位为正(对于负数,符号位为 1),1.2345 为尾数,10 为基数,2 为指数。

由于这种表示形式是利用指数来达到小数点位置的浮动效果,所以称为浮点数表示形式,它可以非常灵活地表示更大范围的实数。

在计算机中,实数的表示形式更多地使用浮点数表示形式,只不过其中的基数是 2,其他部分相应转换为二进制即可。

IEEE 754 为国际上广泛使用的浮点数标准,它把实数表示的浮点数形式分为规格化和非规格化两种形式,从宽度上又把浮点数表示详细分为单精确度(32 位)和双精确度(64 位)两种主要形式。

2. 规格化浮点数

在 IEEE 754 浮点标准中,浮点数在内存中的表示是将一定长度的连续字节划分为符号域、指数域和尾数域三个连续域。

对于 32 位单精度浮点数,每个数占用 32 个二进制位,其中,符号域占 1b、指数域占 8b、尾数域占 23b,如图 5-1 所示。单精度在一些计算机语言中称为 float 类型。

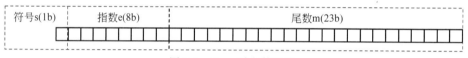

图 5-1 float 浮点数格式

对于 64 位双精度浮点数,每个数占用 64 个二进制位,其中,符号域占 1b,指数域占 11b,尾数域占 52b,如图 5-2 所示。双精度在一些计算机语言中称为 double 类型。

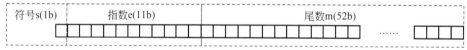

图 5-2 double 浮点数格式

具体说明如下。

第一个域为符号域,称为符号位,其中,1 表示负数,0 表示正数,对于数值 0 做特殊处理。

第二个域为指数域,是尾数转换中所得位权中 2 的次幂。对于单精度 float 类型,指数域有 8b,可以表示 0~255 个指数值。对于双精度 double 类型,指数域有 11 位,可以表示 0~2047 个指数值。指数值确定了小数点的位置,小数点的移动代表了所表示数值的大小,指数可能为正也可能为负。为了处理负指数的情况,实际的指数值按要求需要加上一个偏移值(也叫偏移量)作为保存在指数域中的值。单精度数的偏移值为 127,而双精度数的偏移值为 1023。偏移值的引入使得对于单精度数,实际可以表达的指数值的范围在 -127~$+128$,实际的指数值 -127(保存为全 0)以及 $+128$(保存为全 1)保留用作特殊值的处理。因此,实际可以表达的有效指数范围就在 -126~$+127$。同样,双精度数的指数范围在 -1023~1024,实际可以表达的有效指数范围在 -1022~$+1023$。

　　第三个域为尾数域,保存的是二进制的小数部分。任何一个二进制数都可写为 1.xxxxx 的形式(对于数值 0 做特殊处理),所以,尾数域只保存小数点后的部分,单精度保存 23 位,双精度保存 52 位。

　　如果一个数的二进制浮点形式的尾数部分的整数是 1,指数在 $-126 \sim +127$(float)或 $-1022 \sim +1023$(double),这样的格式为**规格化形式**,即**规格化浮点数**。

　　一个 IEEE 754 格式的浮点数,设符号位为 s,指数位为 e,尾数位为 m。当 s、e、m 全为 0 时,表示 0.0;当 e 全为 1,m 全为 0,s 为 0 时,表示 $+\infty$;当 e 全为 1,m 全为 0,s 为 1 时,表示 $-\infty$;当 e 全为 1,m 不为 0,表示"这不是一个数",用 NaN(Not a number)表示;e 全为 0,m 不为 0 时表示的是非规格化数。

　　【例 5-11】 写出十进制数 1.5 的单精度浮点数表示。

　　【解】 $(1.5)_{10} = (1.1)_2$,写为 1.1×2^0 的形式,其中,整数部分的 1 不需保存。

　　指数为 $0 + 127 = 127$,即 0111 1111。

　　尾数为 1,后面补全 0。

　　因为是正数,所以符号位为 0。

　　最后,得出十进制数 1.5 的单精度浮点数表示如下。

　　符号位:1b　指数:8b　　尾数:23b

　　　　　0　　0111 1111　　1000 0000 0000 0000 0000 000

　　即　0 0111 1111 1000 0000 0000 0000 0000 000。

　　【例 5-12】 写出十进制数 -2.6 的单精度浮点数表示。

　　【解】 $(2.6)_{10} = (10.1001100110011\cdots)_2$,写为 $1.01001100110011\cdots \times 2^1$ 的形式,其中,整数部分的 1 可省略。

　　指数为 $1 + 127 = 128$,即 10000000。

　　尾数为 $01001100110011\cdots$,循环小数,取 23 位。

　　因为是负数,所以符号位为 1。

　　最后,得出十进制数 -2.6 的单精度浮点数表示如下。

　　符号位:1b　指数:8b　　尾数:23b

　　　　　1　　10000000　　0100 1100 1100 1100 1100 110

　　即　1 1000 0000 0100 1100 1100 1100 1100 110。

　　【例 5-13】 写出无穷大的单精度浮点数表示。

　　【解】 指数位全 1,尾数位全 0,表示无穷大,32 位位模式为:

　　符号位:1b　指数:8b　　尾数:23b

　　　　　x　　1111 1111　　0000 0000 0000 0000 0000 000

　　即　$+\infty$:01111111100000000000000000000000

　　　　$-\infty$:11111111100000000000000000000000

　　【例 5-14】 NaN 的单精度浮点数表示。

　　【解】 指数位全 1,尾数位不为 0,表示"这不是一个数",单精度位模式为:

符号位：1b　　指数：8b　　尾数：23b

　　　　x　　1111 1111　　非全 0

【例 5-15】 写出十进制数-3.75的单精度浮点数表示。

【解】 （1）首先转换为二进制表示。

$$(-3.75)_{10} = -(2^1 + 2^0 + 2^{-1} + 2^{-2})_{10} = (-11.11)_2 = (-1.111 \times 2^1)_2$$

（2）整理符号位并进行规格化表示。

$$-1.111 \times 2^1 = (-1)^1 \times (1 + 0.1110\ 0000\ 0000\ 0000\ 0000\ 000) \times 2^1$$

（3）进行阶码的移码处理。

$$(-1)^1 \times (1 + 0.1110\ 0000\ 0000\ 0000\ 0000\ 000) \times 2^1$$
$$= (-1)^1 \times (1 + 0.1110\ 0000\ 0000\ 0000\ 0000\ 000) \times 2^{128-127}$$

于是，符号位$=1$，尾数$=1110\ 0000\ 0000\ 0000\ 0000\ 000$ 阶码$=(128)_{10}=(1000\ 0000)_2$，则最终的单精度浮点数为 1 1000 0000 1110 0000 0000 0000 0000 000。

【例 5-16】 单精度浮点数表示如下：1 1000 1100 0011 0000 0000 0000 0000 000，问它表示的十进制数是多少？

【解】 最高位是符号位，为 1，说明是负数。

后面 8 位 1000 1100B$=$140D，减去偏移值 127，实际指数为 $140-127=13$。

尾数部分是 0011 0000 0000 0000 0000 000，它表示的数为：1.0011B$=$1.1875D。

最后得出题中浮点数表示的十进制数为：$-1.1875 \times 2^{13} = -9728$。

单精度浮点数的规格化所表示的绝对值最小的数如下。

$$1.0000\ 0000\ 0000\ 0000\ 0000\ 000B \times 2^{-126} \approx 1.175\ 494\ 4 \times 10^{-38}$$

单精度浮点数的规格化所表示的绝对值最大的数如下。

$$1.11111111111111111111111B \times 2^{127} \approx 3.402\ 823\ 5 \times 10^{+38}$$

3. 非规格化浮点数

0 和指数是-126而尾数的整数部分是 0 的数是非规格化数。

$+0$ 的 32 位二进制浮点表示是 0 0000 0000 0000 0000 0000 0000 0000 000。

-0 的 32 位二进制浮点表示是 1 0000 0000 0000 0000 0000 0000 0000 000。

而 0.0001×2^{-126} 是非规格化格式，它的 32 位浮点格式为

　　　　　　0 0000 0000 0001 0000 0000 0000 0000 000

注意：其中指数部分全为 0，尾数部分是科学记数法中小数点后的部分，不够 23 位时补 0。

5.2.3　BCD 码

BCD(Binary-Coded Decimal)称为**二进编码的十进数**，它使用 4 位二进制数来表示 1 位十进制数中的 0~9 这 10 个数字，目的是使二进制和十进制之间的转换更方便、更快捷，还可以使用准确的数字串来表示整数和浮点数，这样既保证了数值的精确度，又减少了浮点运算所耗费的时间，还适合进行高精确度的计算。常用 BCD 码如表 5-3 所示。

表 5-3　常用 BCD 码

十进制数	8421 码	5421 码	2421 码	余 3 码	余 3 循环码
0	0000	0000	0000	0011	0010
1	0001	0001	0001	0100	0110
2	0010	0010	0010	0101	0111
3	0011	0011	0011	0110	0101
4	0100	0100	0100	0111	0100
5	0101	1000	1011	1000	1100
6	0110	1001	1100	1001	1101
7	0111	1010	1101	1010	1111
8	1000	1011	1110	1011	1110
9	1001	1100	1111	1100	1010

BCD 码一般分为有权码和无权码,有权码指每个二进制有一个权值,每个位上的数乘以权值相加就是这个 4 位二进制数代表的十进制数字,例如,第 1 列为 8421 码,它们是从左向右每个二进制位的权值,依次是 8、4、2、1,如最后一列,$1 \times 8 + 0 \times 4 + 0 \times 2 + 1 = 9$ 就是它表示的数。

常见的有权码包括 8421 码、2421 码以及 5421 码。8421 码和 4 位自然二进制码相似,各位的权值依次为 8、4、2、1。5421 码和 2421 码从高位到低位各位的权值分别为 5、4、2、1 和 2、4、2、1。

无权码的 4 位二进制数代表的十进制数字不是加权得来的。常见的无权 BCD 码包括余 3 码、余 3 循环码以及格雷码等,这里不再详述。

【例 5-17】　写出十进制数 3496 和 5781 的 8421BCD 码。

【解】　对十进制数中的每位上的数字,用对应的 8421 码替换。

3496 的 8421BCD 码为 0011 0100 1001 0110。

5781 的 8421BCD 码为 0101 0111 1000 0001。

5.3　文字信息的编码

本节介绍英文字符的 ASCII 编码、汉字的国标编码以及 Unicode 编码。

5.3.1　英文和 ASCII 编码

计算机中,英文字母、数字、标点符号都用 ASCII 编码表示。

ASCII(American Standard Code for Information Interchange,美国信息交换标准代码),由美国国家标准学会(American National Standard Institute,ANSI)制定,最初只是美国的国家标准,用于不同计算机间相互通信时共同遵守的西文字符编码标准,1972 年被国际标准化组织(International Organization for Standardization,ISO)和国际电工委员会(International Electrotechnical Commission,IEC)接纳为国际标准,称为 ISO/IEC646 标准。它是一种基于拉丁字母的标准的单字节字符编码方案,主要用于显示现代英语和其他西欧语言等基于文本的数据，适用于所有拉丁文字字母，到目前为止共定义了 128 个有效字符。

ASCII 将全部字母、数字和其他符号编号，用 7 位二进制来表示每个字符，通常会额外使用一个扩充的位共 8 位，以便于作为 1 字节整体存储。7 位二进制数组合可以表示 128 种可能字符，称为基本 ASCII 码。而 8 位二进制数组合可以表示 256 种可能字符，其中后 128 个称为扩展 ASCII 码。

基本 ASCII 码使用 8 位二进制数（最高位二进制为 0）来表示所有的大写字母、小写字母、数字 0～9、标点符号以及在英语中使用的特殊控制字符，其中，0～31 及 127（共 33 个）是控制字符或通信专用字符（为不可显示字符），例如，控制符 LF（换行）、CR（回车）、FF（换页）、DEL（删除）、BS（退格）、BEL（响铃）等；通信专用字符 SOH（文头）、EOT（文尾）、ACK（确认）等；ASCII 值 8、9、10 和 13 分别转换为退格、制表、换行和回车字符。这些控制字符没有特定的图形显示，主要在应用程序中对文本显示产生不同的影响。32～126（共 95 个）是可显示字符，32 是空格，其中，48～57 为 0～9 十个阿拉伯数字，65～90 为 26 个大写英文字母，97～122 为 26 个小写英文字母，其余为一些标点符号、运算符号等。基本 ASCII 编码如表 5-4 所示，其中缩写词的意义见表 5-5。

表 5-4　基本 ASCII 编码表

高位	低位															
	0	1	2	3	4	5	6	7	8	9	A	B	C	D	E	F
0	NUL	SOH	STX	ETX	EOT	ENQ	ACK	BEL	BS	HT	LF	VT	FF	CR	SO	SI
1	DLE	DC1	DC2	DC3	DC4	NAK	SYN	ETB	CAN	EM	SUB	ESC	FS	GS	RS	US
2	SP	!	"	#	$	%	&	'	(	)	*	+	,	—	.	/
3	0	1	2	3	4	5	6	7	8	9	:	;	<	=	>	?
4	@	A	B	C	D	E	F	G	H	I	J	K	L	M	N	O
5	P	Q	R	S	T	U	V	W	X	Y	Z	[	\	]	^	_
6	`	a	b	c	d	e	f	g	h	i	j	k	l	m	n	o
7	p	q	r	s	t	u	v	w	x	y	z	{	|	}	~	DEL

表 5-5　基本 ASCII 编码表中缩写词的意义

缩写表示	意　义	缩写表示	意　义	缩写表示	意　义
NUL	空字符	FF	换页键	ETB	区块传输结束
SOH	标题开始	CR	归位键	CAN	取消
STX	本文开始	SO	取消变换	EM	连接介质中断
ETX	本文结束	SI	启用变换	SUB	替换
EOT	传输结束	DLE	跳出数据通信	ESC	跳出
ENQ	请求	DC1	设备控制一	FS	文件分隔符
ACK	确认回应	DC2	设备控制二	GS	组群分隔符
BEL	响铃	DC3	设备控制三	RS	记录分隔符
BS	退格	DC4	设备控制四	US	单元分隔符
LF	换行键	NAK	确认失败回应	SP	空格
VT	垂直定位符号	SYN	同步用暂停	DEL	删除

以 8 位编码的 ASCII 码中的后 128 个(最高位为 1)称为**扩展 ASCII 码**,用于表示附加的 128 个特殊字符、外来语字母和图形符号等。许多基于 x86 的系统都支持扩展 ASCII 码。扩展 ASCII 码如图 5-3 所示。

128	Ç	144	É	160	á	176	░	193	┴	209	╤	225	ß	241	±
129	ü	145	æ	161	í	177	▒	194	┬	210	╥	226	Γ	242	≥
130	é	146	Æ	162	ó	178	█	195	├	211	╙	227	π	243	≤
131	â	147	ô	163	ú	179	│	196	─	212	╘	228	Σ	244	⌠
132	ä	148	ö	164	ñ	180	┤	197	┼	213	╒	229	σ	245	⌡
133	à	149	ò	165	Ñ	181	╡	198	╞	214	╓	230	µ	246	÷
134	å	150	û	166	ª	182	╢	199	╟	215	╫	231	τ	247	≈
135	ç	151	ù	167	º	183	╖	200	╚	216	╪	232	Φ	248	°
136	ê	152	ÿ	168	¿	184	╕	201	╔	217	┘	233	Θ	249	∙
137	ë	153	Ö	169	⌐	185	╣	202	╩	218	┌	234	Ω	250	·
138	è	154	Ü	170	¬	186	║	203	╦	219	█	235	δ	251	√
139	ï	156	£	171	½	187	╗	204	╠	220	▄	236	∞	252	ⁿ
140	î	157	¥	172	¼	188	╝	205	═	221	▌	237	φ	253	²
141	ì	158	₧	173	¡	189	╜	206	╬	222	▐	238	ε	254	■
142	Ä	159	ƒ	174	«	190	╛	207	╧	223	▀	239	∩	255	
143	Å	192	└	175	»	191	┐	208	╨	224	α	240	≡		

图 5-3　扩展 ASCII 编码表

除了 ASCII 编码外,还有一种称为 ISO-8859 编码的字符集,它是一系列的编码标准,采用 8 位编码,其中,前 128 个编码与 ASCII 相同,后面 128 个编码除控制码外,主要用于表示欧洲国家语言字符集,有 ISO/IEC 8859-1,-2,-3,…多个标准。一些数据库系统和网页语言,如 MySQL 和 HTML 4.0.1 等均支持这种编码。

5.3.2　汉字编码

为了存储汉字,需给每个汉字一个代号;为了显示和打印汉字,需要将汉字的笔画与代号对应;为了用键盘输入汉字,需要将按键组合与汉字对应,这就是汉字的不同编码。

汉字的编码可以分为外码、交换码、机内码和字型码等。

1. 外码(输入码)

外码是用来将汉字输入计算机中的一组键盘符号,常用的外码包括拼音码、五笔字型码、自然码、表形码、认知码、区位码和电报码等。

2. 交换码(国标码)

中国国家标准总局于 1981 年制定了中华人民共和国国家标准 GB 2312—1980 信息交换码,《信息交换用汉字编码字符集—基本集》,即国标码。汉字国标码为每个汉字都指定了一个二进制编码,总共包含 6763 个常用汉字。

区位码是国标码的另一种表现形式,把国标 GB 2312—1980 中的汉字、图形符号组成一个 94×94 的方阵,每行为一个"区",每区包含 94 个"位",其中,"区"的序号由 01 至 94,"位"的序号也是从 01 至 94。这样,每个汉字就可以用一个区号和一个位号表示,这就是区位码。如"啊"字位于 16 区第 1 列，十进制区位码是 1601，十六进制区位码是 1001H。94 个区中位置总数＝94×94＝8836 个，其中，7445 个汉字和图形字符中的每一个占一个位置后，还剩下 1391 个空位，这 1391 个位置空下来保留备用。

GB 2312—1980 将收录的汉字分成两级：第一级是常用汉字计 3755 个，置于 16～55 区，按汉语拼音字母/笔形顺序排列；第二级汉字是次常用汉字计 3008 个，置于 56～87 区，按部首/笔画顺序排列，故而 GB 2312—1980 最多能表示 6763 个汉字。

GB 2312—1980 字符集中各区的分配规则如下。

(1) 01～09 区（682 个）：特殊符号、数字、英文字符、制表符等，具体包括拉丁字母、希腊字母、日文平假名及片假名字母、俄语西里尔字母等在内的 682 个全角字符。

(2) 10～15、88～94 区：空区，留待扩展。

(3) 16～55 区（3755 个）：常用汉字，即第一级汉字，按拼音排序。

(4) 56～87 区（3008 个）：非常用汉字，即第二级汉字，按部首/笔画排序。

在区位码的表示中，区和位各占 1B，区位码的区号值和位号值两个字节的值分别加上 32(20H)，即为国标码。国标码＝区位码＋2020H。如"啊"字的十六进制区位码是 1001H，国标码就是 1001H＋2020H＝3021H。

3. 机内码

根据国标码的规定，每一个汉字都有了确定的二进制代码，但由于计算机系统需要保证中西文的兼容性，如果直接使用汉字国标码的话，将会与 ASCII 码产生二义。例如，两个字节的内容为 30H 和 21H，它既可以表示汉字"啊"的国标码，又可以表示西文"0"和"!"的 ASCII 码。由于 ASCII 基本字符的编码最高位为 0，所以将汉字编码的两个字节各自的最高位都置 1 就可以避免冲突。

汉字机内码也称为汉字 ASCII 码，指计算机内部存储、处理加工和传输汉字时所用的由 0 和 1 符号组成的代码。机内码为 2B 长的代码，它是在相应国标码的每个字节最高位上填"1"，即汉字机内码＝汉字国标码＋8080H。

【例 5-18】 "啊"字的国标码是 3021H 它的机内码是多少？

【解】 "啊"字的国标码是 3021H，则其机内码为：3021H＋8080H＝B0A1H
还可以推算出，汉字机内码＝汉字区位码＋A0A0H。

【例 5-19】 某汉字的机内码为 BEDFH，求区位码是多少？

【解】 解法 1：BEDFH－A0A0H＝1E3FH＝3063D
解法 2：BEDFH－8080H＝3E5FH（国标码）、3E5FH－2020H＝1E3FH＝3063D
部分汉字的机内码如图 5-4 所示，如"啊"为 B0A1H、"安"为 B0B2H 等。

4. 字型码

字型码是汉字的输出码，也称为字模，不论是输出到屏幕还是打印机，输出汉字时都采用图形方式，每个汉字无论笔画多少、字体怎样、大小如何都书写在同样大小的方块中，可以是 16×16、32×32、48×48 等点阵，每个点用 1b 表示。

例如，对于汉字"国"，采用 16×16 点阵的宋体和楷体字模，其中，有笔画用 1 表示，无

	+0	+1	+2	+3	+4	+5	+6	+7	+8	+9	+A	+B	+C	+D	+E	+F
B0A0		啊	阿	埃	挨	哎	唉	哀	皑	癌	蔼	矮	艾	碍	爱	隘
B0B0	鞍	氨	安	俺	按	暗	岸	胺	案	肮	昂	盎	凹	敖	熬	翱
B0C0	袄	傲	奥	懊	澳	芭	捌	扒	叭	吧	笆	八	疤	巴	拔	跋
B0D0	靶	把	耙	坝	霸	罢	爸	白	柏	百	摆	佰	败	拜	稗	斑
B0E0	班	搬	扳	般	颁	板	版	扮	拌	伴	瓣	半	办	绊	邦	帮
B0F0	梆	榜	膀	绑	棒	磅	蚌	镑	傍	谤	苞	胞	包	褒	剥	

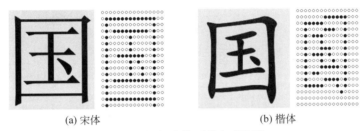

图 5-4　部分汉字的机内码

笔画用 0 表示，每行 2 个字节，这样每个汉字就可以用 16×2＝32 个字节的二进制数表示，这就是字型码。汉字的点阵图形如图 5-5 所示。

(a) 宋体　　(b) 楷体

图 5-5　“国”字的两种字型编码

“国”字的宋体和楷体的 16×16 点阵字型码的十六进制形式分别为

00 00 7F FC 40 04 5F F4 41 04 41 04 41 04 4F E4

41 44 41 24 41 24 5F F4 40 04 40 04 7F FC 40 04

和

00 00 01 F8 3E 08 21 C8 2E 08 22 08 23 88 2E 88

22 48 23 E8 2C 08 21 E8 3E 28 00 10 00 00 00 00

5. 其他汉字编码

还有另外几种汉字编码值得介绍。

(1) GBK 编码。它完全兼容 GB 2312—1980 标准，并对 GB 2312—1980 编码进行了扩展。GBK 编码依然采用双字节编码方案，其编码范围为 8140～FEFE，剔除 xx7F 码位，共 23 940 个码位。共收录汉字和图形符号 21 886 个，其中，汉字（包括部首和构件）21 003 个，图形符号 883 个。GBK 编码支持国际标准 ISO/IEC 10646-1 和国家标准 GB 13000-1中的全部中日韩汉字，并包含 BIG5 编码中的所有汉字。

(2) BIG5 编码。台湾地区繁体中文标准字符集，采用双字节编码，共收录 13 053 个中文字，1984 年实施。

(3) GB 18030 编码是对 GBK 编码的扩充，覆盖中文、日文、朝鲜语和中国少数民族文字，其中收录 27 484 个汉字，它采用单字节、双字节和四字节三种方式对字符编码，兼容 GBK 和 GB 2312 字符集。

（4）Unicode 编码为国际标准字符集，它将世界各种语言的每个字符定义一个唯一的编码，以满足跨语言、跨平台的文本信息转换。

汉字"啊"的编码有五种之多，分别是 GB 2312 编码、GBK 编码和 GB 18030 编码均为 B0A1，BIG5 编码为 B0DA，Unicode 编码为 554A。

汉字各种编码之间转换的关系如图 5-6 所示。

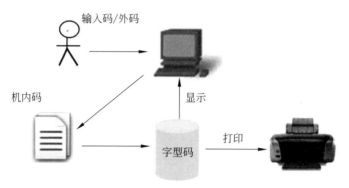

图 5-6　汉字各种编码之间的转换关系

5.3.3　Unicode 编码

Unicode 是国际多语言软件制造商组成的统一码联盟设计的一种编码方案，主要是为了解决全世界各国（或地区）的字符的统一编码方案而产生的，它为各种语言中的每个字符设定了统一并且唯一的二进制编码，以满足跨语言、跨平台进行文本转换、处理的需求，Unicode 码在全球范围的信息交换领域有着非常广泛的应用。与此同时，ISO 国际标准化组织制定的 ISO/IEC 10646/Unicode 标准，也在做着同样的事情，其核心是提出所谓的 UCS。UCS 称为 Unicode 的国际编码字符集，即 Universal Multiple-Octet Coded Character Set。但自 Unicode 2.0 开始，就基本上与 ISO 10646 规范保持一致，最新版本 Unicode 11.0 已经包含 137 439 个字符。

UCS 编码包括 UCS-2 和 UCS-4 两种格式。其中，UCS-2 采用 2 字节（16 位）进行编码，只能表示 65 536 个字符，是 UCS-4 的简化版。UCS-4 采用 4 字节（32 位）进行编码，其实仅用 31 位，最高位为 0，包含 2 147 483 648 个码位。UCS-4 最高字节称为 group，共有 128 个组。每个组根据次高字节分为 256 个面，每个面再根据第 3 个字节分为 256 行，每行包含 256 个列（单元 cells）。其中，第 0 组的第 0 面，即 U+0000～U+FFFF，被称作 BMP（Basic Multilingual Plane），它代表高两个字节为 0 的码位。汉字位于第 0 组的第 0 面和第 2 面。其实，如果将 UCS-4 的 BMP 前面的两个零字节去掉，即可得到 UCS-2。

Unicode 编码标准推出三种变长编码方案（UCS Transformation Format，UTF），又分为三类，即 UTF-8、UTF-16 和 UTF-32。其中，UTF-8 是可变长编码，占用 1～6B，UTF-16 是可变长编码，占用 2B 或 4B，UTF-32 是定长编码，占用 4B。

Unicode 最初也支持 16 位的码位，与 UCS-2 相同，后来采用 UTF-16 扩展了 UCS-2，因为 BMP 区域内的一片连续空间（U+D800～U+DFFF）的码位区段是永久保留不映射到字符的，所以 UTF-16 借此来对辅助平面的字符的码位进行编码，其表示范围最大能达

到 U+10FFFF,包含 1 个基本平面(BMP)和 16 个辅助平面。其中,在 BMP 中的字符,
UCS-2 和 UTF-16 的编码是一样的,均为 2 字节 1 个 16 位码元,但是对于在 BMP 之外的
字符,只能用 UTF-16 进行编码,UTF-16 可看成是 UCS-2 的父集。

　　UTF-32 是定长的编码,无论实现和编码都是和 UCS-4 基本一样的。由于 UCS-4 是
一个 32 位元的编码形式,理论上 UCS-4 编码范围能达到 U+7FFFFFFF 字码空间中,被
表示成一个 32 位元的码值。而 UCS-4 足以用来表示所有的 Unicode 字码空间,其最大
的码位却仅为十六进制的 10FFFF,只用 17 个平面即可。因此,为了节省空间,提出了
UTF-32 编码,它是一个 UCS-4 的子集,仍然用 32 位元的码值,但只在 0~10FFFF 的字
码空间。UTF-32 是 UCS-4 的子集,大体上 UCS-4 和 UTF-32 是相同的。

　　在 UTF-16 和 UTF-32 编码中需要使用字节序,即 BOM(Byte Order Mark,统一编
码转换格式)标记来区分字节的顺序,原因是不同操作系统、CPU 存储数据以及网络传输
数据的方式各有不同。例如,一段数据 AA55H,一台机器可能是 AA55H,而另一台机器
可能是 55AAH,但为了表示的意思是一样的,就需要在开始加上 BOM 字样,默认为高字
节序解码。

　　UTF-8 有诸多优点,如兼容 ASCII,能适应许多 C 库中的"\0"结尾惯例,不存在字节
序问题,良好的多语种编码绑定支持,以英文和西文符号比较多的场景下编码较短,变长
编码,字符空间足够大,未来兼容和扩展性好,信息交换时非常便捷,容错性高,局部的字
节错误(丢失、增加、改变)不会导致连锁性的错误。

　　一般来讲,ASCII 编码仅适合英文字符,仅占 1B;Unicode 编码既兼容 ASCII 编码,
同时又适合所有语言,占 2B 或 4B,其中基本字符占 2B,生僻字占 4B;UTF-8 编码也适合
所有语言,占 1~6B,其中英文字符占 1B、汉字占 3B、生僻字占 4~6B。

　　以下重点介绍一下 UTF-8 编码的原理以及 ASCII、Unicode 与 UTF-8 的转换方法。
转换表如表 5-6 所示。

表 5-6　ASCII、Unicode 与 UTF-8 编码转换表

Unicode 编码 (十六进制)	UTF-8 字节流(二进制)					
	字节 1	字节 2	字节 3	字节 4	字节 5	字节 6
000000~00007F	0xxxxxxx					
000080~0007FF	110xxxxx	10xxxxxx				
000800~00FFFF	1110xxxx	10xxxxxx	10xxxxxx			
010000~1FFFFF	11110xxx	10xxxxxx	10xxxxxx	10xxxxxx		
200000~3FFFFFF	111110xx	10xxxxxx	10xxxxxx	10xxxxxx	10xxxxxx	
4000000~7FFFFFFF	1111110x	10xxxxxx	10xxxxxx	10xxxxxx	10xxxxxx	10xxxxxx

　　表中的"x"代表待填入的 ASCII 码或 Unicode 码的每一个二进制位数,其中,基本
ASCII 编码共 128 个,其 Unicode 编码范围为 U+00~U+7F;基本汉字共 20 902 个,其
Unicode 编码范围为 U+4E00~U+9FA5。

　　英文 ASCII 编码见上,部分汉字及其 Unicode 编码的十六进制数如图 5-7 所示。

```
U+ 0 1 2 3 4 5 6 7 8 9 A B C D E F
----------------------------------------------------
4e00 一 丁 丂 七 丄 丅 丆 万 丈 三 上 下 丌 不 与 丏
4e10 丐 丑 丒 专 且 丕 世 丗 丘 丙 业 丛 东 丝 丞 丟
4e20 丠 両 丢 丣 两 严 並 丧 丨 丩 个 丫 丬 中 丮 丯
4e30 丰 丱 串 丳 临 丵 丶 丷 丸 丹 为 主 井 丽 举 丿
4e40 乀 乁 乂 乃 乄 久 乆 乇 么 义 乊 之 乌 乍 乎 乏
4e50 乐 乑 乒 乓 乔 乕 乖 乗 乘 乙 乚 乛 乜 九 乞 也
```

图 5-7　部分汉字的 Unicode 编码

综上所述,一个 UTF-8 编码的二进制所表示的字符可以分类如下。

如果字节 1 的最高位为 0,那么代表当前字符为单字节 ASCII 字符,占用 1B 的空间。0 之后的所有部分(7b)代表在 Unicode 中的序号。字节 1 的十六进制小于 80。

如果字节 1 以 110 开头,那么代表当前字符为双字节字符,占用 2B 的空间。110 之后的所有部分(5b)加上字节 2 的除 10 外的部分(6b)代表在 Unicode 中的序号。且字节 2 以 10 开头。字节 1 的十六进制以 C 或 D 开头。

如果字节 1 以 1110 开头,那么代表当前字符为三字节字符,占用 3B 的空间。110 之后的所有部分(5b)加上字节 2、字节 3 的除 10 外的部分(12b)代表在 Unicode 中的序号。且字节 2、字节 3 以 10 开头。字节 1 的十六进制以 E 开头。

以此类推。

【例 5-20】　写出字符"A",汉字"简"、"书"以及 Unicode 编码为 U+CA、U+F03F 的字符的 UTF-8 编码。

【解】　"A"字符的 Unicode 编码为 U+0041,二进制为 0100 0001,位于 0~7F,UTF-8 编码为 1B,编码结果为 0100 0001。ASCII 编码为 41。

汉字"简"的 Unicode 编码为 U+7b80,二进制为 0111 1011 1000 0000,位于 800~FFFF,UTF-8 编码需要 3B,编码结果为 11100111 10101110 10000000,十六进制为 U+e7ae80。GBK 编码为 BCF2。

汉字"书"的 Unicode 编码为 U+4e66,二进制为 100 1110 0110 0110,位于 800~FFFF 之间,UTF-8 编码需要 3B,编码结果为 11100100 10111001 10100110,十六进制为 U+e4b9a6。GBK 编码为 CAE9。

Unicode 编码 U+CA(1100 1010)对应 UTF-8 编码需要 2B,结果为 C38A。过程如下。

U+CA 位于 0080~07FF,从转换表可知对其编码需要 2B,其对应 UTF-8 格式为:110X XXXX10XX XXXX。从此格式中可以看到,对其编码还需要 11 位,而它仅有 8 位,这时需要在其二进制数前补 0 凑成 11 位,即 000 1100 1010,依次填入 110X XXXX 10XX XXXX 的空位中,即得结果 1100 0011 1000 1010(C38A)。

Unicode 编码 U+F03F(1111 0000 0011 1111)对应 UTF-8 编码需要 3B,结果为 EF 80 BF,过程如下。

U＋F03F 对应格式为：1110XXXX10XX XXXX10XX XXXX，编码还需要 16 位，将 1111 0000 0011 1111 依次填入，可得结果 1110 1111 1000 0000 1011 1111（EF 80 BF）。

5.4　多媒体信息的编码

在计算机和网络的应用日益广泛的时代，多媒体信息无处不在，音乐、照片、电视剧等信息与人们的学习、工作和生活息息相关，通信聊天、网络新闻、网络教学、网络购物等活动中都充满了各式各样的多媒体信息。那么，什么是多媒体呢？下面就来回答这个问题。

媒体（Media）是承载和传输某种信息或物质的载体，它包括五大类，即感觉媒体、表示媒体、表现媒体、存储媒体和传输媒体。计算机的媒体主要是传输和存储信息的载体，传输的信息包括文字、数据、音频、图像和视频等，存储的载体包括磁带、硬盘、磁盘、U 盘和光盘等。

多媒体（Multimedia）是多种媒体的总称，是科学地整合各种媒体功能，为用户提供多种形式的信息综合展现，从而使得信息展示得更加直观生动。计算机中的多媒体特指将这些媒体以一种人机交互方式进行交流和传播。

多媒体技术是使用计算机对这些媒体信息进行存储和管理，使用户能够通过多种角度与计算机进行实时信息交流的技术。

模拟信号是连续的，例如，可以是一系列连续变化的电磁波（如无线电与电视广播中的电磁波），或电压信号（如电话传输中的音频电压信号）。当模拟信号采用连续变化的电磁波来表示时，电磁波本身既是信号载体，同时又作为传输介质；而当模拟信号采用连续变化的电压信号来表示时，它一般通过传统的模拟信号传输线路（电话网、有线电视网等）来传输。

数字信号是离散的，现在数字电子计算机采用数字信号。数字信号不但自变量是离散的、因变量也是离散的信号，自变量一般用整数表示，因变量用取值范围中的有限个数字来表示。在计算机中，数字信号的大小常用有限位的二进制数表示。

例如，用一系列断续变化的电压脉冲（可用恒定的正电压表示二进制数 1，用恒定的负电压表示二进制数 0），或光脉冲来表示。当数字信号采用断续变化的电压或光脉冲来表示时，一般则需要用双绞线、电缆或光纤介质将通信双方连接起来，才能将信号从一个结点传到另一个结点。

采用数字信号的优点是，在传输过程中不仅具有较高的抗干扰性，还可以通过压缩，占用较少的带宽，实现在相同的带宽内传输更多、更高音频、视频等数字信号的效果。此外，数字信号还可用半导体存储器来存储，并可直接用于计算机处理。若将电话、传真、电视所处理的音频、文本、视频等数据及其他各种不同形式的信号都转换成数字脉冲来传输，利于组成统一的通信网。

现实中的多媒体信息大多是模拟信号，首要任务是进行数字化编码，然后才能存储到计算机中，最后进行加工和展示。本节主要讨论声音、图像和视频信息的编码问题。

5.4.1 声音的编码

1. 声音

声音(Sound)是由物体的振动而产生的机械波,其中,人耳能够感知到的声音频率为20Hz~20kHz,称为**音频**(Audio)。低于20Hz的称为**次声波**,高于20kHz的称为**超声波**。声音有三大要素,即**响度**、**音调和音色**,其中,响度与声波的振幅有关,它影响人感知的音量的大小,振幅越大响度越大;音调与频率有关,频率是发声体每秒振动的次数,代表音阶的高低,频率越高音调越高;一个声音通常包含多种频率的波,一般可以分解为基波和谐波。基波相当于主要成分,谐波相当于辅助成分。基波影响的是音调,而谐波反映的就是音色。音色是能反映不同发声体的主要因素。如小提琴和钢琴演奏同一首乐曲,使用相同的音调,人们能区分出哪个是小提琴,哪个是钢琴,主要是因为它们音色不同,即包含的谐波不同。图5-8是一段声音的波形曲线,横坐标是时间,纵坐标是声音的振动幅度(和音量有关)。

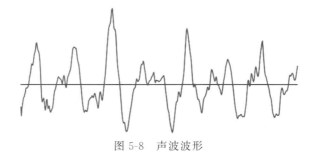

图5-8 声波波形

2. 声音的数字化

人耳听到的是声波的模拟信号,必须转换为音频的数字信号,才能在计算机中存储、处理和传输。音频的数字化需要采样、量化、编码三个步骤。其中,采样是在时间轴上对信号进行数字化,量化是在幅度轴上对信号进行数字化,编码是按照一定的格式记录采样和量化后的数字数据,可以是顺序存储或压缩存储两种方式。

常见的音频数字化方法是脉冲编码调制,即PCM(Pulse Code Modulation)。PCM是把声音从模拟信号转换为数字信号的技术。其原理是用一个固定的频率对模拟信号进行采样,采样后的信号在波形上看就像一串连续的幅值不一的脉冲(脉搏似的短暂起伏的电冲击),把这些脉冲的幅值按一定精度进行量化,这些量化后的数值再进行编码,被连续地输出、传输、处理或记录到存储介质中。

1)采样

它把时间连续的模拟信号转换成时间离散、幅度连续的信号,具体操作时,每隔一定的时间间隔 T,抽取模拟音频信号的一个瞬时幅度值样本,从而实现对模拟音频信号在时间上的离散化处理。

2）量化

它将幅度上连续的模拟量的每一个样本转换为离散的数字量表示。具体操作时,将采样后的声音幅度划分成为多个幅度区间,将落入同一区间的采样样本量化为同一个值。量化实现了对模拟信号在幅度上的离散化处理。

3）编码

为了便于计算机的存储、处理和传输,还要将采样和量化处理后的声音信号,按照一定的要求进行数据压缩和编码。即将采样和量化之后的音频信号转换为"1"和"0"代表的数字信号序列。

图 5-9 说明了数字音频产生的三个步骤,其中图 5-9(a)是采样的波形,每隔 Δt 对波形进行一次测量,得到图 5-9(b)的采样值;这些值可能精度很高,甚至有无穷位小数,计算机不能记录精度无限的数据,解决办法是根据需要将它们取有限精度,就是量化,图 5-9(c)是保留 1 位小数的量化结果;量化值后只有 7 个不同的取值,可以用 3 个二进制位进行编码,图 5-9(d)就是编码方案;按照这个方案,可以对量化得到的数据编码得到图 5-9(e)的结果。

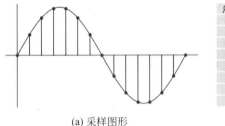

序号	采样值	序号	采样值
1	0	9	-0.433883739
2	0.433883739	10	-0.781831482
3	0.781831482	11	-0.974927912
4	0.974927912	12	-0.974927912
5	0.974927912	13	-0.781831482
6	0.781831482	14	-0.433883739
7	0.433883739	15	-2.45E-16
8	1.22E-16		

(a) 采样图形　　　　　　　　(b) 采样值

序号	量化值	序号	量化值
1	0	9	-0.4
2	0.4	10	-0.8
3	0.8	11	-1
4	1	12	-1
5	1	13	-0.8
6	0.8	14	-0.4
7	0.4	15	0
8	0		

量化值	编码
0	000
0.4	001
0.8	010
1	011
-0.4	101
-0.8	110
-1	111

序号	编码	序号	编码
1	000	9	1-1
2	001	10	110
3	010	11	111
4	011	12	111
5	011	13	110
6	010	14	101
7	001	15	000
8	000		

(c) 量化　　　　　(d) 编码方案　　　　　(e) 编码结果

图 5-9　声音的数字化过程

PCM 过程中需要考虑采样频率、采样精度和声道数等参数,其中,采样频率是每秒采集数据的个数,采样精度是保存采样数据使用的二进制位数,声道数是采集数据的组数。单声道采集一组数据,双声道采集两组数据,还可以是 7 声道等。数字化以后,还需要考虑两个参数,即比特率和压缩编码,其中,比特率是针对编码格式,表示压缩编码后每秒的音频数据量大小,压缩编码的原理是压缩或去掉冗余信号,冗余信号是指不能被人耳感知到的信号,或不敏感的信息。

采样过程中还应遵守香农采样定理,也称为奈奎斯特采样定理。1928 年,美国电信工程师奈奎斯特(Harry Nyquist)证明:当采样频率大于信号中最高频率的两倍时,采样之后的数字信号能完整地保留原始信号中的信息,这个定理称为采样定理,又称为奈奎斯特定理,该信号频率通常被称为奈奎斯特频率。

如果模拟信号的采样频率低于两倍奈奎斯特频率,采样数据中就会出现虚假的低频成分,这种现象称为混叠。但是如果高于两倍以上,则会浪费存储空间,而且对提高声音质量作用不大,因此没有必要。

采样频率常用16kHz、22.05kHz、44.1kHz、48kHz,声道数选用单声道和双声道,采样精度选用8位、16位。

5kHz的采样率仅能达到人们讲话的声音质量。

11kHz的采样率是播放小段声音的最低标准,是CD音质的四分之一。

22.05kHz只能达到FM广播的声音品质,可以达到CD音质的一半,大多数网站都选用这个采样率。

44.1kHz则是理论上的CD音质界限,可以达到很好的听觉效果。

48kHz则更加精确一些。

对于高于48kHz的采样频率人耳已无法辨别出来了,所以在计算机上没有多少使用价值。

由以上参数可以按照以下公式确定数字音频的数据率(即1s的数据量)。

$$数据率(b/s)=采样频率(Hz)×采样精度×声道数$$

声音文件大小的计算:

$$字节(B)=数据率(b/s)×时间(s)/8$$

【例5-21】　高保真立体声声音数字化采样频率为44.1kHz,采样精度为16b,请计算一首不压缩的4min长的歌曲所占的存储空间是多少兆字节(MB)。

【解】　高保真立体声为两个声道数,数据率为

$$44.1×1000×16×2=1\ 411\ 200(b/s)$$

4min的数据量为

$$1\ 411\ 200×60×4/8=42\ 336\ 000(B)≈40.37(MB)$$

3. 常用的音频压缩编码格式

声音在数字化之后,可以直接保存数字化的结果,但占用的存储空间非常大。为了节省空间,可以采用各式各样的压缩存储格式,如MP3、AAC、Ogg等,可以大大缩小声音数据的大小,但缺点是声音质量有所损失(有损)。

1) WAV编码

WAV为微软公司开发的一种声音文件格式,也称为波形声音,WAV是最接近无损的音乐格式,所以文件大小相对也比较大。WAV文件除保存声音数据外,在PCM数据格式的前面加上44B,分别用来描述PCM的采样率、声道数、数据格式等信息。WAV文件的特点为音质好,大量软件支持,适用场合为多媒体开发的中间文件、保存音乐和音效素材等。

2) MP3编码

MP3具有较高的压缩比,使用LAME编码(MP3编码格式的一种实现)的中高码率的MP3文件,音质非常接近WAV,并且可以调整合适的参数以达到最好的效果。特点

为音质在 128kb/s 以上表现还不错,压缩比比较高,兼容大量软硬件。适用场合为高比特率下对兼容性有要求的音乐欣赏。

3) AAC 编码

AAC 是新一代的音频有损压缩技术,是一种专为声音数据设计的文件压缩格式。与 MP3 不同,它采用了全新的算法进行编码,更加高效,具有更高的"性价比"。优点为相对于 MP3,AAC 格式的音质更佳,文件更小。适用场合为 128kb/s 以下的音频编码,多用于视频中音频轨的编码。

4) Ogg 编码

Ogg 是一种非常有潜力的编码,Ogg 除了音质好之外,还是无版权、完全免费的。Ogg 有着非常出色的算法,可以用更小的码率达到更好的音质,但目前还没有媒体服务软件的支持。其特点为可以用比 MP3 更小的码率实现比 MP3 更好的音质,高中低码率下均有良好的表现,兼容性不够好,流媒体特性不支持。适用场合为语音聊天的音频消息场景。

音频的采样、量化和编码需要声音硬件设备和处理软件的配合才能完成。音频硬件设备主要是对音频进行输入和输出,常见的音频设备包括功放机、音箱、多媒体控制台、数字调音台、音频采样卡、合成器、中高频音箱、话筒,声卡、耳机等。音频设备的信噪比、采样位数、采样频率、总谐波失真等指标的高低决定了其音质的好坏。

通过声音处理软件可以对音频进行混音、录制、音量增益、高潮截取、男女变声、节奏快慢调节、声音淡入/淡出等一系列处理,其主要目的是实现音频的二次编辑,达到改变音乐风格以及多音频混合编辑等目的。

与波形声音不同,还有一种 MIDI(Musical Instrument Digital Interface)声音,用于记录乐谱,记录的内容包括何种乐器、节拍、音符及持续时间等,播放时采用合成的方式进行。MIDI 的优点是比波形声音文件紧凑,占用存储空间小;缺点是在不同电子乐器上发声不同,不能存储和重构语音等自然声音。使用专门的 MIDI 文件来保存 MID 声音数据。

5.4.2 图像的编码

图像是画成、摄制或印制的形象。图像是景物被人的视觉器官感知的结果。通常把自然界的景物抽象成平面的影像。影像是由不同分布的颜色组成的。一幅平面图像,可以看成以 x,y 为自变量,取值为颜色值的函数 $f(x,y)$。由于横向和纵向上都有无穷个坐标点,每个坐标位置上的颜色值也是任意的,所以,自然的图像也是模拟的信号,称为**模拟图像**。转换为数字图像的方法也是采样、量化和编码。

1. 图像的采样

图像的采样是按照空间间隔,对模拟图像进行离散化的采集过程。

当进行采样时,将一幅连续图像在二维空间上分隔成 $M \times N$ 个由水平和垂直方向上等间距的矩形网格结构,每个网格用一颜色值(或灰度值)来表示,每个网格称为一个**像素**或**像素点**,其颜色值就是**像素值**。把这些值排成 M 行 N 列的矩阵,就是**图像矩阵**。每幅图像就可以用这样一个矩阵表示。采样过程如图 5-10 所示。这样一幅图像在空间上的无穷个点就被采样成了有限个数据的集合。

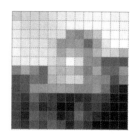

图 5-10　图像的采样过程

通常把单位长度内对图像所进行的采样次数称为**图像的采样频率**,它反映了采样点之间的间隔大小。采样频率越高,得到的数字图像样本数就越多,得到的图像就越逼真,图像的质量也就越高,但要求的存储空间也越大。

2. 图像的量化和编码

图像的量化是将采样后的模拟图像信号划分为有限个信号等级,换句话说,是指需要使用多大范围的数值来表示图像采样后的每一个点的颜色值。因此,量化的结果即图像能够容纳的颜色总数,它反映了采样的质量。将量化的颜色值用二进制代号表示就是编码。编码后的图像矩阵就是数字图像,保存到外存上就是图像文件。

如果将信号的颜色量化为两个级别,就可以用一个二进制位表示每个像素的颜色,就是二值图像。如果用"0"表示白,用"1"表示黑,就是黑白图像。如果将信号量化为 16 个级别,就可以用 4 个二进制位表示每个像素的颜色,就是 16 色图像。还可以是 4 色、256色等。保存每个像素颜色值的二进制位也叫**量化位数**。

对于彩色图像,每种颜色可以分解为不同比例的 R、G、B 三种原色,如果将 R、G、B 三种原色都划分为 256 个级别,每个原色就可以用一个 8 位的二进制数表示,那么每个像素点就可以用三个 8 位的二进制数表示,总共可以表示 $2^8 \times 2^8 \times 2^8 = 16\ 777\ 216$ 种颜色,这远远超出人眼的颜色分辨能力,所以称为**真彩色**。

量化级别越多,能表现出的颜色就越丰富,视觉上就越逼真,也就需要用更多的二进制位表示每种颜色,需要的存储空间也就越大。

如果图像的尺寸为 $M \times N$,量化位数为 K,不压缩的文件大小为

$$文件大小(B) = M \times N \times K / 8$$

【例 5-22】　一幅图像数字化的尺寸为 1024×786,16 种颜色,请计算其不压缩的文件大小。

【解】　16 种颜色需要 4 个二进制位来保存,所以该图像的文件大小为

$$1024 \times 768 \times 4/8 = 393\ 216(B) \approx 384(KB)$$

3. 图像的压缩编码

图像的编码是将量化后的离散图像数据转换成用二进制数码 0 和 1 表示的形式,一

幅数字图像就是二维空间上行和列组成的网格,这样得到的数字图像的数据量十分巨大。例如,对于一幅 640×480 分辨率的图像,有 640×480＝307 200 个像素,假如每个点是 24 位真彩色,得到的存储量为 307 200×24/8＝921 600B＝900KB;如果图像的分辨率为 3072×2304,约 700 万像素,则存储量为 20.25MB 大,而目前手机的摄像头已达到了 6400 万像素,如不压缩,一幅图像约 183MB。

在数字图像中的大量数据之间存在高度相关性,例如,一幅图像内部相邻像素之间较强的相关性,称为空间冗余,一个图像序列中连续的多幅图像也是高度相关的,称为时间冗余。如图 5-11(a)中的天空部分,相邻像素点之间有极小的差别甚至相同,是空间上的冗余;图 5-11(b)和图 5-11(c)是一段视频中时间相近的两幅图像,景物是一个小瀑布,它们的不同是由于镜头移动和水流产生的,实际上差别极小,绝大部分景物相同,是时间上的冗余。存储图像时,如果能尽可能地去掉冗余信息而保持较好的图像质量,就是图像的压缩。

(a) 有空间冗余的图像　(b) 图像序列1　(c) 图像序列2

图 5-11　空间冗余和时间冗余

除了空间冗余和时间冗余外,在一般的图像数据中,还存在以下几种冗余信息。

1) 信息熵冗余

根据信息论,图像数据中的每个像素,可以按照信息熵的大小来分配相应的最佳比特数,但信息熵仅仅是一个理论值,对于实际图像数据中的像素来说,很难得到其信息熵。因此图像在数字化时,每个像素一般均采用相同的比特数来表示,从而造成新的冗余。信息熵冗余、空间冗余和时间冗余统称为统计冗余,共同决定图像数据的统计特性。

2) 知识冗余

图像中包含的一些信息与某些先验的常识相关,例如,在进行人脸识别的研究当中,人脸图像中的头、眼、鼻和嘴的相互位置的确定信息提供了识别时的一些常识。

3) 视觉冗余

图像信息是由人眼来感知的,根据人眼的一些视觉特性,去除人眼不能直接感知或不敏感的那部分图像信息,就可以在保证图像质量的前提下实现较高的压缩比。

4) 结构冗余

有些图像的部分区域内存在着非常强的纹理相似结构关系,如图 5-12 所示的图像,实际上是由左上角的四个小方块组成的图案填充而成的,是纹理的重复,各部分有相同的子结构,这就是结构冗余,实际上只需存储这个小方块的图像。

综上所述,图像数据的冗余信息为图像压缩编码提供了依据。在进行图像编码时充分利用图像中存在的各种冗余信息,特别是空间冗余、时间冗余以及视觉冗余,就可以大

图 5-12　结构(纹理)冗余

大地减少数据量。图像压缩编码技术能够很好地解决在将模拟信号转换为数字信号后所产生的带宽需求增加的问题,可以达到较高的压缩比,同时又能使得图像在重建时具有可以接受的较好的显示质量。

图像编码的方法主要包括两大类,一类是对图像信息不存在损耗,即编码前的图像和解码后的图像质量是一致的,解码时能够从编码数据中精确地恢复原始图像,称为**图像的无损压缩**;另一种在编码过程中存在图像信息损耗,解码时不能从编码数据中精确地重建原始图像的原貌,存在一定程度的失真,称为**图像的有损压缩**。

4. 图像文件格式

为了使图像压缩标准化,国际电信联盟(ITU)、国际标准化组织(ISO)和国际电工委员会(IEC)制定了一系列静止和活动图像编码的国际标准,已批准的标准主要有 JPEG 标准、MPEG 标准、H.261 等。目前常见的图像文件格式都遵循这些标准,最常见的有以下 6 种。

1) BMP

由美国微软为其 Windows 环境设置的标准图像格式。BMP 位图是一些与显示像素相对应的位阵列。BMP 格式支持 1 位、4 位、24 位、32 位的 RGB、索引颜色、灰度以及位图颜色模式,但不支持 Alpha 通道,为无损压缩。文件后缀为".bmp"。

2) JPEG

由国际标准化组织和国际电报电话咨询委员会联合成立的"联合照片专家组"提出了 ISO CD 10918 号建议草案,全称为"多灰度静止图像的数字图像的数字压缩编码",它适用彩色和单色或连续色调静止数字图像的压缩标准,为有损压缩,平均压缩比为 15∶1。文件后缀为".jpg"和".jpeg"。

3) TIFF

由美国 Aldus 公司推出的格式,它能够很好地支持从单色到 24 位真彩的任何图像,而且不同的平台之间的修改和转换也十分容易。与其他图像格式不同的是,TIFF 文件中有一个标识信息区用来定义文件存储的图像数据类型、颜色和压缩方法。TIFF 是一种无损压缩的文件格式,压缩比例为 2∶1。文件后缀为".tif"。

4) GIF

由美国 CompuServe 公司推出的一种高压缩比的彩色图像文件格式,主要用于图像文件的网络传输,文件一般比较小,既可用来存储单幅静止图像,还可以同时存储若干幅静止图像并进而形成联系的动画,因特网上大量采用这种文件格式。采用 LZW 无损压缩算法,文件后缀为".gif"。

5)PNG

PNG 格式由美国 Thomas Boutell、Tom Lane 等人提出并设计,它是为了适应网络数据传输而设计的一种图像格式,用于取代格式较为简单、专利限制严格的 GIF 图像格式。它支持真彩图像、灰度级图像以及颜色索引数据图像三种主要图像类型,存在 4 个通道,即支持 RGBA,在 RGB 基础上增加了一个透明度表示,采用无损压缩算法,文件后缀为".png"。

6)Flash

由美国 Macromedia 公司推出的网页动画设计文件,集音乐、声效、动画以及新的界面为一体,从而制作出相对高品质的网页动态效果。Flash 使用矢量图形和流式播放技术,与位图图形不同的是,矢量图形可以任意缩放尺寸而不影响图形的质量;流式播放技术使得动画可以边播放边下载。通过使用关键帧和图符使得所生成的动画文件非常小,几千字节(KB)的动画文件已经可以实现许多动画效果。文件后缀为"swf"。

在图像的采样、量化、编码过程中涉及分辨率和颜色空间的概念,下面分别简要介绍。

5. 分辨率

常用的分辨率有以下 6 种。

1)屏幕分辨率

屏幕分辨率是指显示器最高可显示的像素数,是显示器的固有的参数,是显示器的物理分辨率,不能调节。早期 VGA 显示器的分辨率只有 640×480 像素。目前高清显示器的屏幕分辨率是 1920×1080 像素,2k 显示器的屏幕分辨率是 2560×1440 像素,4k 显示器的屏幕分辨率是 3840×2160。

2)显示分辨率

显示分辨率是指计算机显示控制器所能提供的显示模式。例如分辨率是 1920×1080 像素的显示器,可以设置成 1600×900、1280×1024、1024×768 等显示模式。

3)图像分辨率

图像分辨率指图像中存储的信息量,是每英寸图像内有多少个像素点,分辨率的单位为 PPI(Pixels Per Inch),通常读作像素每英寸。图像分辨率的表达方式也是"水平像素数×垂直像素数"。需要注意的是,在不同的书籍中,甚至在同一本书中的不同地方,对图像分辨率的叫法不同。除图像分辨率这种叫法外,它也可以叫图像大小、图像尺寸、像素尺寸和记录分辨率。在这里,"大小"和"尺寸"的含义具有双重性,它们既可以指像素的多少(数量大小),又可以指画面的尺寸(边长或面积的大小),因此很容易引起误解。由于在同一显示分辨率的情况下,分辨率越高的图像像素点越多,图像的尺寸和面积越大,所以往往有人会用图像大小和图像尺寸来表示图像的分辨率。

4)位分辨率

位分辨率又叫位深,用来衡量每个像素存储的信息位元数,该分辨率决定图像的每个像素中存放的颜色信息。例如,一个 24 位的 RGB 图像,表示该图像的原色 R、G、B 各用了 8b,三者共用了 24b。而在 RGB 图像中,每个像素都要记录 R、G、B 三原色的信息,所以,每个像素所存储的位元数是 24。

5)输出分辨率

输出分辨率又称打印机分辨率,是指打印机等输出设备每英寸所产生的点数(dpi)。输出分辨率决定了输出图像的质量,输出分辨率越高,可以减少打印的锯齿边缘,在灰度的色调表现上也会较平滑。打印机的分辨率可以达到 300dpi,甚至 720dpi(需要用特殊纸张);而较老机型的激光打印机的分辨率通常为 300～360dpi,由于超微细碳粉技术的成熟,新的激光打印机的分辨率可达 600～1200dpi,用作专业排版输出已经绰绰有余了。

6)扫描仪分辨率

扫描仪分辨率的表示方法与打印机类似,一般也用 dpi 表示,不过这里的点是采样点,与打印机的输出点是不同的。一般扫描仪提供的方式是水平分辨率要比垂直分辨率高。台式扫描仪的分辨率可以分为光学分辨率和输出分辨率。光学分辨率是指扫描仪硬件真正扫描到的图像分辨率,目前市场上的产品其光学分辨率可到 800～1200dpi。输出分辨率是通过软件强化以及内插补点之后产生的分辨率,大约为光学分辨率的 3～4 倍。所以当读者见到号称分辨率高达 4800dpi 或 6400dpi 的扫描仪时,可能指的是输出分辨率。

6. RGB 颜色空间

由三个独立的变量综合构成的一个空间坐标称为颜色空间(颜色模型)。但被描述的颜色对象本身是客观的,而颜色可以用三个不同属性加以描述,站在不同的角度就产生了不同的颜色空间,不同颜色空间只是从不同的角度去衡量颜色对象而已。

RGB 是最常见的面向硬件设备的彩色模型(颜色空间),是与人的视觉系统密切相连的模型,根据人眼结构和视觉原理,所有的颜色都可以看作三种基本颜色,即红(Red,R)、绿(Green,G)和蓝(Blue,B)按不同比例的组合。国际照度委员会(CIE)规定的红绿蓝三种基本色的波长分别为 700nm、546.1nm 和 435.8nm。

RGB 模型空间是一个正方体,如图 5-13 所示。

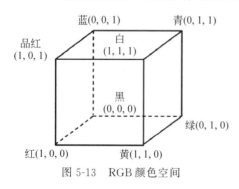

图 5-13 RGB 颜色空间

原点对应黑色,离原点最远的顶点对应白色,从黑到白的灰度分布值在立方体的对角线上。一般为方便起见,可以将立方体归一化为单位立方体,这样所有的 RGB 值都在区间[0,1]之中。根据这个模型,每幅图像包括三个独立的基色平面,每种颜色亮度用 0～255 表示,三种颜色通道的变化以及相互之间的叠加可得到 1670 多万种颜色($256^3 = 16\ 777\ 216$)。

以上讲的图像都是指位图,还有一种图形称为矢量图,它使用记录图形的几何参数的方法来记录图像,图形类型可以是直线、矩形、圆、椭圆等,圆可以有圆心、半径、宽度、颜色、填充颜色等,矩形可以有左上角位置、宽度、高度、线条宽度、颜色、线型、填充颜色、填充图案等。

位图的表示方式是像素,缩放时会产生模糊、失真,存储空间较大,适合表示颜色丰富、形状不规则且复杂的自然图片;但矢量图表示方式是几何参数,缩放时不失真,存储空间较小,适合表示颜色较少、形状规则的计算机作图场景。一些软件专门提供了矢量图库,如 Word、CAD、CASE 和 Protel 等。

5.4.3 视频的编码

1. 视频

视频是以时间和空间上均连续的模拟信号形式而存在的,由不断变化着的连续图像序列组成,它可以划分为许多连续的帧,每一帧为一幅静止图像,由于人眼的视觉暂留效应,当帧序列以一定的速率播放时,呈现在人眼之前的就是动作连续的视频。视频的数字化主要是对连续图像的数字化。首先在时间上对图像进行采样(离散化),每幅图像为一帧,每秒钟取样的帧数为帧频;然后再在空间上进行离散化,每帧取有限个像素点,每幅图像的分辨率称为帧分辨率,其中横向的点数称为水平分辨率,纵向的点数称为垂直分辨率,再在颜色取值上量化;最后编码成数字视频。

2. 视频的数字化

与图像采样一样,根据奈奎斯特采样定理,为了能将采样信号恢复到原信号,其采样频率要求两倍于最大信号频率,否则会产生混叠现象,从而对视频图像信号本身产生干扰。

早期电视的采样标准有两种,一种称为 NTSC 制式,帧频为 29.97,帧分辨率为 720×480;另一种称为 PAL 制式,帧频为 25,帧分辨率为 720×576(像素)。目前的标清电视的垂直分辨率在 720 像素以下,如 640×480(像素)或 720×576(像素)等,高清电视的分辨率为 1024×720(像素),超高清电视的帧分辨率可以达到 3840×2160(像素)(4K),甚至 7680×4320(像素)(8K)。

从实现角度讲,视频的数字化就是将视频信号经过视频采集卡设备转换成数字视频文件并存储在硬盘以及 DVD 光盘等数字载体中。使用时,再将数字视频文件从硬盘中读出,还原成为电视图像加以播放输出。

数字视频的来源途径可以是摄像机、录像机、影碟机等,还可以由计算机软件生成图形、图像和连续的视频画面等。

通过视频采集卡完成对模拟视频信号的采集、量化和编码过程,再由多媒体计算机接收和记录编码后的数字视频数据,并提供接口以连接模拟视频设备和计算机,以及把模拟信号转换成数字数据。

提供模拟视频输出的设备包括录像机、电视机、电视卡等。

3. 视频的压缩

为了对动态视频信号进行正常采集,需要很大的存储空间和数据传输速度,但由于连续的帧之间相似性极高,可以去除空间冗余和时间冗余信息,一般在采集和播放过程中对图像进行压缩和解压缩处理,可以通过软件压缩算法进行,也可以利用硬件进行压缩,例如,使用带有压缩芯片的视频卡。

视频信号数字化后数据带宽一般很高,通常在20MB/s以上,需要大量保存空间和处理时间,如果采用压缩技术通常会将数据带宽降到1~10MB/s,基本可以适合计算机的保存和处理。国际标准化组织(ISO)制定了图像和视频的JPEG和MPEG两大系列算法。JPEG是一种静态图像压缩标准,适用于连续色调彩色或灰度图像。MPEG算法是适用于动态视频的压缩算法,它除了对单幅图像进行编码外,还利用图像序列中的相关原则,将冗余去除,从而可以大大提高视频的压缩比。

常用的视频编解码标准有MPEG-1、MPEG-2、MPEG-4、H.261、H.263、WMV、RealVideo和DivX等。常用的视频文件格式和后缀包括.AVI、.MPEG、.MOV、.DivX、.WMV、.RM、.RMB、.ASF、.MP4、.3GP和.SWF等。其中,.AVI为非压缩视频格式,其他均为压缩格式。

常用的音频、图像、视频处理软件包括Windows自带的录音软件、Cool Edit Pro、Adobe Audition、GoldWave、Camtasia和Adobe Premiere等。

5.5　信息的存储与运算

本节介绍磁、光、电方面的信息表示,二进制的布尔代数与逻辑运算,与、或、非、异或门电路,存储器构造——触发器、计数器以及运算器构造——加法器(半加器、全加器)。

5.5.1　布尔代数与逻辑运算

布尔代数也称逻辑代数,是英格兰数学家及哲学家乔治·布尔(George Boole,1815—1864)在研究思维规律的逻辑问题时提出的数学模型,并出版了《逻辑的数学分析》专著。该数学模型通过数学方法,用一套符号来进行逻辑演算。20世纪30年代,布尔代数在电路系统上获得应用。随着电子技术与计算机的发展,在对于各种复杂的大系统的逻辑研究中,发现它们的变换规律也遵守布尔所揭示的规律。几十年来,布尔代数在自动化技术、电子计算机的逻辑设计等工程技术领域中具有重要的应用。

布尔代数中的取值范围为{0,1},0代表逻辑判断的"假",1代表逻辑判断的"真"。布尔代数上定义了三种运算,分别为与、或、非,也分别叫布尔乘法、布尔加法和布尔补,分别用符号·、+和′表示或分别用∧、∨、¬表示。其中,与、或运算需要两个操作数,称为二元运算;非运算只需一个操作数,称为一元运算。它们的运算规则为

$$0 \cdot 0 = 0, 0 \cdot 1 = 0, 1 \cdot 0 = 0, 1 \cdot 1 = 1$$
$$0 + 0 = 0, 0 + 1 = 1, 1 + 0 = 1, 1 + 1 = 1$$
$$0' = 1, 1' = 0$$

"与"运算,两个操作数中有一个数为0时,运算结果为0;只有两个操作数都为1时,结果才为1。

"或"运算,两个操作数中只要有一个数为1时,则运算结果为1;两个操作数均为0

时,结果才为 0。

"非"运算,1 的非为 0,0 的非为 1。

另外有一种常用的布尔运算称为"异或",用符号 $\oplus$ 表示,运算规则为

$$0\oplus0=0,0\oplus1=1,1\oplus0=1,1\oplus1=0$$

即两个操作数相同时结果为 0,两个操作数不同时结果为 1。

异或运算可以使用其他运算表示,设 a,b 是取值 0 或 1 的操作数,异或运算可以表示为

$$a\oplus b=(a'\cdot b)+(a\cdot b')$$

"异或"为二元运算符,运算规则是,当两个参与运算的操作数的相应码位的数取值相异时,运算结果为 1,否则为 0。

计算机科学中,布尔运算常用于二进制数,运算规则是二进制数的最低位对齐,按位做与、或、非运算,分别称为按位与、按位或、按位异或和按位取反,统称为位运算。在计算机程序设计中常用 &、|、∧、～ 表示。

【例 5-23】 计算十进制数 185 和 72 的二进制按位"与""或""非"和"异或"运算结果。

【解】 对于十进制数 185 和 72,它们的二进制形式分别为 1011 1001 和 0100 1000,最低位对齐,对其对应的各个数位进行位运算。

按位与	按位或	按位取反	按位异或
1011 1001	1011 1001	～ 1011 1001	1011 1001
& 0100 1000	| 0100 1000	0100 0110	∧ 0100 1000
0000 1000	1111 1001		1111 0001

将结果转换为十进制,185 和 72 的按位"与""或""非"和"异或"的结果分别为 8、249、70 和 241。

位运算在开关控制、计算机操作系统的文件权限管理、数学上的集合运算以及文献高级检索中有很好的用途。

5.5.2　基本逻辑门电路

"门"是数字逻辑电路中的一个基本概念,即只能实现基本逻辑关系的电路,有时也称为逻辑门。最基本的逻辑关系包括与、或、非、异或,因此最基本的逻辑门包括与门、或门、非门和异或门。逻辑门主要由电阻、电容、二极管、三极管等分立元件构成分立元件门,进一步还可以将门电路的所有器件及连接导线制作在同一块半导体基片上,从而构成集成逻辑门电路。集成电路可以分为小规模、中规模、大规模以及超大规模集成电路。

逻辑门是集成电路中的基本组件,组成数字系统的基本结构,最简单的逻辑门可由晶体管组合得到,产生高电平或低电平的信号,而高、低电平可以分别代表逻辑上的"真"和"假"或二进制中的 1 和 0,从而实现逻辑运算。更高级的组合可以实现更为复杂的逻辑运算,进一步可以由厂商通过逻辑门的组合生产出像"可编程逻辑器件"等的许多实用、小型、集成的逻辑门产品。

常见的逻辑门如表 5-7 所示。

表 5-7 常见的逻辑门

逻 辑 门	表 达 式	符 号
与门	$F = AB$	
或门	$F = A + B$	
非门	$F = \overline{A}$	
异或门	$F = A \oplus B$	
与非门	$F = \overline{AB}$	
或非门	$F = \overline{A + B}$	
与或非门	$F = \overline{AB + CD}$	

1. 与门

与门是数字逻辑中实现逻辑与的逻辑门电路。仅当输入 A 和 B 均为高电压(1)时,输出 F 才为高电压(1);若输入 A 和 B 中至少有一个低电压时,则输出 F 为低电压。与门的功能是得到两个二进制数的最小值。与门的逻辑表达式是逻辑乘,用 $F = AB$ 表示。逻辑电路符号如表 5-7 中第 1 行第 3 列所示。

2. 或门

或门是数字逻辑中实现逻辑或的逻辑门。只要输入 A 和 B 中至少有一个为高电平(1),则输出 F 为高电平(1);若输入 A 和 B 均为低电平(0),输出 F 才为低电平(0)。或门的功能是得到两个二进制数的最大值。或门的逻辑表达式是逻辑加,用 $F = A + B$ 表示。逻辑电路符号如表 5-7 中第 2 行第 3 列所示。

3. 非门

非门是数字逻辑中实现逻辑非的逻辑门。当输入 A 为高电平(1),则输出 F 为低电平(0);当输入 A 为低电平(0),输出 F 为高电平(1)。非门的功能是对二进制数进行翻转。非门的逻辑表达式是逻辑非,用 $F = A'$ 或 $F = \overline{A}$ 表示。逻辑电路符号如表 5-7 中第 3 行第 3 列所示。

4. 异或门

异或门是数字逻辑中实现逻辑异或的逻辑门。当输入 A 和 B 中有一个为高电平 (1)、另一个为低电平(0)时,则输出 F 为高电平(1);若输入 A 和 B 均为高电平(1)或均为低电平(0)时,输出 F 为低电平(0)。异或门的功能是得到两个二进制数的最大值。异或门的逻辑表达式是无进位逻辑加,用 $F = A \oplus B$ 表示。逻辑电路符号如表 5-7 中第 4 行第 3 列所示。

5.5.3　触发器

有了基本的门电路,就可以组合出更复杂、具有一定功能的电子元件。如图 5-14 所示,这是由或门、非门和与门组成的电路。

1. 什么是触发器

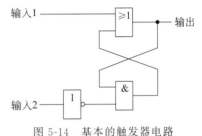

图 5-14　基本的触发器电路

假设初始时两个输入端均为 0,在不知道电路当前输出值的情况下,假设输入 1 的值变为 1,而输入 2 的输入值仍为 0(见图 5-15(a)),那么不管这个门的另外一个输入值是什么,或门的输出值都将为 1。这时,与门的两个输入值都为 1,因为这个门的另外一个输入值已经为 1(由输入 2 的非门获得),与门的输出值于是变成 1,这意味着现在或门的第 2 个输入值也为 1。这样就可以确保,即使输入 1 的值变回 0(见图 5-15(b)),或门的输出值也会保持为 1。总之,这个电路的输出值已经为 1 时,即便输入值变回 0,输出值也不会发生变化。这样,就使"1"保存在电路中。

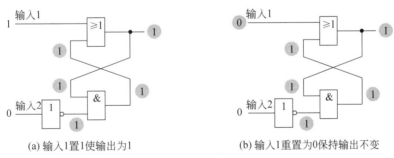

(a) 输入1置1使输出为1　　　　(b) 输入1重置为0保持输出不变

图 5-15　触发器的置 1 过程

同理,使输入 2 的值变为 1 会强制电路的输出值为 0,而且即便输入 2 的值变回 0,输出值也不会发生变化。这时,就使"0"保存在电路中。

像这样能保持输出不变,当输入端改变状态时,输出端才发生改变的器件称为**触发器**(trigger)。图 5-14 的电路是一个触发器电路,输入 1 能使输出变为 1,称为**置 1 端**;输入 2 能使输出变为 0,称为**置 0 端**。触发器能保持 0 或 1 状态,这就是最简单的可以存储一个二进制数位的存储器。

2. 触发器的作用

触发器是构成计算机中更复杂部件的基本组件。在计算机工程中,触发器只是众多基本电路中的一种,而且构建触发器的方法有很多,另一个可选的触发器电路如图 5-16 所示。分析一下这个电路就会发现,尽管与图 5-14 所使用的基本门电路以及构造方法有所不同,但其外部特征都是一样的。当设计完成后,就可以把此电路看成一个具有特定功能的完整部件,用一个图形符号来表示它,如图 5-17 所示,而不需要再画出内部的构造细节。这就引出"抽象"的作用:当设计一个触发器时,工程师考虑用哪些门作为构造触发器的基础构件。一旦触发器和其他基本电路设计完成后,工程师不再考虑触发器的内部组成,而是作为整体利用其能达到的功能构造更加复杂的电路。这样,计算机硬件电路的设计就呈现出层次结构,每一层次都利用低一层的构件作为抽象工具。

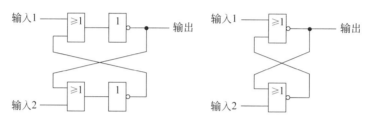

(a) 使用或门和非门构造的触发器   (b) 使用或非门构造的触发器

图 5-16 构造触发器的另外两种方案

触发器是计算机中存储二进制位的一种方法。事实上,一个完备的触发器(如 D 触发器、JK 触发器等)能够在控制信号的作用下将输入的值保存下来,没有控制信号时,保存的值不随输入的变化而发生改变。运用现代集成电路制造技术,可以在单一芯片上制造大量的触发器(可达上千万个),然后

图 5-17 触发器的电路符号

用在计算机中作为记录用 0 和 1 编码的信息的手段,这就是构成计算机内存储器的存储芯片。

3. D 触发器

图 5-18(a)是一种触发器,它有一个输入端和一个触发脉冲端(脉冲,一定幅值的短时间的电压或电流)。当触发脉冲端由低电平变为高电平(即从 0 变成 1)时,输出端的值就等于输入端的值。当触发脉冲端由高电平重新变为低电平(即从 1 变成 0)后,输出端的值就不再随输入端的变化而变化。简而言之,当触发脉冲端有一个正脉冲时,输入端的值就被保存到触发器中,直到下一个触发脉冲到来为止。$\overline{Q}$ 表示 Q 的非,即 Q'。

具有一个输入端和一个触发脉冲端的触发器称为"**D 触发器**",它不像前面介绍的那种触发器有两个数据输入端。D 触发器只有一个数据输入端。D 触发器的应用很广泛,可用作数据暂存、移位寄存器、分频和波形发生等。图 5-18(a)是 D 触发器的逻辑符号。图 5-18(b)是用 D 触发器构成的 1 位计数器。每输入一个计数脉冲,D 触发器的状态就发生翻转(由 0 变为 1 或由 1 变为 0)。图 5-18(c)是由 n 个 1 位计数器构成的 n 位串行

进位计数器。

【课堂练习】 请分析图 5-18(c)的输出值是如何随着计数脉冲变化的,其中,计数脉冲理解为每隔某个 Δt 的时间,就有一个"1"信号(高电平)到来。

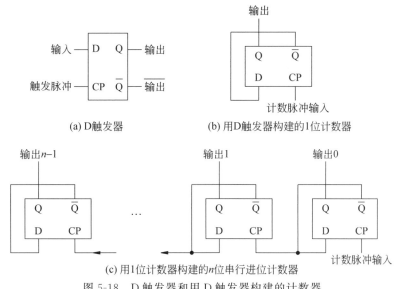

(a) D触发器

(b) 用D触发器构建的1位计数器

(c) 用1位计数器构建的n位串行进位计数器

图 5-18 D 触发器和用 D 触发器构建的计数器

4. 内存

可以用触发器组成计算机的内存。一个触发器可以存储 1 位的二进制数——位,每 8 位组成一个基本存储单元——**字节**。若干存储单元集成到一起组成**内存芯片**。若干内存芯片集成到一个小的板子上做成**内存条**,内存条插到主机板中,构成**计算机的内存**,如图 5-19 内存条的外形图,其中的小方块就是**内存芯片**,底部的竖线是与内存插槽的连接线。内存条的主要性能指标有存储容量和频率等。存储容量是指一条内存可以容纳的字节数。存储容量大意味着能存储的信息多。频率是每秒钟的工作周期。频率高意味着传输速度更快。

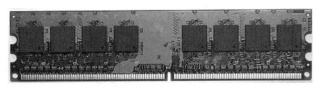

图 5-19 内存条的外形

一台计算机中可以插入多条内存条。为了标记内存中的存储单元,计算机系统一般按字节给内存编址,每个字节的存储单元都有一个编号,就是**内存地址**。能编址的内存与计算机的地址总线宽度有关,地址总线 32 位,能编址的内存是 2^{32} B $=4$ GB。如果地址总线是 64 位,能编址的内存是 2^{64} B $=2^{34}$ GB。内存中的程序和数据都是按地址进行读写的。

5.5.4　加法器

除了存储器以外,运算器也是计算机中的一个重要部件。现代计算机的其他运算都是以加法运算为基础的,下面介绍一下加法器。

加法器是计算数的和的装置,是计算机算术逻辑部件,用于执行逻辑操作、移位与指令调用。它包括半加器和全加器,其中,输入为被加数和加数,输出为和数和进位的装置为半加器;输入为被加数、加数与低位的进位数,输出为和数与进位的装置为全加器。

1. 半加器

先复习一下前面介绍过的 1 位二进制数的加法:$0+0=?$ $0+1=?$ $1+0=?$ $1+1=?$,只有最后一个有进位,其他的进位都是 0。可以使用"与"(AND)运算得到进位,使用"异或"(XOR)运算得到本位。

半加器有两个输入和两个输出,输入可以标识为 A、B,输出通常标识为和 S 和进位 C。A 和 B 经 XOR 运算后即为 S,经 AND 运算后即为 C。半加器简写为 H.A.,半加器的逻辑门电路和真值表如图 5-20 所示。

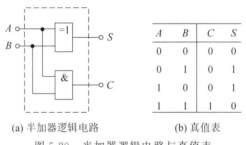

A	B	C	S
0	0	0	0
0	1	0	1
1	0	0	1
1	1	1	0

(a) 半加器逻辑电路　　　　　　(b) 真值表

图 5-20　半加器逻辑电路与真值表

半加器有两个一位二进制的输入,其将输入的值相加,并输出结果到和(S)和进位(C),半加器虽能产生进位值,但半加器本身并不能处理进位值。

2. 全加器

再考虑一下带进位的两个数的加法问题:

$0+0+0=?$ $0+0+1=?$ $0+1+0=?$ $0+1+1=?$

$1+0+0=?$ $1+0+1=?$ $1+1+0=?$ $1+1+1=?$

三个数中如果有偶数个 1,则说明和为 0;如果有奇数个 1,则说明和为 1。三个数中如果有两个以上的 1,则说明进位为 1;只有一个 1,则进位为 0。可以使用与运算,然后再进行或运算得到进位,使用异或的运算得到和。

全加器除了加数 A_i 和被加数 B_i 的输入以外,引入了进位值 C_{i-1} 的输入,以计算较大的数,和为一个输出端 S_i,为区分全加器的两个进位线,在输入端的记作 C_{i-1},在另一个输出端的则记作 C_i。全加器简写为 F.A.。全加器的逻辑门电路和真值表如图 5-21所示。

全加器有三个一位二进制的输入,其中一个是进位值的输入,所以全加器可以处理进

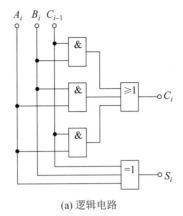

A_i	B_i	C_{i-1}	S_i	C_i
0	0	0	0	0
0	0	1	1	0
0	1	0	1	0
0	1	1	0	1
1	0	0	1	0
1	0	1	0	1
1	1	0	0	1
1	1	1	1	1

(a) 逻辑电路   (b) 真值表

图 5-21 全加器逻辑电路与真值表

位值。全加器可以由两个半加器组合而成。

以上只是对一位二进制数进行的全加器的加法运算，n 位二进制数的运算就是将 n 个全加器串联起来，不过这样设计的话逻辑过于复杂，所幸的是存在一种循环门电路，可以与全加器组合起来共同完成多位数的加法。

小　结

本章的主线是信息的表示。编码是信息的逻辑表示，存储方式是信息的物理表示，电信号是信息的传输形式。任何信息都需要进行数字化的编码表示，最终存储到计算机中。

数是基本的信息形式。日常生活中使用最多的是十进制数。计算机中为表示数的方便使用二进制，而为了程序员查看数据方便常用十六进制和八进制。所以，数常常在不同的数制表示之间转换。数制转换的要点是：十进制转其他进制，整数部分，除基数取余，直到商为 0；小数部分乘基数取整，直到小数部分为 0 或获得指定的位数。其他进制转十进制，按权展开。理论上说，可以设计数的任何进制的表示，如三进制、五进制。不管几进制，只要把握其要素：基数、数符、位权。

二进制形式是计算机中表示数据的基本形式。但具体怎样表示又值得探讨。例如，用多少二进制位表示一个数？数的符号怎么表示，放在什么位置？等等。这就有了数在计算机中表示的机器数、原码、补码、浮点、BCD 码表示。由于数在计算机中使用有限的二进制位表示，所以要清楚地知道，一是确定形式的数的表示范围是有限的，二是实数的表示是不精确的。数值超出数的表示范围就是溢出。

除了数之外，随着计算机技术和应用的发展，人们需要在计算机中表示、存储和处理文字、声音、图像和视频，这就是非数值信息的编码。编码实际就是给要表示的信息一个数值形式的代号。给英文的字母符号、阿拉伯数字、常用标点符号、运算符号、控制符号等 128 个符号每个符号一个二进制代号，便是 ASCII 码。给每个汉字一个代号便是汉字的国标码。由于汉字的数量多，最初选择一些常用汉字进行编码，便是 GB/T 2312—1980，以后汉字字符集扩充便有了 GBK、GB 18030 等。不仅汉字需要编码，其他语言的文字也需要编码，多语言统一的编码便是 Unicode。Unicode 的字符集称为 UCS（Universal Character Set），其在计算机中的实现方案有 UTF-8 和 UTF-16。字符集是参与编码的所有字符，并且每个字符有一个代号，实现方案是编码方案在计算机中的具体表示方法的定义。UTF-8 使用 1～6B 表示 UCS 中的字符，具体来说，就是原 ASCII 符号用一个字节表示，常用字符用 2B 表示，而最不常用字符用 6B 表示。而汉字在 UTF-8 中多数是用 3B 表示的。UTF-16 使用 2B 或 4B 表示 UCS 字符，常用字符用 2B，不常用字符用 4B，其中，ASCII 和大多数汉字使用 2B 表示。

声音的本质是机械波，可以用波形图表示，图像可以用颜色表示，视频可以用按时间排列的图像表示。计算机中不能表示"无穷多"或"无穷位小数"的数，所有连续的信息都要用有限的数据表示。通常对时间连续的信息每隔一段时间测量一次数值便是时间上的采样，对于空间连续的信息，每隔一段距离测量一次数值便是空间上的采样，对采样得到的数值取其有限位精度便是量化，对量化的数据进行二进制编码，就可以将声音、图像、视频的等信息变为数字化的信息在计算机中表示、存储和处理。

前面讲的实际还是信息的逻辑表示，主要是各种信息如何用二进制形式的代号表示。5.5 节主要讲的是物理上信息是如何在计算机中表示的。在磁盘上，使用磁极的方向表示 0 或者 1，在光盘上使用介质的凹凸表示 0 或者 1，而在计算机内存中，使用物理器件的高电平和低电平表示 0 或者 1。而最基本的物理器件便是由二极管、三极管、电阻、电容组成的"门"，由"门"组成电路从而逐步组成存储装置、计算转置以及各种设备的控制器和存储器。

通过本章的学习，希望读者对信息在计算机中的表示以及计算机计算和存储的基本原理有个初步的认识，为今后进一步学习其他相关课程打下基础。

习　　题

一、选择题

1. 一个字节的二进制数的位数是（　　　）。

   A. 2　　　　　　　　B. 4　　　　　　　　C. 8　　　　　　　　D. 16

2. 用一个字节最多能编出（　　　）个不同的二进制代码。

   A. 8　　　　　　　　B. 16　　　　　　　　C. 128　　　　　　　　D. 256

3. 在信息传输中 b/s 表示的是（　　　）。

   A. 每秒传输的字节数　　　　　　　　B. 每秒传输的指令数

   C. 每秒传输的字数　　　　　　　　D. 每秒传输的二进制位数

4. 一个 GBK 编码的汉字和一个 ASCII 英文字符计算机中存储时所占的字节数的比值为（　　　）。

   A.　4∶1　　　　　　　B.　2∶1　　　　　　　C.　1∶1　　　　　　　D.　1∶4

5. 若一台计算机的字长为 4B，这意味着它能一次处理（　　　）。

   A. 最大数值为 4 位的十进制数　　　　　　　　B. 最大数值为 2^4 位的二进制数

C. 最大数值为 32 位的二进制数   D. 最大数值为 4 位的十六进制数

6. 定点补码加减运算中，可能出现溢出的情况有（　　）。

    A. 符号不同的两个数相加   B. 正数加负数

    C. 符号不同的两个数相减   D. 负数减负数

7. 按照数的进位计数制规则，下列各数中正确的八进制数是（　　）。

    A. 8707   B. 1101   C. 4109   D. 10BF

8. 十进制算术表达式 $3\times512+7\times64+4\times8+5$ 的运算结果，用二进制表示为（　　）。

    A. 10111100101   B. 11111100101   C. 11110100101   D. 11111101101

9. 与二进制数 101.01011 等值的十六进制数为（　　）。

    A. A. B   B. 5.51   C. A. 51   D. 5.58

10. 十进制数 2004 等值于八进制数（　　）。

    A. 3077   B. 3724   C. 2766   D. 4002

    E. 3755

11. $(2004)_{10}+(32)_{16}$ 的结果是（　　）。

    A. $(2036)_{10}$ B. $(2054)_{16}$

    C. $(4006)_{10}$ D. $(100000000110)_{2}$

    E. $(2036)_{16}$

12. 十进制数 2006 等值于十六进制数（　　）。

    A. 7D6   B. 6D7   C. 3726   D. 6273

    E. 7136

13. 十进制数 2003 等值于二进制数（　　）。

    A. 11111010011   B. 10000011   C. 110000111   D. 0100000111

    E. 1111010011

14. 现在计算机中整数采用的编码方式是（　　）。

    A. 原码   B. 反码   C. Unicode 码   D. 补码

15. 下列两个二进制数进行算术加运算结果是多少？$100001+111=$（　　）。

    A. 101110   B. 101000   C. 101010   D. 100101

16. 设机器字长为 5 个二进制位，执行下列加法运算时，哪些会出现溢出且使得运算结果不对？（　　）

    A. 00101+01000   B. 11111+00001

    C. 01111+00001   D. 00111+00111

    E. 00111+01100   F. 11111+11111

    G. 01010+00011   H. 01000+01000

    I. 01010+10101

17. 执行下列二进制算术加运算 $11001001+00100111$，其运算结果是（　　）。

    A. 11110011   B. 11110000   C. 11111111   D. 11111100

18. 执行下列二进制逻辑与、或运算 01011001or&10100111、01010100∨10010011，其运算结果分别是（　　）。

A. 11010111、11010111   B. 11010111、00000001

C. 00000001、00000001   D. 00000001、11010111

19. 十进制数 57 转换成无符号二进制整数是(   )。

    A. 0111001   B. 0110101   C. 0110011   D. 0110111

20. 一个字长为 7 位的无符号二进制整数能表示的十进制数值范围是(   )。

    A. 0~256   B. 0~255   C. 0~128   D. 0~127

21. 已知三个用不同数制表示的整数 $A=00111101B,B=3CH,C=64D$,则能成立的比较关系是(   )。

    A. $A<B<C$ B. $B<C<A$ C. $B<A<C$ D. $C<B<A$

22. 在下列字符中,其 ASCII 码值最大的一个是(   )。

    A. 8   B. 9   C. a   D. b

23. 在下列字符中,其 ASCII 码值最小的一个是(   )。

    A. 9   B. p   C. Z   D. a

24. GB2312 汉字的机内码与其国标码之差为(   )。

    A. 8000H   B. 8080H   C. 2080H   D. 8020H

25. 汉字"中"的十进制区位码为 5448,则其国标码为(   )。

    A. 7468D   B. 3630H   C. 6862H   D. 5650H

26. 在标准 ASCII 码表中,英文字母 K 的码值为 75,则英文字母 k 的码值为(   )。

    A. 107   B. 101   C. 105   D. 106

27. 系统显示和打印汉字,使用的汉字编码是(   )。

    A. 机内码   B. 字型码   C. 外码   D. 国标码

28. 1KB 的存储空间可以存储 GBK 编码的(   )个汉字。

    A. 1024   B. 512   C. 256   D. 128

29. 汉字的国标码为 5E38H,则其内码为(   )。

    A. DEB8H   B. DE38H   C. 5EB8H   D. 7D58H

30. 存储 400 个 24×24 点阵的汉字字型码,共需要(   )存储空间。

    A. 255KB   B. 75KB   C. 37.5KB   D. 28.125KB

31. 下列有关字符编码标准的叙述中,正确的是(   )。

    A. UCS/Unicode 编码是全球不同语言文字的统一编码

    B. ASCII、GB 2312、GBK 都是国标编码标准

    C. UCS/Unicode 编码与 GB 2312 编码保持向下兼容

    D. GB 18030 标准与 Unicode 编码标准一致

32. 通常说的多媒体信息不包括(   )。

    A. 音频、视频   B. 动画、图像   C. 文本、文字   D. 整数、实数

33. 高保真立体声音频信号的频率范围是(   )。

    A. 20~340Hz   B. 340~2000Hz

    C. 50~20 000Hz   D. 340~20 000Hz

34. 波形文件的后缀是( )。

    A. mpega   B. voc   C. mp3   D. wav

35. 用计算机录制了一段 30s 的声音,立体声双声道,采样频率使用 44kHz,该计算机声卡的量化值用 16 位二进制数表示。请问这段声音文件的不压缩大小约为多少字节?( )

    A. $44 \times 1024 \times 16 \times 30 \times 2/8$ B. $44 \times 1024 \times 16 \times 30/8$

    C. $44 \times 1000 \times 16 \times 30 \times 2/8$ D. $44 \times 1000 \times 16 \times 30/8$

36. 一幅尺寸为 225×225 的 BMP 图像,颜色深度为 256 级灰度,则该图像数据文件不压缩的大小为( )B。

    A. $256 \times 225 \times 225/8$ B. $128 \times 225 \times 225/8$

    C. $16 \times 225 \times 225/8$ D. $8 \times 225 \times 225/8$

二、判断题

1. 各种信息的编码在计算机中都表示为二进制数。( )

2. 十进制整数 5678D 的 8421 BCD 编码为 5678H。( )

3. 十进制实数 10.01 可以精确表示成浮点数。( )

4. 字符串"abc 计算机!♯＄123",按照 GBK 编码,占 12B 存储空间。( )

5. Unicode 编码和 GBK 编码是兼容的。( )

6. 波形文件 wav 是不进行压缩的音频格式。( )

7. 空间冗余是图像压缩的必要性。( )

8. 二进制的算术运算和布尔逻辑运算是一致的。( )

9. 触发器和加法器都可以作为存储器使用。( )

10. 声音数字化的过程包括采样、量化和编码。( )

三、填空题

1. 135D＝( )B

2. 1001 0110B＝( )D

3. 26Q＝( )D

4. 23DAH＝( )D

5. 1010 0100B＝( )Q

6. 1010 0100B＝( )H

7. 0.68D＝( )B(精确到小数点后 5 位)

8. 10.68D＝( )Q(精确到小数点后 3 位)

9. 25.68D＝( )H(精确到小数点后 3 位)

10. 已知字母 A 的 ASCII 编码的十进制为 65D,二进制为 0100 0001B,则其 UTF-16 编码和 UTF-8 编码的十六进制分别为( )和( )。

11. 已知汉字"中国"的 Unicode 编码的十进制分别为 20013D 和 22269D,则其 UTF-8 编码的十六进制分别为( )H 和( )H。

12. 已知汉字"计算机"的 UTF-8 编码的十六进制分别是 E8AEA1H、E7AE97H 和 E69CBAH,则其 Unicode 编码的十进制分别为( )D、( )D 和( )D。

四、计算题

1. 将十进制数 193 转换成二进制数。

2. 将十进制数 676 转换成八进制数。

3. 将十进制数 3256 转换成十六进制数。

4. 将二进制数 10101 转换成八进制数。

5. 将二进制数 101010010101 转换成十进制数。

6. 将八进制数 376 转换成二进制数。

7. 将八进制数 357 转换成十进制数。

8. 将十六进制数 37CA6 转换成二进制数。

9. 将十六进制数 3C7F 转换成十进制数。

10. 设字长为 16 位,请分别写出 480、−23、1024、−1 的原码、反码和补码。

11. 请分别写出或门、异或门电路的真值表。

12. 已知声音的采样频率为 44.1kHz、量化位数为 16 位、双声道立体声和录制时长为 1 小时 20 分钟,请计算该数字音频文件不压缩的数据大小。

13. 已知图像的分辨率为 1280×720 和位深度位为 32 位真彩色,请计算该数字图像文件不压缩的数据大小。

14. 请写出如图 5-22 所示的触发器的真值表。

15. 请写出如图 5-23 所示的半加器的真值表。

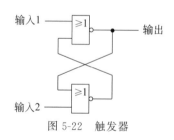

图 5-22　触发器

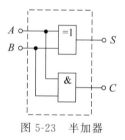

图 5-23　半加器

16. 一首时长为 2min 的 WAV 格式的音乐,采用频率为 44.1kHz,量化位数为 16 位,双声道,计算不压缩的情况下该数字声音文件的大小。

17. 一幅尺寸为 4000×2250 的 BMP 图像,24 位真彩色,计算不压缩的情况下该数字图像文件的大小。

五、编程题

1. 完成二进制、八进制、十进制和十六进制之间的互转(不使用系统的转换函数)。

2. 输入一个十进制整数,显示其 32 位原码、反码和补码的二进制形式。

3. 将一个十进制实数分别转为二进制、八进制和十六进制实数。

4. 输入一个字母,然后依次显示这个字母所对应的二进制、十进制、八进制和十六进制的 ASCII 编码。

5. 完成汉字的 GBK 编码下的区位码、国标码、内码等的相互转换。

6. 输入一个汉字,显示其 GBK 编码、Unicode 编码和 UTF-8 编码。

7. 输入一组汉字,编程判断是否有重字,又各是哪些重字?

8. 设计一个计算器,可以完成十进制数的加、减、乘、除、求余数、乘方、开方、对数等算术运算。

9. 输入两个二进制数,编程完成二进制数的算术运算和布尔运算,输出也为二进制数。

10. 分别显示与、非、或、异或四种门电路的真值表。

第6章

信息的获取与传输

计算机是一种信息处理设备。早期计算机获取信息的方式是人工获取,通过人工将信息输入计算机,如键盘输入、穿孔卡片输入等。如今,可以通过麦克风(获取语音)、摄像头(获取图像)、温湿度传感器等物联网感知设备自动将信息输入计算机,并通过计算机网络传输到信息处理中心进行存储和处理。本章介绍计算机网络的基础知识、局域网技术、因特网技术和物联网技术等方面的内容。

6.1　计算机网络基础

计算机网络是计算机技术与通信技术相结合的产物。最初的计算机网络是为了实现计算机资源的共享,被军方、科研机构和高校使用,现在的计算机网络迎来物联网时代,遍布世界,融入人们的日常生活,成为国民经济的生命线。

6.1.1　计算机网络的定义和组成

本节先介绍计算机网络的概念、计算机网络的发展和计算机网络的组成。

1. 计算机网络的定义

计算机网络(Computer Network)是指将不同地理位置具有独立功能的计算机设备通过通信线路连接起来,实现资源共享和信息传输的计算机系统。

2. 计算机网络的组成

就像任何智能系统都是由硬件和软件两部分组成的一样,计算机网络同样由网络硬件和网络软件组成。

1) 硬件组成

计算机网络的硬件指网络系统中用于网络连接和通信的物理设施,包括终端设备、传输介质和网络设备等。

终端设备包括大中型计算机、台式计算机、便携式笔记本、移动终端设备(如手机等)、网络存储设备、网络扫描设备、网络打印设备、网络信息采集设备等,它们是计算机网络中的信息采集、处理、存储、输出设备,也常常是网络中的共享资源。提供服务的计算机一般称为服务器(Server),使用服务的计算机称为客户机(Client)。

传输介质是设备连接和数据传输的通路,包括有线介质和无线介质。计算机中的数据以电信号或电磁波的形式在传输介质中传播。有线介质有同轴电缆、双绞线、光纤等,信号以固定的方向沿传输介质传送,也称导向性传输介质。无线传输介质有微波、无线电、红外线、卫星等,信号的传送没有固定的方向,也称为非导向性传输介质。

2)软件组成

计算机网络软件包括网络操作系统、网络应用软件和网络协议和协议软件等。

网络操作系统管理应用程序对网络资源的访问,控制共享资源的安全访问,如目前的Windows、Linux、Open Euler 等。

网络应用软件实现某项具体的网络应用功能,如网页浏览软件、文件传输软件、网络音乐播放软件、网络视频观看软件、聊天软件等。

网络协议是为计算机网络进行数据交换而建立的一系列规则、标准或约定。网络上的计算机、网络设备间需要按照网络协议发送和接收信号,这些协议需要通过相应的软件来实现。

6.1.2　计算机网络的发展

早期的计算机非常昂贵,为了使多人共享计算机的资源,计算机科学家将多个终端设备连接到一台计算机上形成了面向终端的第一代计算机网络。

1. 第一代计算机网络(20 世纪 50 年代中期—20 世纪 60 年代中期)——单主机联机系统

第一代计算机网络以单主机为中心,通过通信线路、终端集中器将多台终端设备与主机连接,这样就构成了以主机为中心的联机网络系统,简称联机系统(图 6-1)。

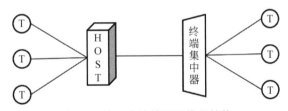

图 6-1　第一代计算机网络的结构

图 6-1 中,T 是 Terminal 的缩写,表示终端;HOST 是主机。主机和终端连接器之间的线路可以是 PSTN(Public Switched Telephone Network,公共交换电话网)。

在联机系统中,终端是没有处理能力的数据收发设备,主要由键盘、显示器和通信接口组成;主机是具有强大的计算和处理能力的计算机;终端集中器提供终端和远程主机的连接和通信功能。用户通过终端向主机发出操作请求,主机响应终端的请求完成相应的处理,并将结果回送给终端进行显示。

第一代计算机网络的代表是美国航空公司和 IBM 公司联合研制的在 20 世纪 60 年代投入使用的 SABRE-I 飞机订票系统,由一台主机和全美范围内的 2000 个终端组成。

联机系统实现了计算机资源的共享,但有以下缺点:一是主机需要承担数据处理和数据通信两方面的任务,主机负荷重;二是联机系统属于集中控制方式,主机故障将导致整个系统的崩溃,可靠性低。

2. 第二代计算机网络(20 世纪 60 年代中后期—20 世纪 80 年代初期)——主机互联网络

第二代计算机网络实现了多个联机系统中主机的互联,形成了多处理机为中心的网络。然后,为了减轻主机的负担,将通信功能从主机中分离出来,设计出通信控制处理器(Communication Control Processor,CCP)。主机承担数据的存储和处理工作,通过 CCP 完成数据通信和资源共享。CCP 之间通过通信线路互连,完成主机之间的数据通信。网络中,CCP 提供数据传输服务,由多个 CCP 组成的部分称为通信子网;主机提供资源服务,由主机组成的这部分网络称为资源子网。这样的网络称为两层网络(图 6-2)。

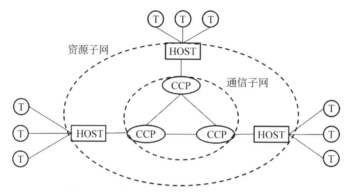

图 6-2　具有通信子网的第二代计算机网络

第二代网络的重要技术特征是分组交换技术。分组交换也称包交换,是将用户要传送的数据划分成多个更小的等长部分,每个部分叫作一个数据段。在每个数据段的前面加上一些必要的控制信息组成的首部,就构成了一个分组。首部用以指明该分组发往何处,然后由交换机(一种网络设备)根据每个分组的地址标志,将它们转发至目的地,这一过程称为分组交换。进行分组交换的通信网称为分组交换网。采用分组交换线路利用率高,可以连接传输速率不同的网络,即使数据流量较大时仍能有效传输,具有差错控制。

3. 第三代计算机网络(20 世纪 80 年代中期—20 世纪 90 年代初)——体系结构标准化网络

要实现计算机联网,不仅需要有相应的硬件和软件,还需要它们遵循一定的规则。计算机网络中,为完成计算机间的通信合作,把每个计算机互联的功能划分成有明确定义的层次,并规定同层次进程通信的协议及相邻层次之间的接口及服务。将同层进程通信的协议以及相邻层接口统称为**网络体系结构**。网络体系结构是联网的计算机硬件、软件需要遵循的标准。

1974 年,美国 IBM 公司推出 SNA(System Network Architecture,系统网络体系结构);1975 年,美国 DEC 公司推出 DNA(Digital Network Architecture,数字网络体系结

构),UNICVAC公司宣布了DCA(Distributed Communication Architecture,分布式通信体系结构),等等。不同厂商设计出不同的网络体系结构。采用不同公司设备的计算机网络不能互通,设备不能相互替代,给用户造成不便,给推广带来困难。

1977年,国际标准化组织(International Standards Organization,ISO)开始研究计算机网络体系结构的标准化问题,提出使各种计算机在世界范围内互联的标准框架,于1983年推出了开放系统互连参考模型(Open System Interconnection/Reference Model,OSI/RM),简称OSI模型。OSI模型为计算机网络的普及奠定了基础。

4. 第四代计算机网络(20世纪90年代初至今)——因特网

OSI的诞生促进了计算机网络的发展,特别是局域网的普及。然而由于其标准过于细致,以至于没有在此标准下的大型互联网络诞生。源于1969年,最初只连接了四个结点的ARPA(Advanced Research Projects Agency,美国国防部高级研究计划署)网络,由于结构简单,连接范围不断扩大。1975年,ARPANET已经连入了100多台主机;1992年连接的主机达100万台,发展成为世界范围内计算机网络互联的网络——因特网(Internet)。因特网以TCP/IP为网络体系结构,实现世界范围内的网络和主机的互联。

1994年4月20日,我国用64kb/s的专线正式加入因特网;同年5月,中国科学院高能物理研究所设立了我国第一个万维网(WWW)服务器;同年9月,中国公用计算机互联网CHINANET正式启动。

5. 下一代网络

下一代网络是相对于传统的以话音为主的电信网络提出的,泛指以IP为核心,可以支持语音、数据和多媒体业务的综合开放网络。20世纪90年代末,电信市场在世界范围内开放竞争,互联网的广泛使用使数据业务急剧增长,用户对多媒体业务产生强烈需求,电信业面临着强烈的市场冲击。2002年,全球移动电话用户数超过固定电话用户数,数据业务量超过话音业务量。数据业务激增,电信网、互联网需要统一,产生了下一代计算机网络(Next Generation Network,NGN)的概念。

下一代网络是基于分组的网络,采用开放、标准体系结构,能够提供电信业务,支持通用移动性,可实现因特网、移动通信网、固定电话通信网络的融合。目前,下一代网络依托光纤等多样化介质,以软交换为核心,能够提供包括语音、数据、视频和多媒体业务,并采用基于分组技术的综合开放网络架构,代表了互联网的发展方向。

6.1.3　计算机网络分类

根据不同的用户视角或应用方式,计算机网络可以分为不同的类型。

1. 按照网络结点分布范围划分

按照网络结点分布的地理范围,可以将网络分为局域网、城域网和广域网。

局域网(LAN)是指网络中的计算机分布在相对较小的区域,通常不超过10km,如同一房间内的若干计算机联网,同一楼内的若干计算机联网;同一校园、厂区内的若干计算机联网等。在局域网中,当网络结点采用无线连接时,就是无线局域网。

城域网(MAN)是指网络中的计算机分布在同一城区内,覆盖范围为 10～100km,如一个城市内的计算机网络。

广域网(WAN)是指网络中的计算机跨区域分布,地理范围能够覆盖 100km 以上的范围,如同一个省、同一个国家或同一个洲甚至跨越几个洲等。广域网也称为 Internet,通常是由多个局域网或城域网组成。

2. 根据网络的传输介质划分

根据计算机网络所采用的传输介质,可以将计算机网络分为有线网络和无线网络。

有线网络是指采用双绞线和光纤来连接的计算机网络。双绞线的价格便宜、安装方便,但容易受到干扰;光纤传输距离长、传输速率高、抗干扰能力强,且不会受到电子监听设备的监听,是高安全性网络的理想选择。

无线网络是指采用电磁波作为载体来实现数据传输的网络类型。由于无线网络联网方式较为灵活,已经成为有线网络的有效补充和延伸。

3. 根据网络的拓扑结构划分

根据网络的拓扑结构,计算机网络可以划分为:总线型网络(例如以太网)、环状网络(例如令牌环网)、星状网络、树状网络、网状网络和混合网络。

总线型拓扑:这种结构的网络中各个结点设备通过连接器和一根传输电缆相连,这根电缆是这些结点传输信号的公共通路,如图 6-3 所示。图中的长方体表示联网的计算机。总线型拓扑结构简单、灵活,可扩充性能好,结点设备的插入与拆卸方便。但是由于所有的结点通信均通过一条共用的总线,所以实时性较差,总线的任何一点出现故障都会造成整个网络的瘫痪。

图 6-3　总线型拓扑

星状拓扑:星状拓扑有一个中心设备,联网的计算机都连接到这个中心设备上,中心设备是控制中心,任何两个结点之间的通信都要经过中间设备,如图 6-4 所示。星状结构联网简单,建网容易,便于控制和管理,但是一旦中心结点出现故障,则会导致全网瘫痪。目前的局域网一般仍采用这种结构,传输介质是双绞线,中心设备是集线器或交换机。

环状拓扑:网络中各结点通过一条首尾相连的通信链路连接起来形成一个闭合的环,数据沿环状线路逐结点单向传输,到达目的结点时,目的结点接收数据,如图 6-5 所示。获得权限的主机才能发送数据以避免冲突。环状网中

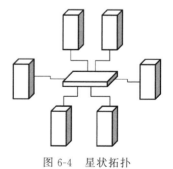

图 6-4　星状拓扑

的发送权像一块令牌,所以这样的网络也叫**令牌环**(Token Ring)**网**。环状拓扑结构简单,易于实现,成本低,但结点较多时效率低,某个结点的故障将导致整个网络故障,可靠性差。为了提高可靠性,环状网常常做成双环。环状网中,由于环路是封闭的,所以不便于扩充。双光纤环状网络目前在城市、校园等场景的主干网络中得到了广泛应用。

　　树状拓扑:树状结构是由星状结构中的中心设备级联而成的,最上面像树根,中间是分支,最下面像树叶,形成一种从上到下的层次关系(图 6-6)。每个中间设备上可以连接中间设备形成级联关系,也可以连接主机。树状拓扑结构的网络结构简单,扩充容易,设备故障只影响下级的网络,根结点的故障会影响整个网络,但其下的设备构成的局部网络仍能正常通信。树状拓扑常用于楼宇内网络,如房间的多台主机连接到房间的交换机上,各房间的交换机连接到本楼层的交换机上,各楼层交换机连接到本楼宇的交换机上,楼宇交换机连接到网络中心。

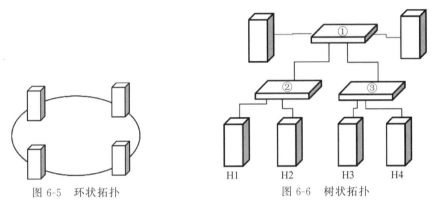

图 6-5　环状拓扑　　　　图 6-6　树状拓扑

　　网状拓扑:网状拓扑中两个结点之间有多条通路相连,一条通路故障可以通过其他通路进行通信,所以可靠性较高。但由于链路多,所以连接复杂,成本高。常用于远程主干网,如城市之间的网络连接。

　　混合结构:目前的网络一般是混合结构,通常在主干网中采用网状结构,在楼宇中采用树状结构,在房间采用星状结构。

4. 按照网络共享服务方式划分

　　从网络服务的管理角度,网络可以划分为客户机/服务器(C/S)网络、对等(P2P)网络、浏览器/服务器(B/S)网络和混合网络。

　　P2P 网络:网络中的每台计算机都是平等的,既可承担客户机功能,也可承担服务器功能。当承担客户机功能时,发出服务请求,得到回应;当承担服务器功能时,对客户请求给出服务响应。

　　C/S 网络:网络中的计算机划分为客户机和服务器,客户机只享受网络服务(发出请求,获得响应),服务器提供网络资源服务(提供响应)。

　　B/S 网络:网络中的用户只需要在自己的计算机或手机上安装一个浏览器,就可以通过 Web 服务器访问网络资源或与后台数据库进行数据交互。该模式将不同用户的接入模式统一到了浏览器上,让核心业务的处理在服务端完成,是 Web 技术兴起后的一种

网络结构模式。

混合网络：网络中同时存在两种或多种网络结构，既提供 P2P 网络服务，也提供 C/S 服务或 B/S 服务。

6.1.4 网络体系结构

计算机网络是相互连接的、以共享资源为目的的、自治的计算机的集合；为了保证计算机网络有效且可靠运行，网络中的各个结点、通信链路就必须遵守一整套合理而严谨的结构化管理规则。这些管理规则包括网络分层体系及其协议规范。

1. 计算机网络的七层体系架构

计算机网络按照分层模式建立了一个开放的、能为大多数机构和组织承认的网络互联标准，即**开放系统互连**参考模型（Open System Interconnection Reference Model），简称 OSI/RM 或 OSI **参考模型**。OSI 参考模型定义了计算机相互连接的标准框架，该框架将网络结构分为七层，如图 6-7 所示。由下向上分别是物理层、数据链路层、网络层、传输层、会话层、表示层和应用层。

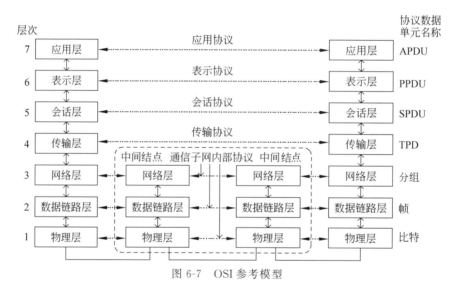

图 6-7 OSI 参考模型

各层的功能如下。

1）物理层

物理层位于 OSI 模型的最底层，它规定了网络接口的标准，包括机械特性、电气特性、功能特性、规程特性等，如连接器的尺寸、连线根数，每种信号的电平、信号脉冲宽度，引脚的含义，信号发送的顺序、操作过程等。物理层的主要任务是实现比特流的透明传输，即经过实际电路传送后的比特流没有发生变化。

2）数据链路层

链路是从一个结点到相邻结点的一段物理线路，中间没有其他的交换结点。传送数据时，还需要通信协议来控制数据的传输。把实现这些协议的硬件和软件加到链路上，就构成了数据链路。数据链路层的主要任务是在两个相邻结点间的线路上无差错地传送以帧(Frame)为单位的数据。帧是数据链路层传输数据的单位,如 512B、1024B 或 1500B 等。如果要传送的数据量大,就要分成若干帧传送。由于物理层仅接收和传送比特流,并不关心比特流的意义和结构,所以数据链路层要产生和识别帧边界。另外,数据链路层还提供了差错控制与流量控制的方法,保证在物理线路上传送的数据无差错。广播式网络在数据链路层还要处理新的问题,即如何控制各个结点对共享信道的访问。

3) 网络层

网络层传送数据的单位称为**分组**(Packet),也称为**数据包**。相互通信的主机之间可能要经过许多个结点和链路,跨越不同的网络。网络层的主要任务是选择一条从数据的发送端到接收端的合适的路线,即路由选择,使发送端数据分组能够按照地址传送到目的主机。此外,如果在网络中同时出现过多的分组,它们将相互阻塞通路,形成瓶颈,因此网络层具有拥塞控制功能。另外,当数据分组需要经过另一个网络以到达目的地时,第二个网络的寻址方法、分组长度、网络协议可能与第一个网络不同,因此,网络层还要解决异构网络的互联问题。

4) 传输层

传输层也叫运输层,它的主要功能是为两台主机中的进程之间提供通用的数据传输服务,也常说端到端的通信,即进程和进程之间的通信。所谓"通用",是指不同进程都可以使用传输层的服务。网络层负责将数据从一台主机传送到另一台主机,而传输层需要将数据交付给相应的进程。传输层的协议数据单元称为数据段(Segment)。此外,传输层的功能还包括传输连接的建立和拆除、拥塞控制、流量控制、差错检测等。

5) 会话层

会话层是 OSI 参考模型的第 5 层。会话是两个进程之间的一次连接和通信。会话层的主要任务包括会话的建立、恢复、拆除、有序通信等。

6) 表示层

表示层是 OSI 参考模型的第 6 层。表示层的主要功能是统一通信双方的信息表示格式,包括数据语法的表示、数据语法转换、数据加密和数据压缩等。

7) 应用层

应用层是 OSI 参考模型的最高层。应用层为网络用户或应用程序提供各种具体应用服务,如文件传输、电子邮件、网页浏览、音乐播放、网络管理、远程登录等。通常一种应用层服务是一个应用软件,也可以在一个软件中为用户提供多种服务。应用层发送和接收的数据称为报文(Message)。

2. 计算机网络的五层体系架构

随着技术的发展,OSI 参考模型中的"会话层"和"表示层"已经被合并到"应用层"之中,所以,目前流行的计算机网络是五层互联网参考模型。

由于计算机网络功能不断增强,应用种类不断增多,所以,五层互联网参考模型中的应用层协议发展最为迅速,各种新的应用协议不断涌现,这给应用层的功能标准化带来了复杂性和困难性。相比其他层,应用层的标准虽多,但也是最不成熟的一层。目前,应用层的主要协议包括:支持网络搜索的超文本传输协议(HTTP)、支持文件共享的文件传输协议(FTP)、支持网络邮箱的简单邮件传输协议(SMTP)和邮局协议(POP3)等。

6.1.5 计算机网络的数据封装与传输过程

通过上面 OSI 参考模型的介绍可以发现,计算机网络的每个层次各司其职,负责不同的功能。这些功能组合起来,就可以完成一次完整的数据发送或数据接收过程。数据发送时自顶向下,数据接收时自底向上。下面以五层互联网参考模型为例分别进行介绍。

1. 计算机网络的数据发送

在五层的互联网模型中,数据发送是一个典型的应用数据封装过程。所谓**数据封装**就是指将每层的协议数据单元(PDU)封装在一组协议头、数据和协议尾中的过程。

首先,用户数据通过应用层协议,封装上应用层首部,构成应用数据;应用数据作为整体,在传输层封装上 TCP 首部,就是报文;然后,报文传输到网络层封装上 IP 首部,就是数据包;封装后的 IP 数据包作为整体传输到数据链路层,数据链路层将其封装上 MAC(Media Access Control,介质访问控制)协议头部,就是数据帧。数据帧传输到以太网卡(注意:以太网卡包含数据链路层的功能和物理层的功能)后,通过硬件加入以太网首部,然后再在物理线路上传输。

具体数据发送过程如下。

(1) 在应用层,用户数据添加上一些控制信息(如用户数据大小、用户数据校验码等)后,形成应用数据。如果需要,将应用数据的格式转换为标准格式(如英文的 ASCII 或标准的 Unicode),或进行应用数据压缩、加密等,然后发往传输层。

(2) 传输层接收到应用数据后,根据流量控制需要,分解为若干数据段,并在发送方和接收方主机之间建立一条可靠的连接,将数据段封装成报文后依次传送给网络层。每个报文均包括一个数据段及这个数据段的控制信息(如端口号、数据大小、序列号等)。

(3) 在网络层,来自传输层的每个报文首部被添加上逻辑地址(如 IP 地址)和一些控制信息后,构成一个网络数据包,然后发送到数据链路层。每个数据包增加逻辑地址后,都可以通过互联网络找到其要传输的目标主机。

(4) 在数据链路层,来自网络层的数据包的头部附加上物理地址(即网卡标识,以MAC 地址呈现)和控制信息(如长度、校验码、类型等),构成一个数据帧,然后发往物理层。需要注意的是:在本地网段上,数据帧使用网卡标识(即硬件地址)可以唯一标识每一台主机,防止不同网络结点使用相同逻辑地址(即 IP 地址)而带来的通信冲突。

(5) 在物理层,数据帧通过网卡硬件单元增加链路标志(如 01111110B)后转换为比特流发送到物理链路。比特流的发送需要按照预先规定的数字编码方式和时钟频率进行控制。

2. 计算机网络的数据接收

与发送方的发送数据过程相反,接收方接收数据的过程就是从以太网卡开始逐层依次解包的过程。

具体过程如下。

（1）在物理层，连接到物理链路上的网络结点通过网卡上的硬件单元，使用预先规定的数字编码方式和时钟频率对物理链路信息进行读取，形成数据帧，并发往数据链路层。

（2）在数据链路层，对从物理层接收的数据帧进行校验和物理地址（MAC）比对，如果校验出错或地址比对不符，则抛弃该帧；否则，去除物理地址、帧头、帧尾和校验码后形成数据包，发送到网络层。

（3）在网络层，比对数据包头部的逻辑地址（如 IP 地址）与本机设置的 IP 地址是否一致，如果一致，则将数据包的 IP 头去除，形成一个数据报文，发往传输层；否则，该数据包被抛弃。

（4）传输层收到网络层的数据报文后，提取报文中的控制信息（如报文系列号等），将每个报文去除头部信息，构成数据段后进行缓存。并根据报文的序列号，将数据段组装成完整的应用数据，并发送到应用层。

（5）在应用层，应用数据根据需要进行数据格式转换、解压、解密等处理，去除一些控制信息（如数据大小、校验码等）后，转换为用户数据。至此，数据接收过程完毕。

6.1.6 TCP/IP 模型

ARPANET 最初使用的网络协议不能实现异构计算机的互联。1974 年，罗伯特·埃利奥特·卡恩（Robert Elliot Kahn，常称鲍勃·卡恩 Bob Kahn）和温顿·瑟夫（Vint Cerf），在 IEEE 通信汇刊（*IEEE Transactions on Communications*）上发表了一篇题为《一种分组交换网络的通信协议》，提出 TCP/IP 以解决该问题。1983 年，ARPANET 采用 TCP/IP 作为其标准协议，使得使用 TCP/IP 的异构计算机能够通信。如今 TCP/IP 成为因特网的标准协议。

TCP/IP 不是一个协议，而是一系列协议，即协议簇。 TCP/IP 关于网络层次的划分和相关协议构成 TCP/IP 体系结构，也叫 TCP/IP **模型**。所以平时说的 TCP/IP 实际说的是这个体系结构，而 TCP 和 IP 是这个体系结构中的两个协议。

TCP/IP 模型分为四个层次，自下而上分别是网络接口层、网际层、传输层和应用层，其中，网络接口层包括 OSI 的物理层和数据链路层，网际层相当于 OSI 的网络层。图 6-8 给出了 TCP/IP 参考模型的层次结构以及与 OSI/RM 参考模型的对应关系。OSI 中表示层和会话层的功能在 TCP/IP 中包括在了应用层中。

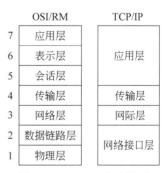

图 6-8　TCP/IP 参考模型

1. 传输层协议 TCP 和 UDP

传输层提供进程到进程之间的通信。传输层的协议主要有两个：TCP 和 UDP。

TCP（Transmission Control Protocol，传输控制协议）提供可靠的、面向连接的服务。所谓**面向连接**，就是通信双方在传输数据前要建立一条从源到目的的逻辑通路，然后传输数据,传输过程要保证数据正确到达目的主机中的相应进程,无差错、不丢失、不重复、按序到达,传输结束时拆除连接。

为了使传输层知道发送和接收数据的是哪个进程,需要给每个收发数据的进程一个编号,称为**端口**(Port)。发送数据时,进程把数据发给相应的端口,传输层从该端口读取数据并处理。在接收端,传输层收到数据后发给目的端口,相应进程从这个端口接收数据。如 HTTP 服务的默认端口号为 80,SMTP 的默认端口号是 25,POP3 协议的默认端口号是 110,安全的远程登录协议 SSH 的默认端口号是 22,FTP 使用 21 号端口传输控制信息,使用 20 号端口传输数据。端口不仅是一个编号,还需要有一定的缓存来暂时存放数据。

网页浏览、电子邮件、文件传输通常使用 TCP,确保数据正确。

UDP(User Datagram Protocol,用户数据报协议)提供不可靠的、无连接的服务。所谓**无连接**,就是不管接收方是否有所准备,发送方需要的时候只管发送,不管对方是否正确接收。所以 UDP 没有建立和拆除连接的过程,没有流量和拥塞控制,所以 UDP 更简洁快速。UDP 常用于与时间有关而对差错要求不高的场合,如语音、视频通信等。

2. 网际协议 IP

IP 是 TCP/IP 网际层的核心协议,它提供无连接的数据报传送机制。IP 只负责将分组送到目的结点,至于传输是否正确,不做验证,不发确认,也不保证分组的正确顺序,因此不能保证传输的可靠性。在 IP 分组中,包含源 IP 地址用于指明发送 IP 分组的源主机的 IP 地址,目的 IP 地址用于指明接收 IP 分组的目标主机的 IP 地址。

在 TCP/IP 模型中,IP 主要完成无连接的数据报传输、数据报路由(IP 路由)、分组的分段和重组。

网际层协议除 IP 外,还有 ARP(Address Resolution Protocol,地址解析协议)、ICMP(Internet Control Message Protocol,网际控制报文协议)和 IGMP(Internet Group Management Protocol,网际组管理协议)等,称为 IP **协议簇**,它们的共同目的是使得数据能够在不同的网络上传输。

网际层的数据传输单位是数据分组,也叫**数据报**,其中,报头有源和目的结点的 IP 地址。当目的主机和源主机在同一个网络(可以用 IP 地址的网络地址部分识别)时,源主机使用广播方式发送信息。如果目的主机和源主机不在同一个网络,源主机就将信息发送给本网中一个预先设定好的叫路由器的设备,由它转发给下一个路由器,依次转发,直到到达目的地的网络,最后一个路由器广播给目的主机。每个路由器中都保存着一个到达目的网络的下一个路由器的地址,叫**路由表**,如果不知道下一个路由器,路由器会自己学习寻找并更新路由表。

6.2 计算机网络设备与服务

不论是局域网、城域网还是广域网,在网络互联时,一般要通过传输介质和网络设备相连。下面首先介绍网络传输介质,然后介绍网络互联设备,最后简介在网络上的常用服务。

6.2.1 传输介质

传输介质是设备连接和数据传输的通路,包括有线介质和无线介质。有线介质有同轴电缆、双绞线、光纤等(图 6-9～图 6-11)。无线传输介质有微波、无线电、红外线、卫星等(图 6-12)。

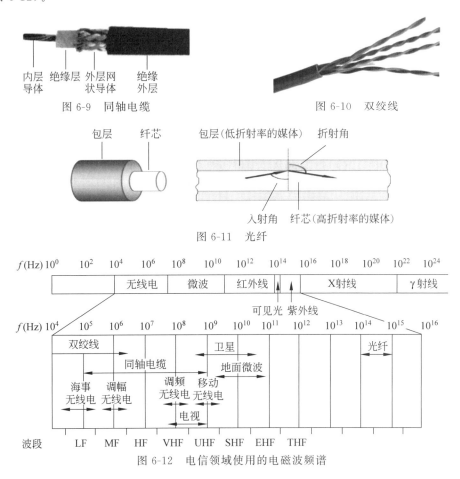

图 6-9 同轴电缆   图 6-10 双绞线

图 6-11 光纤

图 6-12 电信领域使用的电磁波频谱

1. 同轴电缆

同轴电缆由内导体铜质芯线、隔离材料、网状编织的外导体屏蔽层以及绝缘外层组成。由于外导体屏蔽层的作用,同轴电缆具有很好的抗干扰特性,被广泛用于较高速率的数据传输。同轴电缆可以传输数字信号(计算机网络用)或模拟信号(曾经的闭路电视)。传输数字信号的同轴电缆也叫**基带同轴电缆**。基带同轴电缆又有粗缆和细缆之分,它们的直径不同,电器特性也不同。细缆的传输速率是 10Mb/s,单段传输距离是 185m,可以使用叫中继器(Repeater)的设备将信号放大、整形连接 5 段 185m 的细缆使总的传输距离达到 910m。粗缆的传输速率也是 10Mb/s,单段传输距离 500m,可用 4 个中继器连接 5

段粗缆,使传输距离达到 2.5km。同轴电缆用于早期的局域网中,由于其线径粗,安装不便,线路可靠性差,相对成本高,已被双绞线代替。

2. 双绞线

双绞线把两根相互绝缘的铜导线并排放在一起,然后用规则的方法绞合在一起构成双绞线。网络中使用的双绞线一般是 4 对 8 根双绞线,每根线都规定了编号和含义。双绞线的单段传输距离是 100m,目前的传输速率一般是 100Mb/s 或 1000Mb/s。双绞线连接方便,成本低,可靠性高,目前仍被广泛采用。

3. 光纤

光纤由纤芯和包层构成。纤芯很细,直径为 $8\sim100\mu m(1\mu m=10^{-6}m)$。纤芯具有高折射率,包层具有低折射率。光波在纤芯中传播,光线从高折射率的媒体射向低折射率的媒体时,如果入射角大于临界角,就会产生全反射,这样光就会沿光纤传播而损失极小。光纤传输损耗小,传输距离长,抗雷电和电磁干扰性能好,保密性能好,体积小,重量轻,常用在网络的主干中。光纤的传输速率可达几十 Gb/s,单段传输距离达数十千米。

4. 无线介质

无线介质主要是电磁波。ITU(国际电信联盟)按照频率将无线介质划分成不同的波段,用于不同的用途。远距离数据通信主要使用的是微波,频率范围为 $300MHz\sim300GHz$,实际使用的频率是 $2\sim40GHz$。微波在空间是直线传播的,而地球的表面是曲面,再加上地球上的障碍物,一般直线传输距离是 50km。在地面上可以使用中继站延长传输距离(地面微波)。空中可以使用卫星作中继站,使微波可以传输到地球上的任何地方。微波通信的优点是容量大,传输距离长,不需要架设电缆。缺点是受天气和电磁干扰,保密性差。

无线局域网使用的频段是 $2.4\sim2.4835GHz$ 和 $5.725\sim5.850GHz$,最初的传输速率为 3Mb/s,目前的传输速率可达 7Gb/s。无线局域网的标准有 IEEE 802.11b、IEEE 802.11a、IEEE 802.11g、IEEE 802.11n、IEEE 802.11ad、IEEE 802.11ac 等,它们使用不同的频率,使用不同的技术、方法,有不同的传输速率和传输距离。

不同的应用需求需要不同的传输介质。有线介质信号稳定、传输速度快、传输速率高,但需要布线,常常成本也高。无线传输介质连接方便,但传输速度相对较低、距离短、易受环境干扰。

6.2.2　网络互联设备

网络连接设备(简称网络设备)指除计算机设备和传输介质外,连接传输介质,对数据进行收、发并对信号进行变换的中间设备。不同类型的网络与不同规模范围的网络所使用的连接设备也有所不同,常见的网络连接设备包括网络接口卡、集线器、交换机和路由器等。

1. 网络接口卡

在网络中,任何联网的设备(计算机或具有网络连接功能的各种设备,如打印机、摄像头、存储设备、网络家电、手机等)都需要配置一个或多个网络接口卡(或称网络适配器,简称网卡)。网卡工作在数据链路层,即具有数据链路层和物理层的功能。网卡一端连接主机(或网络设备),另一端连接传输介质。负责将数据以信号的形式发送到传输介质上和从网络传输介质接收信号转换为数据。早期的网卡是一个单独的部件(图 6-13),使用时需要插到主机的扩展槽中,侧面的接口用于连接网线。目前大多数网卡是集成到主机的主板上的,主板后面提供一个网线的插口。在移动设备中常用无线网卡,可以是单独的部件(如 USB 无线网卡),也可以集成到主板中(如大多数笔记本、平板电脑、手机等)。

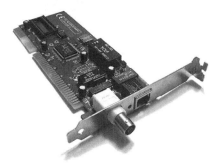

图 6-13　独立的网络接口卡

对于独立的网卡,需要考虑的指标有主机接口类型、介质接口类型和传输速率等。主机接口类型如 PCI、PCI-E、USB 等,要与主机的扩展槽对应。介质接口类型早期有同轴电缆,目前多数是双绞线和无线,也有光纤接口的网卡。传输速率目前是从百兆到千兆 b/s。

2. 中继器和集线器

由于介质存在电阻、电容和电感,当信号在电缆上传输时,信号的强度会逐渐减弱,信号的波形也会逐渐畸变,因此信号的传输距离就有所限制。如果网络延伸的距离超出了限制,就需要使用一种称为**中继器**(Repeater)的设备来对信号放大,使信号能够传输更远的距离而不至衰减到无法被读取的程度。中继器用于延长网络的传输距离,用中继器连接起来的主机是同一个局域网。早期的中继器在外形上是有两个网络接口的小盒子。

中继器在 OSI 参考模型的物理层工作,因此不能把两种具有不同链路层协议的 LAN 连接起来。由于中继器仅是对它所接收到的信号进行复制,不具备检查错误和纠正错误的功能,因此错误的数据会被中继器复制到另一电缆段。中继器不对网络上传输的信息进行任何形式的过滤,因此用中继器连接起来的两段网络仍在一个共享介质的区域内,两边的主机同时发送信号会产生冲突,称为同一个**冲突域**。

在双绞线介质和光纤介质的网络上,中继功能被内置于集线器或交换机中,因此目前很难再见到独立的中继器。**集线器**(Hub)是对网络进行集中管理的最小单元,本质上是一个多端口的中继器,因此它的工作原理与中继器几乎完全相同。现在的网络中,每台计算机或服务器都用独立的双绞线连接到集线器的一个端口上,如图 6-14 所示。从形式上看,似乎这种结构的网络中每台计算机都独享一条传输介质,但实际上这种结构的网络仍然属于共享介质的网络——连接到集线器的计算机共享集线器内部的总线。从这个意义上说,集线器就是一个将共享介质总线折叠到铁盒子中的集中连接设备。

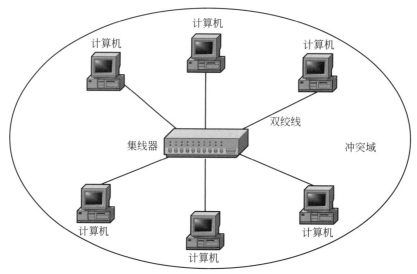

图 6-14　使用集线器的网络

3. 网桥和交换机

网桥用于连接两个局域网构成一个更大的局域网(图 6-15)。每个局域网称为一个**网段**。网桥工作在 OSI 参考模型中数据链路层的 MAC 子层。网桥监听所有流经它所连接的网段的数据帧,并检查每个数据帧中的 MAC 地址,以此决定是否将该帧发往其他网段,也就是说,**网桥**是一个根据 MAC 地址决定如何转发数据的网络连接设备。

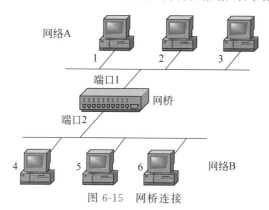

图 6-15　网桥连接

1) 网桥的学习机制

网桥能够转发数据的基础是其所具有的学习能力。在网桥内部保存有一个记录了主机地址与对应端口的数据库,这个数据库称为**转发表**。当开启网桥的电源时,转发表是空的。为了填写转发表,网桥需要接收来自所有端口的数据帧。当网桥接收到一个完整的数据帧时,它将其源地址与转发表进行比较。如果源地址不在转发表中,网桥会将它加入,同时加入的还有接收到该数据帧的端口号。这个过程称为**"逆向学习"**。因为网桥具有这种自学习能力,新的站点可以自动添加到转发表中而不必用手工来配置网桥。

2）网桥的工作机制

一旦转发表中有记录，网桥就可以利用转发表进行数据帧的过滤和转发操作，过程如下。

（1）如果从某个端口接收到一个完整的数据帧，则取出其目的地址与转发表进行比较。

（2）如果在转发表中找到与目标地址相同的主机地址，则转（3），否则转（4）。

（3）判断目的地址对应的端口是否和收到该帧的端口相同（即判断源主机与目的主机是否在同一个网段上）。若相同，则丢弃该帧（过滤本网段帧），否则把数据帧通过目的地址对应的端口转发出去（转发异网段帧）。

（4）把数据帧发往除接收端口以外的所有端口（广播未知帧）。

3）网桥连接的优点

（1）过滤通信量，增大吞吐量。在图 6-15 中，如果用集线器连接两个网络，所有主机中同时只能有一台发送数据。如果用网桥连接，则网络 A 中同时有一台可以发送到网络 A，网络 B 中同时也可以有一台发送到网络 B。也就是说，网桥连接的两边内部是可以同时通信的。

（2）扩大物理范围。也起到集线器的作用。

（3）提高可靠性。网络故障可能只影响个别网段。

（4）可以连接不同数据链路层和不同物理层协议的局域网，用网桥连接的网络仍属于一个局域网。

4）交换机

交换机的工作原理与网桥类似，它工作在 OSI 参考模型第二层，和网桥一样都属于存储转发设备，也是根据所接收的帧中的源 MAC 地址构造转发表，根据所接收帧中的目标 MAC 地址进行过滤转发操作，但其转发延迟要比网桥小得多，接近于端口标称的速度，并且交换机比网桥具有更高的端口密度，从这个意义上可以把交换机看成是一种多端口的高速网桥。

与用网桥在外部把 LAN 分为多个网段不同，交换机通过其内部的交换矩阵将 LAN 分成多个独立网段，并以线速为这些网段提供互联。交换机还能够同时在多对端口间无冲突地交换帧。也就是说，交换机本身构成了一个无冲突域。从数据帧进入交换机的端口缓冲区直到帧被交换机从目的端口发出都不会再遇到冲突（无冲突域仅包含交换机本身，并不包含其外部连接的网段）。这个特性允许连接到交换机的多对用户能够同时进行数据传送（并行通信），例如，一个 24 端口交换机可支持 12 对用户同时通信，这实际上达到了增加网络带宽的目的。在图 6-16 中，站点 A 与站点 F、站点 B 与站点 E、站点 C 与站点 H、站点 D 与站点 G 形成了四对连接，这四对站点能够以全速同时进行通信。对整个网络来说，网络总体带宽达到了 40Mb/s。一般地，若交换机的端口个数为 N，每个端口的速率为 B，则该交换机的总容量为 $N \times B/2 \sim N \times B$。注意，与交换机端口相连接的不仅可以是单独的站点，还可以是一个网段（如一个共享型集线器连接若干个站点构成的网段）。

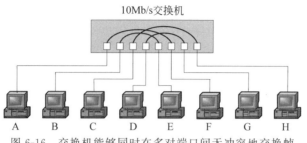

图 6-16　交换机能够同时在多对端口间无冲突地交换帧

4. 路由器

路由器工作在 OSI 模型的网络层(TCP/IP 模型的网际层),用于连接广域网。路由器在外形上是一个有多个网络接口(简称端口)的盒子(图 6-17),每个端口可以连接一个路由器或局域网。路由器的功能是将从一个端口收到的信息,从通往正确目的地的端口送出去。

图 6-17　路由器

路由器中有一个保存路由信息的数据库——路由表,它包含互联网络中各个子网(与路由器连接的每一个网络)的地址、到达各子网所经过路径的端口以及与路径相联系的传输开销等内容。一般来说,路由表中的传输路径都经过了优化,它是综合了网络负载、传输速率、延时、中间结点数、分组长度、分组头中规定的服务类型等因素来确定的。

互联网中各个网络和它们之间相互连接的情况经常会发生变化,因此路由表中的信息需要及时更新,建立和更新路由表的算法称为**路由算法**。网络中的每个路由器都会根据路由算法定时地或者在网络发生变化时来更新其路由表。路由表的维护需要通过路由器之间交换路由信息来完成。

当一个 IP 数据报被路由器接收到时,路由器先从该 IP 数据报中取出目的主机的 IP 地址,从中计算出目的主机所在网络的网络地址,然后用网络地址去查找路由表以决定通过哪一个端口转发该 IP 数据报。这种根据分组的目的网络地址查找路由表,最终决定分组转发路径的过程称为**路由选择**。

互联网是由多个路由器连接在一起的物理网络所组成。源主机发送的数据分组可能被直接递送到同一网络中的目的主机(称为直接路由选择),也可能要间接地经过多个路由器,穿越多个网络才能到达目的主机(称为间接路由选择)。间接路由选择中,目的主机与源主机不在同一个网络中,所以源主机必须指示要通过哪个路由器进行转发(这就是在 Windows 操作系统中要设置网关的原因),然后由该路由器根据分组中的地址将分组转发到下一个路由器,这样使分组逐渐向目的主机靠近,直到最后能直接递送为止。

6.2.3　网络编址

计算机联入网络时,为了区分不同的计算机,也为了信息的快速送达,需要给每台计算机或者每个联网的设备一个唯一的标识,这就是本节要介绍的网络编址。不同的目的,有不同的编址方法。

1. MAC 地址

MAC(Media Access Control)是数据链路层的一个子层。MAC 地址是这个层上的网络设备的地址,它被记录在每一块网卡上,是一个 6B 长的二进制代号,其前 3B 由 IEEE 注册管理机构(Registration Authority,RA)分配给网卡生产商,后 3B 由网卡生产商分配给它生产的网卡,全球每块网卡都有不同的 MAC 地址。由于 MAC 地址是固化到网卡上的,也叫**硬件地址**或**物理地址**。更换网卡,其 MAC 地址也会改变。一台设备有多个网卡,每块网卡都有一个不同的 MAC 地址。局域网中,一个主机给另一个主机发送信息,使用的是 MAC 地址。

在 Windows 的命令提示符方式下,输入"ipconfig /all"可以查看本机网卡的 MAC 地址,如:

```
C:\>ipconfig /all
无线局域网适配器 WLAN:
    连接特定的 DNS 后缀 . . . . . . . :
    描述. . . . . . . . . . . . . . . : Intel(R) Dual Band Wireless-AC 8265
    物理地址. . . . . . . . . . . . . : 18-56-80-6E-0B-45
    DHCP 已启用 . . . . . . . . . . . : 是
    自动配置已启用. . . . . . . . . . : 是
    本地连接 IPv6 地址. . . . . . . : fe80::c15:8bc0:b4e9:70bd%5(首选)
    IPv4 地址 . . . . . . . . . . . . : 192.168.1.107(首选)
    子网掩码  . . . . . . . . . . . . : 255.255.255.0
    获得租约的时间  . . . . . . . . : 2023 年 5 月 22 日 8:30:54
    租约过期的时间  . . . . . . . . : 2023 年 5 月 22 日 17:30:54
    默认网关. . . . . . . . . . . . . : 192.168.1.1
    DHCP 服务器 . . . . . . . . . . . : 192.168.1.1
    ...
```

其中,18-56-80-6E-0B-45 是物理地址,以十六进制形式显示,用"-"隔开。

2. IP 地址

IP 地址是给因特网上每台主机(或路由器)的每个接口分配的全世界范围内唯一的标识,它是一个 32 位二进制数,由因特网名称和数字分配机构(Internet Corporation for Assigned Names and Numbers,ICANN)统一分配。IP 地址最终分配给网卡,但没有固化到网卡上,是一种绑定关系,更换网卡,新网卡仍可以使用该 IP 地址。

1) IP 地址的组成和类别

一个 IP 地址由前后两部分组成,前一部分表示网络号,称为**网络地址**;后一部分表示这个网络下的主机号,称为**主机地址**。书写时,为了方便,将其每个字节转换为一个十进制数,用点隔开,如 202.117.35.101,称为**点分十进制形式**。根据不同的需要,网络号和主机号占不同的位数,用不同的前缀,将 IP 地址分为 A、B、C、D、E 五类。具体分法见图 6-18。

图 6-18 五类 IP 地址

其中:

A 类地址的第 1 字节表示网络地址,最高位为 0,7 位可分配,再后面的 24 位表示某网络中的主机地址。网络地址全 0 的 IP 地址表示"本网络";网络地址为 01111111(十进制 127)的地址为环回测试地址,用于本主机的进程间的通信。所以,A 类 IP 地址可分配的网络地址有 2^7-2 个。主机地址部分,全 0 表示"这是网络地址";全 1 表示"所有主机",所以一个 A 类 IP 地址可分配的主机地址有 $2^{24}-2$ 个。

B 类地址的第 1、2 字节表示网络地址,最高两位为 10,14 位可分配,后 16 位表示主机。B 类网络的 128.0.0.0 不分配,所以,B 类网络可分配的网络地址有 $2^{14}-1$ 个,可分配主机地址有 $2^{16}-2$ 个。

C 类地址的前三字节表示网络地址,最高三位为 110,21 位可分配,后 8 位表示主机。C 类网络的 192.0.0.0 不分配,可分配的网络地址有 $2^{21}-1$ 个,可分配主机地址有 2^8-2 个。

D 类地址的最高四位为 1110,用于多播(一个主机向多个主机发送信息)。

E 类地址的最高 5 位为 11110,是保留地址,不分配给用户使用。

网络地址分配给一个单位或组织的网络,由单位或组织将主机地址分配给这个网络中的主机,这样每个主机(实际是网络接口)就有了由网络地址和主机地址组成的 IP 地址。主机地址全 0 和全 1 的 IP 地址不分配。通常 A 类地址用于规模很大的地区网,B 类地址用于大型单位和公司,C 类地址用于较小的单位和公司。

2)子网

一个 A 类地址的网络可以容纳一千多万台主机,一个 B 类地址的网络可以容纳 6 万多台主机。实际上拥有这样网络地址的单位可能并不需要这么多主机地址,即使有这么多主机,由于网络过于庞大,网络性能会下降。而同时由于地址资源的有限,可能有其他的单位申请不到网络地址。解决办法是将大的网络再分成若干个组,每个组称为一个**子**

网,这个过程称为**划分子网**或子网划分。

划分子网的方法是:在一个网络中,拿出主机地址的前若干位作为子网地址,后面的其余位作为某个子网中的主机地址。这样就将主机分成了若干子网。

例如,一个 B 类 IP 网络地址 166.121.0.0,可以使用主机地址的前 8 位作为子网地址,那么子网数就是 $2^8 = 256$,166.121.0.0 是第一个子网地址,166.121.255.0 是最后一个子网地址,每个子网中能容纳的主机数是 $2^8 - 2 = 254$(全 0 和全 1 不用)。

【例 6-1】 一个拥有网络地址 156.117.0.0 的组织如果想再划分 4 个子网,该如何划分?

【解】 这是一个 B 类地址,拥有 2B 的主机地址。要分出 4 个子网,只需要拿出主机地址的前两位即可。这两位取值 00、01、10、11 共构成 4 个子网,这样形成的 4 个子网的网络地址分别为 156.117.0.0、156.117.64.0、156.117.128.0、156.117.192.0。每个子网能容纳的主机数为 $2^{14} - 2$。

3)子网掩码

子网是一个网络的内部网络,在因特网中是看不到的,仍会按原来的网络地址传送数据,传送到该网络时,需要由最后一个路由器将数据发送到相应的子网。最后一个路由器如何知道子网是怎么划分的呢?解决办法是使用子网掩码。

子网掩码也是一个 32 位的二进制数,它的网络地址和子网地址部分为 1,主机地址部分为 0,这样路由器收到一个 IP 数据包时,将 IP 地址和这个子网掩码做"按位与"运算,结果就是含子网的网络地址,按这个地址发送即可。

例如,例 6-1 中划分的子网,16 位是网络地址,2 位是子网地址,那么它的子网掩码是 11111111 11111111 11000000 00000000,写成十进制是 255.255.192.0。若目标地址是 156.117.122.15,则把这个 IP 地址和子网掩码做"与"运算得到 156.117.64.0,这就是这个 IP 地址所在的网络地址。

目前,因特网中使用子网掩码来识别网络,即使没有划分子网。如果一个网络没有划分子网,只需要将网络地址部分置为 1,其他部分置为 1 就是其子网掩码,这样的子网掩码称为**默认子网掩码**。

A 类网络的默认子网掩码是 255.0.0.0。

B 类网络的默认子网掩码是 255.255.0.0。

C 类网络的默认子网掩码为 255.255.255.0。

子网掩码是主机、路由器用来识别网络的,决定数据发送到何处。不同的网络,可以有相同的子网掩码,只要它们的网络地址的位数是一样的。

【例 6-2】 已知 IP 地址为 202.117.1.207,子网掩码为 255.255.255.224,则子网地址是什么?

【解】 将 IP 地址和子网掩码写成二进制形式,并做"与"运算:

```
      11001010   01110101   00000001   11001111      (202.117.1.207)
  ∧   11111111   11111111   11111111   11100000      (255.255.255.224)
      11001010   01110101   00000001   11000000
```

写成十进制形式,子网地址为 202.117.1.192。

主机之间要能够直接通信,必须在同一子网内,否则需要使用路由器实现互联,因此判断两个 IP 地址是不是在同一个子网中,只要判断这两个 IP 地址与子网掩码做逻辑"与"运算的结果是否相同,相同则说明在同一个子网中。

【例 6-3】 如果子网掩码是 255.255.255.224,则 202.117.1.74、202.117.1.174 和 202.117.1.93 是否属于同一个子网?

【解】 由于 202.117.1.74、202.117.1.174 和 202.117.1.93 与 255.255.255.224 按位与的结果分别是 202.117.1.64、202.117.1.160 和 202.117.1.64,因此,202.117.1.74 与 202.117.1.93 属于同一子网,202.117.1.174 与其他两个 IP 地址属于不同子网。

3. IPv6

20 世纪 90 年代中期开始,因特网的扩展达到了前所未有的程度,越来越多的人使用它,成千上万的人使用无线便携设备与供职单位保持联系。随着计算机、通信和娱乐业的不断交叉融合和物联网技术的发展,世界上大大小小的电器、设备要联入因特网,都需要一个 IP 地址,这样就导致了 IP 地址的严重不足。2011 年 2 月,IANA(The Internet Assigned Numbers Authority,互联网数字分配机构)宣布 IP 地址已经耗尽,它已经成为制约因特网发展的主要瓶颈。

划分子网是提高 IP 资源利用率的方法之一,还有变长子网掩码、无分类编址方法(Classless Inter-Domain Routing,CIDR)(这两种不做介绍)等。

2017 年 7 月,IP 协议第 6 个版本的正式标准发布,即 IPv6。之前常用的版本是 IPv4。IPv6 地址的长度为 128 位,它可以提供约 2^{128} 个地址,基本可以彻底解决 IP 资源不足的问题,有人形容它能够为地球上的每粒沙子都分配一个 IP 地址。另外,它还摒弃了 IPv4(目前的 IP 地址协议版本)在 IP 地址设计、性能、安全性和自动配置等方面的缺点,可以兼容所有的 TCP/IP,完全可以取代 IPv4。一个 IPv6 的 IP 地址由 8 个地址节组成,每节包含 16 个地址位,以十六进制形式书写,节与节之间用冒号分隔,如 3ffe:3201:1401:1:280:c8ff:fe4d:db39。

6.2.4 网络服务

这里的网络服务指的是在网络上传送的应用信息的类别。就像高速公路是物理的交通网络,其上进行的客运、货运就是网络服务。在网络服务中,提供服务者称为**服务器**(Server),使用服务者称为**客户**或**客户机**(Client),这样一种使用方式称为**客户机/服务器模型**,简称 **C/S 模型**。Internet 中的 WWW、FTP、Telnet、E-mail 等许多典型应用都是采用客户机/服务器模型。随着 Web 技术的进步,许多应用通过浏览器(Browser)提供服务,如网上商店、网上缴费、网上办公等,这种利用 Web 提供服务的模式称为**浏览器/服务器模型**,简称 **B/S 模型**。

1. 域名服务

在网络中为了能够正确地定位到目的结点,需要知道对方的 IP 地址。但是数字组成的 IP 地址却很难记忆,而且如果服务器移动了位置(从一个网络移到了另一个网络),IP

地址也会改变，为此，在 Internet 上设计了域名（Domain Name）这样一种有意义、方便记忆的地址。

　　Internet 中的**域名空间**（也称名字空间）被设计成树状层次结构，如图 6-19 所示，最高级的结点称为"根"，根以下是顶层子域，再以下是第二层、第三层……"**域**"是名字空间中一个可被管理的范围。每个域对它下面的子域和主机进行管理。在这个树状图中的每一个结点都有一个有意义的标识（Label，根没有标识），标识可以包含英文大小写字母、数字和下画线。结点的**域名**是由该结点到根所经过的结点的标识顺序排列而成的，结点标识间由"."隔开，例如 www.xjtu.edu.cn，从这个名字中可以了解到，这是中国（cn）教育网（edu）西安交通大学（xjtu）的 Web 服务器（www）。这样就可以给每台主机一个有意义的名字。

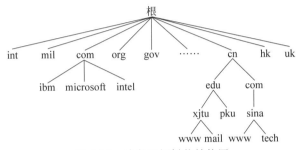

图 6-19　域名空间树状结构图

　　将它与 IP 地址做一个映射，用户只需知道域名就可以访问这台主机，而且 IP 地址改变，只需更改域名到 IP 的映射，域名不改。域名到 IP 的映射无须用户关心，由系统完成。域名是大小写无关的，例如"edu"和"EDU"相同。域名最长 255 个字符，每部分最长 63 个字符。

　　Internet 的顶级域名分为组织结构域和地理结构域两种：组织结构有 com、edu、net、org、gov、mil、int 等，分别表示商业组织、大学等教育机构、网络组织、非商业组织、政府机构、军事单位和国际组织；地理结构域用于表示美国以外的国家或地区，一般以国家或地区名的两字母缩写表示，如中国 cn、英国 uk、日本 jp 等。我国的二级域由类别域和行政区域域组成，类别域如科研机构 ac、企业 com、教育机构 edu、政府机构 gov、国防机构 mil、网络服务机构 net、非营利性组织 org 等；行政区域域是表示各省、自治区、直辖市的缩写。

2. 万维网

　　万维网（World Wide Web，3W）也叫 Web，是 Internet 应用最广泛的服务。每天通过浏览器浏览的网页就是万维网的内容。在 WWW 中，信息资源是以 **Web 对象**（网页）为基本单位管理的；这些 Web 对象采用**超文本**（Hyper Text）格式将文本、图像、视频、音频等组织在一起。所谓超文本，就是信息内容不是一般的顺序文件，其中可以有指向其他文件的地址，当在具有这样的地址的文字或图片（统称对象）上单击鼠标时，就可以看到目标文件的内容。指向其他文件的地址称为**超链接**（Hyper Link），其他文件可以在本机上，也可以在加入 Web 的任意一台主机上,而且还可以再有超链接,这样,WWW 构成了一个巨大的信息网络。

1) 万维网组成

在逻辑上,万维网包含三个组成要素:浏览器(Browser)、Web 服务器(Web Server)和超文本传送协议(Hypertext Transfer Protocol,HTTP)。

浏览器是万维网上与 Web 服务器打交道的客户端程序。浏览器能够按照规定的格式显示 Web 服务器或文件系统内的文档。常见的浏览器有 IE、Chrome、Firefox、Edge 等。

Web 服务器是万维网上提供 Web 服务的程序。当浏览器连接到 Web 服务器并请求某个网页文件时,Web 服务器将请求的网页文件传送给浏览器。Web 服务器使用 HTTP 与浏览器进行信息交互,所以它也被称为 HTTP 服务器。Web 服务器不仅能够存储信息,还能根据浏览器提供的信息运行脚本和程序。

2) 网站、网页与 HTML

万维网是一个分布式信息系统,是由大量的网页组成的。网页文件由超文本标记语言(Hypertext Markup Language,HTML)编写,内容包括文字、图片、动画、声音等多种媒体信息以及实现与其他网页、网站或资源的关联和跳转的超链接(Hyperlink)。网页能被浏览器识别、解释并显示。网页文件本身是一个文本文件,扩展名为.htm 或.html。

具有特定主题的相关网页的集合称为 Web 网站(Website)。网站建立在 Web 服务器上,一个网站上有多少网页没有明确的规定,即使只有一个网页也能称为网站。进入 Web 网站看到的第一个网页称为首页或主页(Homepage)。

3) URL

通过浏览器访问 Web 对象时,需要指定主机地址和资源的名称。为了给 Internet 上任何一台主机的可用资源提供一个唯一的定位方法,规定了一种格式,称为**统一资源定位符**(Uniform Resource Locator,URL)。一个 URL 的格式为

协议://主机名:端口号/路径

其中,"协议"表示使用 Internet 服务所使用的访问协议,如 HTTP、FTP(文件传输协议)等。"主机名"表示资源所在机器的域名或 IP 地址;"端口号"是服务程序的端口号,如果使用的是默认端口号可以省略;"路径"表示资源在服务器上的路径(可以含文件名)。

例如,http://www.xjtu.edu.cn:80/jdgk/jdjj.htm,协议是 HTTP;主机是 www.xjtu.edu.cn;端口号是 80,这是 Web 服务的默认端口号,可以省略;文件路径是/jdgk/jdjj.html,Web 目录中 jdgk 目录下的 jdjj.htm 文件。如果是 Web 根目录下的 index.htm、default.htm 等常用的主页文件时,也可省略,例如 http://www.xjtu.edu.cn 可以浏览西安交通大学首页。

3. 电子邮件

电子邮件(E-mail)是 Internet 上最基本、最常用的一种应用,它不仅可以传送邮件本身,还可以以附件形式传送文字、声音、图像、数值数据等内容。

1）电子邮件系统的组成

一个电子邮件系统主要由用户代理、邮件传送协议和邮件服务器三个部分组成。

用户代理（User Agent）是用户和电子邮件系统的接口，实际是一个用于收发电子邮件的软件，为用户提供一个友好的收发邮件的界面。用户代理软件有很多，如 Windows 下的 Outlook、Outlook Express、Foxmail 等，Linux 下的 Thunderbird 和 Mutt 等。

邮件服务器提供邮件存储空间和邮件传送功能。邮件收发常用的协议有三种：SMTP、POP3 和 IMAP。**SMTP**（Simple Mail Transfer Protocol，简单邮件传输协议）提供可靠的电子邮件传输的服务，是发送邮件时使用的协议。**POP3**（Post Office Protocol，**邮局协议**）是接收邮件时使用的协议，它规定怎样将个人计算机连接到邮件服务器并下载电子邮件，同时删除保存在邮件服务器上的邮件。**IMAP**（Internet Message Access Protocol，**网际报文存取协议**）跟 POP3 类似，是通过 Internet 获取邮件信息的一种协议。与 POP3 不同的是，使用 IMAP 收取的邮件仍然可以保留在服务器上，同时在客户端上的操作都会反馈到服务器上，如删除邮件、标记已读等。无论从浏览器登录邮箱或者客户端软件登录邮箱，看到的邮件以及状态都是一致的。

2）邮件的收发过程

要使用邮件系统，用户需要在某个邮件服务器上拥有一个账号和密码，邮件地址的格式是：用户名＠邮件主机地址，主机地址可以是域名或 IP 地址，如 zhao228＠xjtu.edu.cn。

用户通过用户代理编写邮件，提供接收者的邮件地址、邮件标题和邮件的内容等。用户代理并不直接将邮件发送给接收者，而是发送给自己的邮件服务器（使用 SMTP），邮件服务器将邮件发送给接收者的邮件服务器（SMTP），接收者通过用户代理到邮件服务器上收取邮件（POP3 或 IMAP）（图 6-20）。接收者和发送者的邮件服务器可以是同一个服务器。

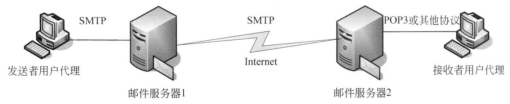

图 6-20　电子邮件系统

3）WebMail

目前，WebMail（即使用浏览器通过 HTTP 访问、管理邮件）是常用的电子邮件访问方式。它不需要用户安装用户代理软件，只需浏览器就可以收发邮件，界面简单、直观，使用方便。

在这种方式下，用户要想接收或者管理邮件，首先需要通过浏览器登录到邮件服务器的 Web 站点上；然后按照邮件服务器的要求输入用户名和口令；最后客户的邮件就以 HTML 的格式传送到客户的浏览器上。用户还可以通过浏览器发送邮件和管理邮件。

4. 文件传输

文件传输服务是因特网上专门传送文件的一种服务,使用的协议是 FTP(File Transfer Protocol),所以也叫 FTP 服务。FTP 服务由 FTP 服务器、FTP 客户端和 FTP 协议组成。

FTP 服务器提供文件存储、上传和下载服务。FTP 客户端是用户安装到自己计算机中的用户上传和下载文件的软件。FTP 协议是服务器和客户端传送文件的约定。

使用 FTP 客户端拥有像 Windows 资源管理器一样的界面,上传和下载文件只需拖曳鼠标即可。使用 FTP 服务可以一次传送多个文件,容易传送大文件,支持断点续传(即传输中断后,可以从中断的位置继续传输)。FileZilla Client 是一款免费的 FTP 客户端软件,FileZilla Server 是一款免费的 FTP 服务器软件。

5. 远程连接

远程连接可以在世界上任何地方连接因特网上的主机,就像在本地控制台一样使用主机的资源,使用的应用层协议为 Telnet。Putty 是常用的远程连接软件。

6.3 物 联 网

继计算机、互联网和移动通信网络之后,物联网是新一代的信息技术产业革命浪潮,已经成为产业变革和社会发展的核心驱动力。

6.3.1 物联网概述

1990 年,施乐公司推出了网络可乐售卖机——Networked Coke Machine,是较早的物联网。1999 年,美国麻省理工学院"自动识别中心"(Auto-ID)在研究 RFID(射频识别)技术时提出了"万物皆可通过网络互联",阐明了物联网的基本含义。2005 年 11 月 17 日,在突尼斯举行的信息社会世界峰会(WSIS)上,国际电信联盟(ITU)发布《ITU 互联网报告 2005:物联网》,引用了"物联网"的概念。

1. 什么是物联网

物联网(Internet of Things,IOT),指的是通过射频识别(RFID)技术、传感器、红外感应器、全球定位系统、激光扫描器等信息传感设备,按约定的协议,将各种物品通过与互联网相连接,进行通信和信息交换,以实现智能化识别、定位、跟踪、监控和管理的一种网络。

通俗地讲,物联网即"物物相连的互联网",是将各种信息传感设备通过互联网把物体与物体连接起来而形成的一个巨大网络,即"物物相连,感知世界"。物联网的基本功能是实现人人交流、人物交流、物物交流。

由于互联网没有考虑对于物品相互连接的问题,故根据物联网的定义,它主要就是解决物品与物品之间的相互联系、信息交互。互联网连接的是虚拟的世界,而物联网连接的是物理的世界。物联网作为"物物相连的互联网",其包含两个层面的意思:首先,物联网是在互联网的基础上进行扩展和延伸的,其核心和基础还是互联网;其次,物联网的用户端扩展到了任何物体之间,使得任何物品自主地进行信息交互和通信。图 6-21 所示是物联网的基本理论模型。

图 6-21　物联网基本理论模型

2. 物联网的体系结构

从技术架构上划分,物联网可以划分为:感知层、网络层和应用层。

1)感知层

感知层是物联网的核心层,解决了人类世界和物理世界的数据获取问题,是由各种传感器和传感器网关构成,主要用于采集物理世界中的物理事件和数据,其中包括各类物理量、标识、音频、视频数据等。传感器能感受到被测量(物理、化学、生物)的信息,并能将感受到的信息按一定规律变换成为电信号或其他所需形式。传感器网关从传感器收集数据,对数据进行预处理,并按协议将结果发送到数据中心。该层的核心技术包括传感技术、RFID 技术、无线网络组网技术等。

2)网络层

网络层也被称为传输层,实现了更加广泛的互联功能,是进行信息交换和传递的数据通路。该层能够把感知到的信息高可靠性、高安全性地进行传送,需要传感器网络与移动通信技术、互联网技术相融合。经过十余年的快速发展,移动通信、互联网等技术已经比较成熟,基本能够满足物联网数据传输的需要。

3)应用层

应用层将网络层传输过来的数据进行处理,通过各种设备实现与人的交互。该层主要由应用支撑平台子层和应用服务子层组成。其中应用支撑平台子层完成支撑跨行业、跨应用、跨系统之间的信息协同、共享、互通的功能。应用服务子层包括智能交通、智能医疗、智能家居、智能物流、智能电力、智慧农业、智慧校园等行业应用。

3. 物联网的特征

1)全面感知

物联网连接的是物,因此需要能够感知物,赋予物以智能能力,从而实现对物的感知。在物联网中,人们可以使用各类传感器进行数据感知与采集,如温度传感器、压力传感器、湿度传感器、力敏传感器、人体红外传感器、光敏传感器、化学传感器等。

2) 可靠传送

物联网不但需要通过前端感知层收集各类信息,而且需要通过可靠的传输网络将感知的各种信息进行实时传输。通过各种电信网络和因特网的结合,将接收到的感知信息实时远程传送,实现了信息交互和信息共享,并对信息利用技术手段进行有效处理。

3) 智能处理

智能处理是指利用云计算、数据挖掘、机器学习等人工智能技术,对海量的数据和信息进行分析与处理,对物体实施智能化控制,从而真正地达到人与物的沟通、物与物的沟通。

4. 物联网的关键技术

物联网将"物"连入网络,管理系统需要知道"物"是什么? 在哪里? 怎么样? 获得的信息如何更好地指导生产? 所以,感知与标识、无线传感器网络技术、云计算、智能信息处理等成为物联网的关键技术。

1) 感知与标识

标识就是给每个物品一个编号或一个标签,这样通过识别编号或标签就知道物品是什么。通过卫星定位系统可以确定物品在什么地方。通过各种传感器,可以知道物品怎么样,如所处的环境、运动速度等。常见的标识技术如条码、二维码、RFID(Radio Frequency Identification,射频识别)等。传感器技术与物理、化学、生物、材料、电子等学科密切相关,而且希望传感器体积小、成本低、精度高、可靠性好、抗击恶劣环境。常说的GPS(Global Positioning System,全球定位系统)也是美国卫星定位系统的名字。而中国的卫星定位系统叫北斗。2000年年底,北斗一号系统建成,向中国提供服务;2012年年底,北斗二号系统建成,向亚太地区提供服务;2020年,北斗三号系统建成,向全球提供服务。北斗导航系统包括3颗静止轨道卫星和30颗非静止轨道卫星,已向100多个国家提供服务。

2) 无线传感器网络技术

无线传感器网络(Wireless Sensor Network,WSN)是由部署在监测区域内的大量微型传感器结点通过无线通信方式形成的一个多跳的自组织的网络系统,其目的是协作地感知、采集和处理网络覆盖区域内被监测对象的信息,并发送给观测者。

无线传感器网络由传感器结点、汇聚结点和任务管理结点组成(图6-22)。大量传感器结点随机部署在监测区域内部或附近,能够通过自组织方式形成网络。传感器结点监测的数据利用一个或多个其他传感器结点作为中转逐级传输,在传输过程中可能被多个结点处理,经过多级后到达汇聚结点。汇聚结点对数据进行组织、处理后通过互联网传输到管理结点。用户通过任务管理结点对无线传感器网络进行配置和管理,发布监测任务,收集监测数据。

无线传感器网络具有如下特点。

(1) 大规模。指传感器结点多、范围广,数量成千上万,面积覆盖几平方千米。例如,在森林中部署传感器进行环境监测。

(2) 自组织。没有预先的部署,没有固定的路由器,由随机部署的传感器结点感知周围其他传感器构成能够传输信息的网络,并且当增加一些结点或结点失效时能够重新组织成网络。

（3）多跳路由。网络中结点的通信距离有限,需要通过相邻结点逐步将信息传输到汇聚结点。图 6-22 只是示意性画出一个传感器结点 A 和任务管理结点的信息传输路径。

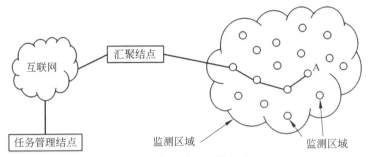

图 6-22　无线传感器网络体系结构

（4）动态网络。传感器结点可能由于环境、电力或其他原因失去作用,也可能会补充结点,网络中的结点数量随时都会变化。

无线传感器网络可用于军事侦察、环境监测、灾害预报等场景。

传感器结点面临的限制有电源能量有限、通信能力有限、计算和存储能力有限等问题。

3）云计算

物联网需要海量存储、密集计算、资源共享。如果每项应用都建立一个数据中心,不仅周期长、成本高,而且各数据中心容易各自为政形成信息孤岛。云计算利用虚拟化、海量存储、分布式计算、信息安全等技术,将各种软件、硬件（含处理器、存储器）资源综合起来构成能提供按需分配的应用体系,帮助企业快速建立专业的物联网应用平台,周期短、成本低、易维护、专注应用。

4）智能信息处理

物联网感知层产生海量的感知数据,需要对它们进行整理、分析才能发现更多有价值的信息,为人们提供更好的服务,大数据分析和处理、人工智能等技术为物联网应用提供了有力支撑。

大数据指无法在一定时间范围内用常规软件进行获取、管理和处理的数据集合,具有大容量、高速度、价值密度低、信息价值高等特征。大数据的存储、检索、分析、挖掘是物联网应用的重要支撑。

机器学习是研究怎样使用计算机模拟或实现人类学习活动的科学,是人工智能的前沿研究领域之一。机器学习研究如何从巨量数据中获取隐藏的、有效的、可理解的知识,在自然语言理解、机器视觉、模式识别等许多领域取得进展,在自动驾驶、智慧医疗、智慧农业、社区服务等领域得广泛应用。

6.3.2　自动识别技术

自动识别技术是一种机器自动数据采集技术。它通过识别装置对物品或附加到物品上的标识进行认定,获取相关信息,并将信息通过网络传输到数据处理中心以便做进一步分析和处理并获得反馈。自动识别技术分为数据采集技术和特征提取技术。

数据采集技术的基本特征是需要被识别物体具有特定的识别特征载体,如标签、光学符号等。按存储数据的类型,数据采集技术分为光存储、电存储和磁存储等。光存储如条码、光学字符识别等;电存储如射频识别、IC 卡等;磁存储如磁条等。

特征提取技术根据被识别物体本身的物理特征、生物特征或行为特征完成数据的采集与分析,如语音识别、指纹识别、图像识别等。

本节仅介绍条码识别和射频识别。

1. 一维条码

为了使计算机系统自动识别物体,一种简单的方法是给每种物品一个唯一的代号(如一维条码),识别出这个代号就能确定这件物品。条码实际是图形化的符号。一维条码是由竖线和空白按一定规则横向排列的图形。常用的一维条码主要有 EAN、UPC、ISBN、ISSN、Code 39 和 Code 128 等,不同的码制有各自的应用领域。

1) EAN 物品编码

1970 年,美国超级市场委员会制定了通用商品代码(Universal Production Code,UPC)。1976 年,美国和加拿大的超市开始使用 UPC 条码系统。1977 年,欧洲物品编码协会(European Article Number,EAN)成立,设计了与 UPC 兼容的 EAN 码。1981 年,EAN 更名为 IAN(International Article Numbering Association,国际物品编码协会)。我国于 1991 年加入 EAN。EAN 是一种一维条码。

条码是条形码的简称,是由宽度不同、反射率不同的条(黑色)和空(白色),按照一定的编码规则编制而成,用来表达一组数字或字母符号信息的图形标识符。

一维条码,一般是指用一个方向表达信息的条码,通常是水平方向表示信息而垂直方向则不表达任何信息。一维条码具有一定的高度和宽度,这样做是为了方便阅读器对准与阅读(图 6-23)。

EAN 条码有标准版和缩短版两种。缩短版由 8 位数字组成,称为 EAN-8。标准版由 13 位数字组成,称为 EAN-13。目前常用的是 EAN-13。通常超市中结账时扫描的就是 EAN 条码。

EAN 编码由四部分组成,分别为国家或地区代码、厂商代码、商品代码和校验码,如图 6-24 所示,其中,前三位数字表示国家或地区代码,中国国家代码是 690、691 等;厂商代码由四位数字表示,该数字由中国物品编码中心规定;商品代码由五位数字表示,该数字由商品厂商决定;校验码由一位数字表示,用来检验前面各码是否准确。

图 6-23　EAN-13 一维条码

6 903118 311218

国家或　厂商　　商品　　校验
地区码　代码　　代码　　码

图 6-24　一维条码

2）EAN-13 条码的结构

EAN-13 条码的二进制结构由左侧空白区、起始符、左侧数据符、中间分隔符、右侧数据符、中止符、右侧空白区及供人识别字符组成（图 6-25）。

图 6-25　一维条码的结构

左侧空白区：位于条码符号最左侧与空的反射率相同的区域，其最小宽度为 11 位宽。

起始符：位于条码符号左侧空白区的右侧，表示信息开始的特殊符号，由 3 位组成。

左侧数据符：位于起始符右侧，表示 6 位数字信息的一组条码符号，由 42 位组成。

中间分隔符：位于左侧数据符的右侧，是平分条码字符的特殊符号，由 5 位组成。

右侧数据符：位于中间分隔符右侧，表示 5 位数字信息的一组条码符号，由 35 位组成。

校验符：位于右侧数据符的右侧，表示校验码的条码符号，由 7 位组成。

中止符：位于条码符号校验符的右侧，表示信息结束的特殊符号，由 3 位组成。

右侧空白区：位于条码符号最右侧的与空的反射率相同的区域，其最小宽度为 7 位宽。

供人识读字符：位于条码符号的下方，是与条码字符相对应的供人识别的 13 位数字，最左边一位称为前置码。供人识别字符优先选用 OCR-B 字符集，字符顶部和条码底部的最小距离为 0.5 位宽。标准版商品条码中的前置码印制在条码符号起始符的左侧。

条形码一共有 113 个二进制位，去除两侧的空白区，一共有 95 位提供信息，每一位都用 0（空白）或 1（黑竖线）表示，其中，起始符和中止符（101）、中间分隔符（01010）起到定位和作单位宽度的作用。剩下 84 位中每 7 位表示一个从 0 到 9 的数字，共依次可以表示除了前置码以外的 12 个数字（前置码是国家或地区码的第 1 位，不用条码图形表示）。左侧数据符 6 个数字要与表 6-1 的 A 子集或 B 子集对应，右侧数据符 6 个数字只能与 C 子集对应。前置码与左侧数据符 6 个数字所属的子集通过表 6-2 相对应。这样就可以通过 84 个二进制位表示 13 个十进制数字了。

表 6-1　数字字符集

数 字 字 符	A 子集	B 子集	C 子集
0	0001101	0100111	1110010
1	0011001	0110011	1100110
2	0010011	0011011	1101100
3	0111101	0100001	1000010

数 字 字 符	A 子集	B 子集	C 子集
4	0100011	0011101	1011100
5	0110001	0111001	1001110
6	0101111	0000101	1010000
7	0111011	0010001	1000100
8	0110111	0001001	1001000
9	0001011	0010111	1110100

表 6-2 前置码对照表

前 置 码	左 1	左 2	左 3	左 4	左 5	左 6
0	A	A	A	A	A	A
1	A	A	B	A	B	B
2	A	A	B	B	A	B
3	A	A	B	B	B	A
4	A	B	A	A	B	B
5	A	B	B	A	A	B
6	A	B	B	B	A	A
7	A	B	A	B	A	B
8	A	B	A	B	B	A
9	A	B	B	A	B	A

【例 6-4】 按照 EAN 条码编码结构和规则,写出编码 6903118311218 的二进制编码形式。

【解】 编码 6903118311218 的前置码是 6,从表 6-2 知,左侧数据区的 6 位数字 903118 使用的子集依次是 ABBBAA,9 和最后的 18 在表 6-1 的 A 子集列中找对应编码,其他在 B 子集列中找对应编码。右侧数据区的 6 个数字 311218 使用表 6-1 中的 C 子集。编码 6903118311218 的后 12 位的二进制编码形式如表 6-3 和表 6-4 所示(前置码 6 不需再单独编码)。

表 6-3 6903118311218 编码的二进制编码形式

左侧数据区	9	0	3	1	1	8
二进制形式	0001011	0100111	0100001	0110011	0011001	0110111

表 6-4 6903118311218 编码的二进制编码形式(续)

右侧数据区	3	1	1	2	1	8
二进制形式	1000010	1100110	1100110	1101100	1100110	1001000

3）校验码的确定

EAN-13 商品条码中的校验符用字符集中的 C 子集表示,校验符的作用是检验前面 12 个数字是否正确,在条码机每次读入数据时,都会计算一次数据符的校验并与校验符进行比对。校验符的计算方法非常简单,从左起将 12 个数字符的所有奇数位相加得出一个数 a,将所有的偶数位相加得出一个数 b,然后将数 b 乘以 3 再与 a 相加得到数 c,用 10 减去数 c 的个位数,如果结果不为 10 则检验符为结果本身,如果为 10 则检验符为 0。用公式表示为

$$校验符 = (10 - (a + b \times 3)\%10)\%10$$

【例 6-5】　计算 EAN 编码 690311831121 的校验位。

【解】　按 EAN 校验码规则,奇数位相加 $a = 6+0+1+8+1+2 = 18$,偶数位相加 $b = 9+3+1+3+1+1 = 18$,$c = 3 \times 18 + 18 = 72$,校验码 $= 10 - 2 = 8$。所以 EAN 编码 690311831121 的校验位是 8,完整的 EAN 编码是 6903118311218。

4）条形码的绘制

例 6-4 计算了编码 6903118311218 的数据区的二进制编码,再加上左右空白区、起始符、结束符和中间分隔符就是编码的完整的二进制形式。

左侧空白区(11 位):00000000000

起始符(3 位):101

左侧数据符(42 位):0001011 0100111 0100001 0110011 0011001 0110111

中间分隔符(5 位):01010

右侧数据符(42 位):1000010 1100110 1100110 1101100 1100110 1001000

结束符(3 位):101

右侧空白区(7 位):0000000

0 用单位宽度的空白绘制,1 用单位宽度的黑线绘制,就形成 6903118311218 的条码形式。

【例 6-6】　编程实现 EAN-13 条形码。

【解】　首先,需要为 EAN-13 的编码规则设置一个数据结构,这里用列表类型 rule 表示,它的行对应前置码 0～9 的数字,列对应该前置码后的 12 位取 A、B、C 的哪个子集;然后,为三个字符集 A、B、C 设置一个数据结构,这里用列表类型 charset 表示,行对应数字 0～9,列分别对应字符集 A、B、C;最后,设计一个 EAN 编码函数 EAN13()。具体 Python 程序如下。

基于 Python 的 EAN-13 码的二进制序列编码程序如下。

```
import turtle as t                          #导入绘图库(这是内置库,不需要另外安装)

#绘制条形码图形
#t是绘图对象(画笔),i是横坐标,x是绘制的符号(1表示线,0表示空),unit表示单位宽度
def drawbar(t,i,x,unit=2):                   #绘制条形码图形
    length=100                               #线条的长度
    if i in (11,12,13,56,57,58,59,60,103,104,105):   #起始符、分隔符、中止符的位置
        length=120
```

```
        if x=='1':                                    #画线
            for j in range(unit):
                t.penup()                              #抬起画笔
                t.goto(2*i+j,120-length)               #定位
                t.pendown()                            #落下画笔
                t.forward(length)                      #绘制


#显示文字
#s是字符串,unit是图形的单位宽度
def text(s,unit=2):
            i=1
            t.penup()                                  #抬起画笔
            t.goto(2*i,-6)                             #定位
            t.write(s[0:1],font=('Arial',8*unit,'normal'))   #显示文字,第1位
            i=13+3+1
            t.goto(2*i,-6)
            t.write(s[1:7],font=('Arial',8*unit,'normal'))   #2~7位
            i=61+3
            t.goto(2*i,-6)
            t.write(s[7:13],font=('Arial',8*unit,'normal'))  #8~13位


#生成条形码二进制序列的函数
def EAN13(EAN_nums):          #EAN_nums是条码的十进制编码,校验位重新计算
    rule =[#根据前缀码,确定候选字符集。0为字符集A,1为字符集B,2为字符集C。
        [0,0,0,0,0,0,2,2,2,2,2,2],[0,0,1,0,1,1,2,2,2,2,2,2],
        [0,0,1,1,0,1,2,2,2,2,2,2],[0,0,1,1,1,0,2,2,2,2,2,2],
        [0,1,0,0,1,1,2,2,2,2,2,2],[0,1,1,0,0,1,2,2,2,2,2,2],
        [0,1,1,1,0,0,2,2,2,2,2,2],[0,1,0,1,0,1,2,2,2,2,2,2],
        [0,1,0,1,1,0,2,2,2,2,2,2],[0,1,1,0,1,0,2,2,2,2,2,2] ]
    charset=[      #数字0~9对应的条空组合,有A、B、C三种字符集
        #字符集A         #字符集B         #字符集C
        "0001101",     "0100111",     "1110010",   #对应字符0
        "0011001",     "0110011",     "1100110",   #对应字符1
        "0010011",     "0011011",     "1101100",   #对应字符2
        "0111101",     "0100001",     "1000010",   #对应字符3
        "0100011",     "0011101",     "1011100",   #对应字符4
        "0110001",     "0111001",     "1001110",   #对应字符5
        "0101111",     "0000101",     "1010000",   #对应字符6
        "0111011",     "0010001",     "1000100",   #对应字符7
        "0110111",     "0001001",     "1001000",   #对应字符8
        "0001011",     "0010111",     "1110100" ]  #对应字符9 #列表结束
    number1 = int(EAN_nums[0]);
    print("EAN-13: ",EAN_nums)             #如果需要,显示条码数字
    j = len(EAN_nums)
    nums = EAN_nums[1:j-1]                  #去掉EAN码第1位前缀码和最后1位校验码
    EANbin = "000000000"                    #左边9个空白
    odd = int(EAN_nums[0])                  #奇数位的和,初值为EAN码第1位,一般为6
    even = 0                                #偶数位的和,初值为0
    for i in range(len(nums)):
```

```
        if i == 0:
            EANbin += "00101"                #添加起始符
        if i == 6:
            EANbin += "01010"                #添加中间分隔符
        if i %2 == 1:
            odd += int(nums[i])              #校验码计算 1
        else:
            even += int(nums[i])             #校验码计算 2
        index = int(nums[i]) * 3 + rule[number1][i]
        EANbin += charset[index]
    checkcode = 10 - (even * 3 + odd) %10    #计算校验位
    print("校验位: ", checkcode)             #如果需要,显示校验位
    EANbin += charset[checkcode * 3 + 2]
    EANbin += "10100"                        #添加结束符
    EANbin += "000000000"                    #右边 9 个空白
    print('编码后的二进制序列: ',EANbin)#输出显示编码后的二进制序列

    #使用 turtle 绘制条码图形
    t.reset()                                #重置画笔
    t.left(90)                               #修改画线方向
    t.hideturtle()                           #隐藏画笔形状
    t.speed(10)                              #设置绘图速度
    i=0;
    for x in EANbin:                         #根据二进制位绘制每一条线
        drawbar(t,i,x)
        i=i+1
    text(EAN_nums)                           #显示供人识别的字符

#定义主函数
def main():                                  #主程序
    EAN13("6903244981002")                   #调用编码函数,对 EAN-13 进行编码
main()                                       #调用主函数
```

上述程序运行后得到的结果为

```
EAN-13: 6903244981002
校验位: 2
编码后的二进制序列: 00000000000101000101101001110100001001101101010001101
0001101010111010010010001100110111001011100101011001010000000000000
```

绘制的条码图形如图 6-26 所示。

上面的程序中,打印一维码图形使用的是 Python 的图形函数库 turtle,也可以使用 Matplotlib,但需要安装。为了简化编程,也可以直接使用第三方库 pyStrich 来实现条形码的生成。

具体方法如下。

(1) 安装 pyStrich 库(pip install pyStrich)。

(2) 引用 pyStrich 库中 EAN-13 编码器。

(3) 输入条形码。

图 6-26 例 6-6 中程序
绘制的条码

（4）调用 EAN13Encoder() 函数。

（5）生成条形码图形。

具体程序如下。

```
from pystrich.ean13 import EAN13Encoder    #引用条形码库中 EAN-13 编码器
import os                                  #引用 os 库,用于查看条形码图形文件

code = input("输入条码 ean13: ")           #输入十进制编码
if  len(code) < 12 or len(code) > 13:
    print('输入有误,EAN-13 条形码长度必须 13 位')
else:                                      #生成条形码图形
    if code.isdigit() == True:             #判断是否为数字
        encoder = EAN13Encoder(code)       #绘制条形码图形
        encoder.save("ean13.png", bar_width=4)   #保存为图片
        os.system("ean13.png")   #用系统默认的看图软件打开生成的条形码图片
    else:
        print("输入的不是数字, 请输入数字!")
#程序结束
```

该程序的运行结果如图 6-27 所示。

图 6-27　使用 pyStrich 库绘制的条码图形

5）ISBN

ISBN(International Standard Book Number,国际标准书号)是为便于国际出版物的交流与统计而发展的国际图书统一编码。ISO 于 1972 年颁布 ISBN 国际标准。2007 年以前 ISBN 由 10 位数字组成,2007 年 1 月 1 日起实行新版 ISBN,EAN-13 前置码的 978、979 分配给 ISBN 使用,成为一个 13 位的数字。

13 位的 ISBN 书写时用四条短线分隔,各部分依次是 ISBN 代号、地区或语言码、出版社代码、图书序号和校验位,如 978-7-302-48132-4。

ISBN 代号总是 978 或 979。地区或语言码也叫组号,最短 1 位,最长 5 位,0、1 代表英语,2 代表法语,7 是中国出版物使用的编码。出版社代码由其隶属的国家或地区 ISBN 中心分配,2～5 位,规模大的出版社代码短。图书序号是出版社给自己的图书分配的,定长,1～6 位,出书多的出版社,书号长。校验位 1 位,为 0～9。校验位的计算与 EAN-13 校验位的计算相同。ISBN 条码的绘制也与 EAN-13 的绘制相同。

一维条码能够携带的信息十分有限,如商品上的条码只能够容纳 13 位阿拉伯数字,而其他信息只能存储在商品的数据库中。一维条码有校验功能但不能纠正错误。

6）ISSN 码

ISSN 号即标准国际刊号,是标准国际连续出版物号的简称,是为各种内容和载体的连续出版物(例如报纸、期刊、年鉴等)所分配的具有唯一识别性的代码。分配 ISSN 的权威机构是 ISSN 国际中心(ISSN International Centre)。

按国际标准 ISO 3297 规定,一个国际标准刊号由以"ISSN"为前缀的 8 位数字(两段 4 位数字,中间以连字符"-"相接)组成,如 ISSN 0253-987X。ISSN 中,前 7 位为数字序号,最后 1 位为校验码。

2. 二维条码

　　二维条码简称二维码,用某种特定的几何图形按一定的规律在平面上排列来记录信息,从而增加了信息量。目前二维条码有两类:堆积码和矩阵码。**堆积码**又称行排式二维码,其思想是将两组或多组一维条码堆叠在一起,如 PDF417、Code49、Code16K 等(图 6-28)。**矩阵码**在一个矩形区域内用规则排列的黑白图形表示信息(图 6-29),如龙贝码、汉信码、QR 码等。常用的二维码是 QR 码。

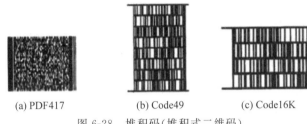

　　　(a) PDF417　　　　　　(b) Code49　　　　　(c) Code16K

图 6-28　堆积码(堆积式二维码)

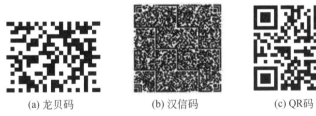

　　　(a) 龙贝码　　　　　　　(b) 汉信码　　　　　(c) QR码

图 6-29　矩阵码(矩阵式二维码)

1) QR 码简介

　　QR 码于 1994 年由日本 DENSO WAVE 公司发明。日本的 QR 码标准 JISX0510 在 1999 年 1 月发布,而其对应的 ISO 国际标准 ISO/IEC 18004,则在 2000 年 6 月获得批准。

　　QR 码具有超高速识读、全方位识读、纠错能力强、能有效表示汉字等特点。QR 码外观呈正方形的不规则黑白点图像,其中 3 个角印有较小的“回”字形正方图案,供解码软件作定位用。该码无须对准,以任何角度扫描,资料均可被正确读取。而 QR 是英文“Quick Response”的缩写,即快速反应的意思,用户只需以手机镜头拍下 QR 二维码图形,利用内置的读取软件就可马上解读其内容。而一般的 QR 二维码图形的存储量可以是 7089 个数字、4296 个字母、2953 个二进制数、1817 个日文汉字或 984 个中文汉字。

　　我国目前普遍采用的二维码为 QR 码。其扫描工具就是手机,因此也称为“手机二维码”。手机二维码是二维码技术在手机上的应用。

　　二维码可以印刷在报纸、杂志、广告、图书、包装以及个人名片等多种载体上,用户通过手机摄像头扫描二维码即可实现手机上快速便捷地浏览网页,下载图文、音乐、视频,获取优惠券,参与抽奖,了解企业产品信息,而省去了在手机上输入网址的烦琐过程,实现一键上网。同时,还可以方便地用手机识别和存储名片、获取公共服务(如天气预报)、实现电子地图查询、手机阅读等多种功能。

2）QR 码的结构

QR 码有 40 种尺寸的版本，包括 21×21 模块、25×25 模块，最高 177×177 模块。每提高一个版本，每边增加 4 个模块。QR 码的基本结构如图 6-30 所示，各部分的功能如下。

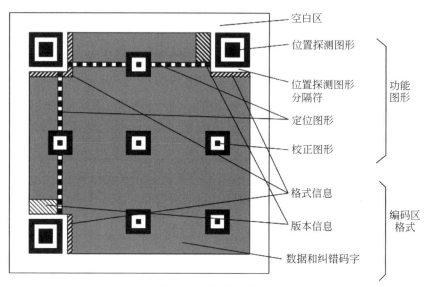

图 6-30　QR 码的结构

空白区：标准 QR 码四周应有 4 个单位宽，微型 QR 码四周应有 2 个单位宽度的空白区，其中不能有图样或标记，以保证 QR 码清晰可识别。

位置探测图形：位于 QR 码的左上、左下和右上角，用于协助扫描软件定位 QR 码并变换坐标系。

位置探测图形分隔符：一个单位宽度的空白区域，位于每个位置探测图形和编码区域之间。

定位图形：1 单位宽的黑白交替点带，由黑色起始和结束，用于指示标识密度和确定坐标系。

校正图形：只有 25×25 模块及以上的 QR 码有校正图形。校正图形用于进一步校正坐标系。校正图形的数量取决于二维码的版本。

编码区：编码数据的区域。编码区有格式信息区、版本信息区以及数据和纠错码字区。

格式信息：表示二维码的纠错级别，分为 L、M、Q、H，分别对应 7%、15%、25% 和 30% 的容错度。也就是说，如果选择 H 级容错，则有 30% 的错误也能正确识别。容错级别越高，相对容纳的字符会减少。

版本信息：存储二维码版本信息。

数据及纠错码字：存储编码方式、实际编码的数据和数据的容错码。

3）条码技术的优点

条码技术是一种经济实用的自动化识别技术。条码技术展现出许多优势。

（1）输入速度快。与传统的使用键盘手动人工输入相比，条码输入的速度是其五倍，并且条码输入技术能够实现"实时数据录入"。

（2）采集准确性高。一维条码具有检错功能，二维条码具有纠错功能。手动人工录入数据时的出错率为三百分之一，利用光学字符识别技术的出错率为万分之一。而在使用条码技术之后，误码率降到了百万分之一。

（3）采集信息量大。利用传统的一维条码一次可采集几十位字符的信息，二维条码更可以携带数千个字符的信息。

（4）灵活实用。条码识别技术既可作为单独的识别技术来使用，也可以与其他传感设备联合起来组成一个系统，实现自动化识别。另外，还可以与一些控制设备联合组建系统，实现设备的自动化管理。

3. 射频识别技术

射频指频率范围为 300kHz～30GHz 的电磁波。**射频识别技术**（Radio Frequency Identification，RFID）是一项利用射频信号通过空间耦合实现无接触式信息双向传递并达到物品识别的技术。

1）RFID 的组成

射频识别系统由射频标签、阅读器和数据管理系统组成。

射频标签由芯片和天线组成（图 6-31）。**芯片**中存储物品的唯一识别码及有关数据，并负责信号的处理。**天线**是射频信号的接收和发射装置。ISO 18000-68 射频标签可以存储 255B 的数据。

阅读器是捕捉和处理 RFID 射频标签数据的设备（图 6-32），它能够读取标签中的数据，也能将数据写到射频标签中。

图 6-31　射频标签　　　　　图 6-32　阅读器

数据管理系统主要完成对数据的存储和管理，并对标签进行读写的控制。

2）工作原理

阅读器通过天线发射一定频率的射频信号，标签进入天线工作区域时被激活，将自身的信息通过内置天线发出，阅读器获取标签信息并解码后将数据送至数据管理系统处理。数据管理系统对数据进行处理并做出反馈（图 6-33）。

3）RFID 的特点和应用

RFID 是物联网的核心技术，它具有体积小、穿透性好、容量大、抗污染、形式多样、可重复使用等优点，广泛应用于生产制造过程的质量跟踪和控制、仓储管理、物流、图书管理、动物身份标识、安防、交通计费等领域，常见的门禁、汽车钥匙、商场止损都是 RFID 的应用。

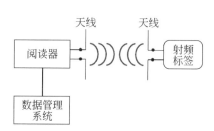

图 6-33 RFID 系统工作原理

6.3.3 传感器技术

传感器是能够感受规定的被测量,并按照一定的规律转换成可用输出信号的器件或装置,通常由敏感元件和转换元件组成。具体来说,传感器是一种能够检测被测量的器件或装置。被测量可以是物理量、化学量或生物量,输出信号要便于传输、转换、处理和显示等,一般是电量。输出信号要正确反映被测量的数值和变化规律,即两者之间要有确定的对应关系,且应具有一定的精度。

1. 传感器的组成

传感器一般把被测量按一定的规律转换成电信号,它由敏感元件、转换元件、转换电路和辅助电源等部分组成(图 6-34)。**敏感元件**是传感器中能感受或影响被测量并输出信号的部分。**转换元件**将敏感元件的输出信号转换成适于传输或测量的信号。**转换电路**用于对获得的微弱电信号进行放大、运算和调制,产生输出电量。输出电量的形式可能是电压、电流、电容、电阻等,由传感器的原理确定。转换元件和转换电路一般还需要辅助电源供电。

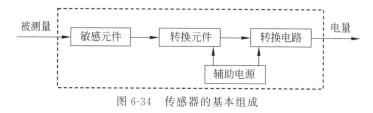

图 6-34 传感器的基本组成

2. 传感器的种类

传感器有很多分类方法。按用途分有温度传感器、湿度传感器、压力传感器、位移传感器、速度传感器、加速度传感器、液位传感器等。按感官特性分为热敏、光敏、气敏、力敏、磁敏、湿敏、声敏、放射线敏感、色敏和味敏等传感器。其他的分类方法还有按输出信号分、按制造工艺分、按工作原理分、按测量方式分等。

3. 温度传感器

温度传感器是一种能够利用某些材料的物理特性随温度变化的规律将温度变化转换为电信号的装置。按材料分,温度传感器可分为热电偶和热电阻两类。

热电阻传感器是利用导体或半导体的电阻随温度变化而变化的原理进行测温,如铂热电阻、铜热电阻和半导体热电阻。半导体热电阻也叫热敏电阻。热电阻传感器具有精度高、测量范围大、易于使用等特点,广泛应用于自动测量和远距离测量中。

热电偶是根据热电效应工作的:将两种不同材料的导体或半导体连成闭合回路,两个接点分别置于温度为 T 和 T_0 的热源中,该回路会产生热电势,热电势的大小反映两个接点的温度差。保持 T_0 不变,热电势随着温度 T 的变化而变化。所以测量热电势的值,即可知道温度 T 的大小(图 6-35)。

理论上,任何两种不同的导体或半导体材料都可以组成热电偶,但为了准确、可靠地测量温度,需要对热电偶的材料进行选择,如铜-铜镍合金、铁-铜镍合金、10％铂铑-纯铂等。不同材料组成的热电偶测量的温度范围也不同。图 6-36 是一种热电偶温度传感器。

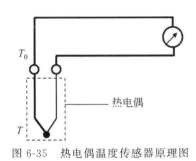

图 6-35　热电偶温度传感器原理图　　　　图 6-36　一种热电偶温度传感器

4. 超声波传感器

超声波传感器是利用超声波特性而设计的传感器,主要功能是测量距离,用于测距、遥控、防盗报警、接近开关、液位测量、金属探伤等场景中。

频率在 20Hz～20kHz 的波是声波,高于 20kHz 的波称为超声波。超声波方向性好,能够成为射线而定向传播,对液体、固体穿透力强,遇到杂质或分界面会显著反射。超声波传感器的敏感元件是压电晶片,它能将电能转换成机械振荡而产生超声波,同时它也能接收超声波转变成电能,用它制作成超声波的发射器和接收器。发射器发出的超声波遇到分界面产生反射被接收器接收,利用接收和发射时间差以及声波的传播速度就能计算出和分界面的距离。图 6-37 是一种实验用超声波传感器,其中两个圆形原件左边的是发送器,右边的是接收器。

图 6-37　超声波传感器

小　　结

本章首先介绍了计算机网络的基础知识,包括计算机网络的定义和组成、计算机网络的发展、计算机网络的分类、计算机网络体系结构、信息在网络上的传输过程、传输介质、网络设备、网络编址以及网络服务等;然后介绍了物联网的基本概念,包括物联网概述、自动识别技术、传感器技术等。自动识别技术介绍了一维条码技术、二维条码技术和射频识别技术。传感器技术介绍了传感器的组成、传感器的种类，以温度传感器和超声波传感器为例简介了传感器的原理。

计算机网络是计算机技术与通信技术相结合的产物。计算机网络在全球范围内得到了普及，日益深入到国民经济各部门和社会生活的各个方面，成为当今信息社会的重要基础设施和人们日常生活工作中不可缺少的工具。计算机网络之后，物联网、大数据、人工智能成为新一代的信息技术产业革命的浪潮，成为产业变革和社会发展的核心驱动力。

习　题

一、选择题

1．以下哪项不是单主机联机网络系统的缺点？（　　）

A．主机负荷较重

B．通信线路的利用率低、成本高

C．可以将传输的数据分隔成若干个分组进行传输

D．联机系统属于集中控制方式

2．以下哪项不属于计算机网络的分类？（　　）

A．核心网　　　　B．局域网　　　　C．城域网　　　　D．广域网

3．以下哪项不是网络软件？（　　）

A．网络协议软件　　　　　　　　B．网络操作系统

C．网络工具软件　　　　　　　　D．网络结点

4．以下哪项不是计算机网络标准化组织？（　　）

A．国际电信联盟 ITU　　　　　　B．网络协议标准组织

C．电子工业协会 EIA　　　　　　D．国际标准化组织 ISO

5．计算机网络是计算机技术和（　　）相结合的产物。

A．网络技术　　　　　　　　　　B．通信技术

C．人工智能技术　　　　　　　　D．管理技术

6．（　　）不是一个网络协议的组成要素之一。

A．语法　　　　B．语义　　　　C．时序　　　　D．体系结构

7．在 OSI 参考模型中，网络层的主要功能是（　　）。

A．提供可靠的端到端服务，透明地传送报文

B．路由选择、拥塞控制与网络互联

C．在通信实体之间传送以帧为单位的数据

D．数据格式变换、数据加密与解密、数据压缩与恢复

8．TCP/IP 体系结构中与 OSI 参考模型的1、2层对应的是哪一层？（　　）

A．网络接口层　　B．传输层　　　C．互联网层　　　D．应用层

9．使用"ipconfig"命令显示（　　）。

A．网络适配器的 IP 地址、子网掩码、默认网关

B. 网络物理拓扑结构类型

C. 主机硬件配置

D. 所应用到的协议名称

10. 有一个中心设备,联网的计算机都连接到这个中心设备上,中心设备是控制中心,任何两个结点之间的通信都要经过中心设备。这描述的是(　　)拓扑结构的特点。

A. 总线型 　　　　B. 星状 　　　　C. 树状 　　　　D. 混合型

11. 计算机网络中的对等实体是(　　)。

A. 通信一方级别相同的实体 　　　　B. 通信双方使用的相同软件

C. 通信双方处于同一层次的实体 　　　　D. 通信双方使用的相同硬件

12. 网络体系结构中上下两层通信交换的数据单位称为(　　)。

A. 协议数据单元 　　　　B. 服务数据单元

C. 报文 　　　　D. 帧

13. 实现比特流的透明传输的是网络体系结构中的(　　)。

A. 物理层 　　　　B. 数据链路层 　　　　C. 传输层 　　　　D. 网络层

14. 使用集线器可以连成(　　)的网络。

A. 总线型 　　　　B. 树状 　　　　C. 环状 　　　　D. 网状

15. LAN 是(　　)的简称。

A. 局域网 　　　　B. 城域网 　　　　C. 广域网 　　　　D. 总线网

16. 在网络间起网关作用的是(　　)。

A. 网卡 　　　　B. 交换机 　　　　C. 路由器 　　　　D. 集线器

17. 下列哪项属于有效的 C 类 IP 地址范围("hhh"表示可分配的主机地址部分)?(　　)

A. 192.000.001.hhh～223.255.254.hhh

B. 192.hhh.hhh.hhh～239.255.255.255

C. 224.000.000.000～239.255.255.255

D. 128.001.hhh.hhh～191.254.hhh.hhh

18. C 类网络地址使用主机号的前 3 位划分子网,子网掩码是(　　)。

A. 255.0.0.0 　　　　B. 255.255.0.0

C. 255.255.255.0 　　　　D. 255.255.255.224

19. 主机域名和 IP 地址的关系是(　　)。

A. 一一对应 　　　　B. 域名与地址没有任何关系

C. 一个域名对应多个 IP 地址 　　　　D. 一个 IP 地址对应多个域名

20. 关于因特网中的电子邮件以下哪种说法是错误的?(　　)

A. 电子邮件应用程序通常使用 SMTP 接收邮件,POP3 发送邮件

B. 电子邮件应用程序的主要功能是创建,发送,接受和管理邮件

C. 利用电子邮件可以传送多媒体信息

D. 电子邮件由邮件头和邮件体两部分组成

21. 从技术架构上划分,物联网可以分为三个层次结构,其中不包括(　　)。

A. 网络层 　　　　B. 应用层 　　　　C. 设备层 　　　　D. 感知层

22. 下列哪项不是无线传感网络的特点?(　　　)

    A. 大规模　　　　　　B. 动态网络　　　　　　C. 自组织　　　　　　D. 点对点传输

23. 云计算中的"云"指的是(　　　)。

    A. 无线网络　　　　　B. 卫星网络　　　　　　C. 因特网　　　　　　D. 局域网

24. 设有 EAN-13 商品编码的前 12 位 690730251064,第 13 位的校验码是(　　　)。

    A. 3　　　　　　　　　B. 9　　　　　　　　　　C. 7　　　　　　　　　D. 1

25. 和一维条码相比,二维条码具有的优点是(　　　)。

    A. 具有校验功能　　　　　　　　　　　　　　B. 识别迅速

    C. 具有纠错功能　　　　　　　　　　　　　　D. 能表示多位数字

二、简答题

1. 什么是计算机网络?

2. 两层网络指的是什么?请简述。

3. 计算机网络按地域范围可分为哪几类?按拓扑可分为哪几类?

4. OSI 参考模型分为哪些层次?各层的主要功能是什么?

5. 常用的网络设备有哪些?各自的用途是什么?

6. 请画出网状拓扑的网络结构图。

7. 简述 ipconfig 命令的功能。

8. 简述 ping 命令的功能。

9. 请简要描述局域网的几种拓扑结构以及它们的优缺点。

10. 写出 A、B、C 类 IP 地址的最小网络地址和最大网络地址。

11. 将 B 类网络 130.128.0.0 划分成 30 个子网,简述划分方法,写出前两个的网络地址和子网掩码。

12. 若 IP 地址 200.1.1.65 的网络地址有 26 位,试分别写出该地址所属的主类网络地址、子网地址、子网掩码、可用主机地址范围,并算出有多少子网,罗列出所有子网。

13. 什么是物联网?简述物联网的三层结构。

14. 简述本章介绍的物联网的关键技术。

15. 一维条码的编码是由哪几部分组成的?

16. 和一维条码相比,二维码具有的优点有哪些?

17. 列出你知道的自动识别技术。

18. 简述 RFID 系统的组成和工作原理。

19. 简述传感器的组成。

20. 按功能分,有哪些类型的传感器?

21. 简述热电偶传感器的原理。

22. 简述超声波测距的原理。

23. 请查找资料,了解无线局域网标准 IEEE 802.11b、IEEE 802.11a、IEEE 802.11g、IEEE 802.11n、IEEE 802.11ad、IEEE 802.11ac 的不同技术特性和参数。

24. "树状拓扑常用于楼宇内的网络,如每个房间的多台主机连接到房间的交换机上,各房间的交换机连接到本楼层的交换机上,各楼层交换机连接到本楼宇的交换机上,楼宇交换机连接到网络中心。"请按此叙述画出一座四层楼的网络结构图。

25. 查找资料,叙述域名是如何解析的。

26. 查找资料,举例说明 ISSN 的校验符的计算方法。

27. 查找资料,编写分别使用 Python 第三方库 pystrich 和 qrcode 制作二维码的程序,并对它们进行简短评价。

第7章

信息存储与计算

　　随着信息技术的飞速发展,人们获取的数据急剧增加,而杂乱无章的数据一般不能直接给人类的各项社会活动带来社会效益,这就需要对它们进行存储和加工处理,从而得到对人类社会活动有一定价值的信息。人们根据这些信息,做出正确的决策,开展各项社会活动,提高工作效率和工作质量。

　　随着大数据和云计算技术及应用的快速增长,云计算和大数据技术已经逐步成为当前及未来信息处理的基础性技术。为了适应这一新的发展趋势和需求,本章从数据管理技术、数据库技术、云存储技术和云计算技术四个方面介绍数据管理和计算方面的相关知识。

7.1　数据管理技术的发展

　　数据管理是指对数据的组织、分类、编码、存储、检索和维护等环节的操作,是数据处理的核心。随着计算机硬件、软件技术的不断发展,数据管理也经历了由低级到高级的发展过程。这个过程大致经历了人工管理、文件系统、数据库系统和大数据管理四个阶段。

1. 人工管理阶段

　　在 20 世纪 50 年代以前,当时计算机主要应用于数值计算。由于处理的数据量小,由用户直接管理。这一时期数据管理的主要特点如下。

　　(1) 数据与程序不可分隔,数据依赖于特定的应用程序,没有专门的软件进行数据管理,数据的存储结构、存取方法和输入/输出方式完全由程序员自行完成。

　　(2) 数据不保存,应用程序在执行时输入数据,程序结束时输出结果,随着处理过程的完成,数据与程序所占空间也被释放,数据无法重复使用。因此,不能实现数据的共享。

　　(3) 各程序所用的数据彼此独立,数据缺乏逻辑组织,缺乏独立性,程序和程序之间存在大量的数据冗余。

2. 文件系统阶段

　　20 世纪 50 年代后期到 20 世纪 60 年代中期,硬件设备中出现了磁鼓、磁盘等直接存取数据的存储设备。在软件技术上,出现了操作系统和高级程序设计语言。在操作系统中,有了数据和文件管理的模块,负责把数据组织成相互独立的数据文件,文件可以按名存取,并可以实现对文件的修改、插入和删除,如图 7-1 所示。

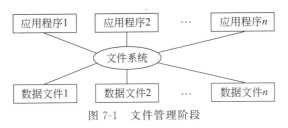

图 7-1　文件管理阶段

这一时期数据管理的主要特点如下。

(1) 程序和数据分开存储,数据以文件的形式保存在外存储器上,这样程序和数据之间就有了一定的独立性。

(2) 一个应用程序可使用多个数据文件,而一个数据文件也可以被多个应用程序所使用,从而实现了数据的共享。

但是,当要处理的数据量剧增时,文件系统的管理方法就暴露出如下的问题:数据冗余性问题。由于每个应用程序都有对应的数据文件,从而有可能造成同样的数据在多个文件中重复存储。另外一个问题是数据不一致性。在对数据进行更新时,有可能造成同样的数据在不同的文件中的更新不同步。

3. 数据库系统阶段

20 世纪 60 年代后期开始,由于计算机硬件、软件的快速发展,出现了数据库和对数据库进行统一管理的软件系统,这就是数据库管理系统。

数据库系统阶段具有以下特点。

(1) 数据结构化。数据库中的数据按一定的数据模型进行组织,这样数据库系统不仅可以表示事物内部数据项之间的关系,也可以表示事物与事物之间的联系。

(2) 数据冗余度小。数据以数据库文件的形式独立保存,每个数据元素在数据库中以记录的形式保存,数据只保留一份,可以最大限度地减少数据的冗余。

(3) 数据独立性高。数据库文件和应用程序之间彼此独立,应用程序的修改不影响数据,数据结构以及存储位置的修改也不影响应用程序。

(4) 数据共享性好。数据不面向特定的应用程序,而是面向整个系统组织管理相关数据,任何应用程序都可以使用数据库中的数据。

(5) 数据统一管理。数据由数据库管理系统进行管理。它负责建立数据库、维护数据库,提供安全性、数据一致性、完整性的控制,并提供多个用户同时使用的机制。

4. 大数据管理阶段

随着越来越多企业海量数据的产生,特别是 Internet 和物联网技术的发展,使得非结构化数据的应用以及对海量数据快速访问、有效的备份恢复机制、实时数据分析等的需求日趋扩大。传统的数据库管理技术从 1970 年发展至今,功能日趋完善,但在应对海量数据处理上仍有不足。于是,产生了包括数据仓库、数据挖掘以及数据分析为代表的大数据管理技术。

1) 数据仓库技术

它是在成熟的数据库系统的基础上发展起来的数据管理技术。数据仓库是面向主题的、集成的、稳定的、随时间变化的数据集合,用以支持经营管理中的决策制定过程。其基本思想是利用联机事务处理(On-Line Transaction Processing,OLTP)系统和多维数据模型,对数据库的数据进行抽取、转换和加载(Extract,Transform,Load,ETL),并将不同的数据进行清理、转换和整合,得出一致性的数据,然后加载到数据仓库中,最终构成一个庞大的数据仓库。数据仓库技术对所有的数据进行有组织地统一管理,利用联机分析处理(On-Line Analytical Processing,OLAP)系统,对数据仓库中的多维数据进行分析,最终为企业管理提供决策信息。

2) 数据挖掘技术

它是针对数据仓库技术发展起来的数据分析技术。其基本思想是利用统计学、关联规则、神经网络、遗传算法、模糊集、粗糙集和人工智能等数据挖掘技术,对数据仓库中的数据进行挖掘分析,最终给出知识表示。

3) 数据分析技术

它是在已经相当完善和成熟的关系数据库技术以及正在逐步完善和成熟的数据仓库技术和数据挖掘技术的基础上,形成的高级数据分析技术。其基本思想是充分利用和融合现有的各种数据库技术,利用丰富的数据挖掘模型,挖掘出数据仓库中的多种知识,建立智能知识库,从而实现对数据的最高管理——数据理解。

4) 大数据技术

大数据(Big Data)是指所处理的数据规模巨大到无法通过目前主流数据库软件工具,在可以接受的时间内完成抓取、存储、管理和分析,并从中提取出有价值的信息。简而言之,大数据可以被认为是数据量巨大而且数据类型复杂的数据集合。

大数据不仅数据量巨大而且还有一个数据类型复杂多变的特点。互联网上的各种数据类型迥异,特别是有大量的非结构化数据。业界普遍认同大数据具有 4V 特征。

(1) 数据体量巨大(Volume)。

随着计算机深入人类社会的各个领域,数据增长速度和数据的基数都在不断增大。据报道,2021 年我国数据产量达到 6.6ZB,同比增加 29.4%,占全球数据总产量(67ZB)的9.9%。这样的数量级别和增长速度给数据的传输、存储、处理、检索带来新的问题。

(2) 数据类型复杂(Variety)。

大数据的挑战不仅是数据量的大,也体现在数据类型的复杂和多样性上。除了规范数据、网络日志、地理位置信息等具有固定结构的数据之外,还有声音、视频、图片、各种文档等大量的非结构化数据。非结构和半结构数据正是大数据处理的难点所在。现在,互联网上产生的非结构数据占据了大数据的绝大部分比重。

(3) 处理速度快(Velocity)。

信息的价值在于及时获得有效信息,超过特定时限的信息就失去了使用的价值。大数据的商业价值主要是分析大量历史数据以预测未来的趋势,帮助商业公司做出关键决策,处理数据的时间必须有时效性,否则处理时间过长就让大数据失去了意义。

（4）价值高（Value）。

大量的数据,蕴含着事物和人类发展的规律。如果能从中发掘出并利用这些规律,不仅给人们的生活带来方便,还将对人类社会的发展产生巨大影响,具有极高的应用价值。

7.2　数据库技术

本节主要介绍关系数据库系统、数据模型和结构化查询语言 SQL 等基本概念。

7.2.1　数据库基本概念

下面先介绍数据库技术的几个基本概念。

1. 数据库

数据库（DataBase,DB）,是指以文件的形式并按特定的组织方式在存储介质中长期保存的数据。因此,在数据库中,不仅包含数据本身,也包含数据之间的联系。

2. 数据库管理系统

数据库管理系统（DataBase Management System,DBMS）,是实现对数据库进行管理的软件,它以统一的方式管理和维护数据库,并提供数据库接口供用户访问数据库。用户不必关心数据的结构和实现方法,只需发出命令来完成具体的操作。常用的数据库管理系统有 Oracle、SQL Server、MySQL、PostgreSQL、Access、openGauss、SQLite 等。

数据库管理系统一般具有如下功能。

1）数据定义

数据定义通过数据定义语言（Data Definition Language,DDL）来实现,用户通过它可以实现数据库、数据表、数据完整性的定义、删除和修改等操作。

2）数据的组织、存储和管理

确定数据的存储结构和存取方式,实现数据之间的联系,优化存取方法提高存取效率。

3）数据操纵

数据操纵通过数据操纵语言（Data Manipulation Language,DML）来实现。它是对数据库中的数据进行增加、修改、删除和查询等功能的操作。

4）运行控制

数据库的操作都要在控制程序的统一管理下进行,保证数据的安全性、完整性、多用户对数据库的并发使用、数据库备份、转储以及系统故障时数据库的恢复等。

3. 数据库系统

数据库系统是具有数据库和数据库管理功能的计算机系统,它包括硬件系统、数据库、数据库管理系统及相关的软件和各类人员,如数据库设计人员、相关软件开发人员、数据库管理员（Database Administrator,DBA）、数据库应用系统的使用和维护人员等。

4. 数据模型

在数据库中,不仅包含数据本身,也包含数据和数据之间的联系。数据的组织是按特定的结构进行的,这种结构就是数据模型。

根据应用的层次不同,数据模型有三个类别:概念模型、逻辑模型和物理模型。

1) 概念模型

概念模型用来描述现实世界的事物。在设计数据库时,用概念模型来抽象表示现实世界的各种事物及其联系。在现实世界中,把事物称为实体(Entity),如学生、课程、教师等。实体具有属性(Attribute),如学生的属性有班级、姓名、学号等。实体之间有联系(Relationship),如一位学生可以选修多门课程,一门课程可以被多人选修。

(1) 实体之间的联系。

实体之间的联系也称为实体集之间的联系,有三种类型:一对一、一对多和多对多。

① 一对一联系:实体集 A 中的一个实体最多与实体集 B 中的一个实体有联系,反之亦然。如一个学校只有一位校长,一个校长只能在一个学校任职。

② 一对多联系:实体集 A 中的一个实体与实体集 B 中的多个实体有联系,但实体集 B 中的一个实体至多和实体集 A 中的一个实体有联系。如一个班级有多名学生,而一名学生只属于一个班级。

③ 多对多联系:实体集 A 中的一个实体与实体集 B 中的多个实体有联系,而实体集 B 中的一个实体也可以和实体集 A 中的多个实体有联系。如前面提到的学生和课程之间就是多对多的联系。

(2) E-R 图。

概念模型常用如图 7-2 所示的图形表达,称为**实体-关系模型**,也叫 **E-R 图**,其中,矩形表示实体,椭圆表示属性,菱形表示联系,连线表示所属关系,字母 m、n 表示多对多的联系。

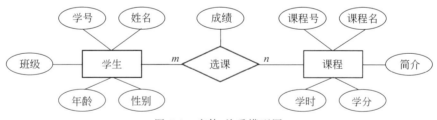

图 7-2　实体-关系模型图

概念模型是对现实世界中事物及事物之间联系的描述,是一种面向客观世界、面向用户的模型,与具体的数据库管理系统无关,也与具体的计算机平台无关。

2) 逻辑模型

表示数据之间逻辑关系的模型被称为**逻辑模型**。目前,数据库管理系统所支持的逻辑数据模型有三种,即层次模型、网状模型和关系模型。

(1) 层次模型。

层次模型用树状结构组织数据,可以表示数据之间的多级层次结构。

在树状结构中,各类实体用结点表示。整个树状结构中只有一个为最高结点,其余的结点有而且仅有一个父结点,相邻两层的上级结点和下级结点之间表示了一对多的联系。

在现实世界中存在着大量的可以用层次结构表示的实体,例如,国家的行政区域结构、单位的行政组织机构、家族的辈分关系等。

(2)网状模型。

网状模型中结点和结点之间是多对多的联系,即一个结点可以和其他多个结点有联系。它取消了层次模型的两个限制,一是允许结点有多于一个的父结点,另一个是可以有一个以上的结点没有父结点。网状模型可以表示多对多的联系,但数据结构的实现比较复杂。

(3)关系模型。

关系模型用二维表格的形式来描述实体及实体之间的联系,在实际的关系模型中,操作的对象和操作的结果都用二维表表示,每一个二维表都代表了一个关系。

在这三种数据模型中,关系模型的数据组织最为简单方便,因此,目前流行的数据库管理系统都是以关系模型为基础的,称为**关系数据库管理系统**。

3)物理模型

物理模型用于描述数据在存储介质上的结构,如数据的存放顺序、文件的位置、分布等。每一种逻辑模型在实现时,都对应到相应的物理模型。

7.2.2　关系型数据库

根据数据库中数据的数据存储结构、可扩展性和数据一致性,将数据库分为关系型数据库和非关系型数据库。

采用了关系模型来组织数据的数据库被称为**关系型数据库**。在关系数据库中,对数据的操作是建立在一个或多个关系表格上的,通过对这些关联表的分类、合并、连接或选取等运算来实现对数据的处理。

1. 关系模型的基本概念

关系模型采用二维表格描述相关的数据和它们之间的联系。

在关系模型中,每个二维表都称为一个**关系**,表的名称称为**关系名或表名**。表中每一行代表一个实体,称为一个**记录**,也叫**元组**。每一列代表一个**属性**,也叫**字段**。每个属性有一个名称,称为**属性名或字段名**。每个属性的取值范围称为一个**域**,如"性别"的域是{男,女}。属性的取值称为**属性值或字段值**。一个元组中的每一个属性值也称为一个**分量**。

将关系名、属性名写成如下形式,称为**关系模式**。

关系名-(属性名 1,属性名 2,属性名 3,…,属性名 n)

关系模式是指对关系表结构的描述。例如,学生表记录学生的班级、学号、姓名、性别、年龄,则这个表的关系模式是:

学生表(班级,学号,姓名,性别,年龄)

一个关系中能唯一标识一个元组的属性或属性集称为**候选键**(Candidate Key)或**候选码**。例如,"学生表"中一个学生只出现一次,学号互不相同,学号能唯一标识一个学生,所以学号可以作为该表的候选码。

一个关系可以有多个候选键,一个候选键可以由多个属性组成。

从一个关系的多个候选码中选取一个作为元组的唯一标识,这个候选码称为**主键**或**主码**(Primary Key)。

【例 7-1】 确定关系 student(学号,姓名,性别,年龄,借书证号)的候选键,该关系的记录如下。

学号	姓名	性别	年龄	借书证号
8612162	陆华	男	22	88120001
8612104	王华	女	22	88120002
8612105	郭勇	女	19	88120006

【答】 从该关系中可以看出,每个学生的学号不同,而且每个学生的借书证号也不同,因此,这两个属性都可以作为这个关系的候选键,这样,该关系中就有两个候选键分别是学号和借书证号。

【例 7-2】 确定关系 score(学号,课程号,成绩)的候选键,该关系的记录如下。

学号	课程号	成绩
8612162	C01	90
8612162	C02	89
8612104	C02	90

【答】 显然,在这个关系中,任何一个单一的属性都不能唯一地标识每个元组,只有学号和课程号组合起来才能区分每一个元组,具体表示某个学生选择的某一门课,因此,该关系中的候选键是学号和课程号的组合,即属性组(学号,课程号)。

如果一个关系 A 中的某个字段不是本关系中的主键,而是另外一个关系 B 的主键,该字段称为**外部关键字**,简称**外键**(Foreign Key),或**外码**。关系 A 称为**参照关系**或**从表**,关系 B 称为**被参照关系**或**主表**。通过外键可以将两个表联系起来。

【例 7-3】 下列两个关系模式,其中用下画线标出了主键,请说出哪个表中的哪个属性是外键,哪个是主表,哪个是从表。

学生表(<u>学号</u>,班级,姓名,住址,籍贯,电话)
选课表(<u>学号</u>,<u>课程号</u>,成绩)

【答】 学生表的学号是主键,选课表的学号、课程号两个属性是主键。在选课表中,学号本身不是主键,但在学生表中学号是主键,所以,选课表中学号是外键,它参照了学生表中的学号。学生表是主表,是被参照关系;选课表是从表,是参照关系。

2. 关系模型的特点

关系模型的结构简单,通常具有以下特点。

(1) 关系中的每一列不可再分。

（2）同一个关系中不能出现相同的字段名。

（3）关系中不允许有完全相同的记录。

（4）关系中任意交换两行位置不影响数据的实际含义。

（5）关系中任意交换两列位置不影响数据的实际含义。

3. 关系的完整性约束

为了保证数据库中数据的正确性和合理性，必须对数据库中的数据进行限定，只有符合限定条件的数据才允许进入数据库，这些限定条件统称为**完整性约束**或**完整性约束条件**。

完整性约束主要有实体完整性、参照完整性和用户定义完整性三类。

1）实体完整性

实体完整性要求表中的记录都必须有主键，而作为主键的所有字段，其属性必须是唯一且非空值。实体完整性就是保证关系中不能有重复的记录。

2）参照完整性

参照完整性是对相关联的主表和从表之间的约束，就是从表中的每一条记录，其外键的值必须是主表中存在的。例 7-3 中，选课表中的学号是外键，它参照学生表中的学号，在向从表中插入一条新记录时，系统要检查新记录的学号在主表中是否已存在，如果存在，则允许执行插入操作，否则拒绝插入；如果要修改从表中学号的值，系统也要检查修改后的学号在主表中是否存在，如果不存在，系统同样会拒绝修改，这就是参照完整性。

3）用户定义完整性

用户定义的完整性是用户根据字段或记录的逻辑意义设定的限制条件。例如，可以设定性别的取值范围为｛男，女｝，年龄的取值范围为 0～150 的整数等。

数据库管理系统中，关系的完整性可以在创建表时设定，也可以在创建表后修改这些完整性的条件。当输入数据时，系统检查完整性约束条件，如果数据违反了约束条件，就不允许数据插入到数据表中。

7.2.3　SQL

SQL（Structured Query Language，结构化查询语言）是应用于关系数据库的标准语言，目前大多数数据库产品都支持 SQL。

1. SQL 的功能

SQL 的主要功能有如下三类。

1）数据定义

实现数据库、数据表等对象的创建、修改、删除功能。常用命令主要有 CREATE、ALTER 和 DROP 等，称为数据定义语言（Data Definition Language，DDL）。

2）数据操纵

实现数据的插入、修改、删除、查询等操作，常用命令有 INSERT、DELETE、UPDATE 和 SELECT 等，称为数据操纵语言（Data Manipulation Language，DML）。

3)数据控制

实现对数据访问权限的控制,如哪些用户对哪些数据库、数据表能进行哪些操作等。例如,可以设定用户 zhang 对数据库 library 仅具有查询权限,不能修改其中的数据。主要命令有 GRANT 和 REVOKE,称为数据控制语言(Data Control Language,DCL)。

2. SQL 的特点

SQL 的主要特点主要如下。

(1) SQL 是非过程性语言。用户只须在命令中指出做什么,无须说明怎样去做。

(2) SQL 语法命令简单。常用命令只有 9 个,易于学习和掌握。

(3) SQL 具有强大和灵活的查询功能。一条 SQL 查询命令可以完成非常复杂的操作。

(4) SQL 各种版本的基本命令结构都相同,所以通用性很强,可移植性也很好。

(5) SQL 不区分大小写,语句书写可以换行。

3. SQL 中的数据类型和运算符

一条 SQL 总是以命令动词开始,后跟其他关键字、表达式或子句。例如:

SELECT 班级,学号,姓名 FROM 学生表 WHERE 年龄<18;

表示从学生表中查询年龄小于 18 岁的学生的班级、学号和姓名信息。其中,SELECT 是命令动词,"班级,学号,姓名"是表达式,"FROM 学生表"和"WHERE 年龄<18"是子句。子句是对命令的条件补充,根据需要添加。

大多数 DBMS 要求语句末尾加分号";"表示语句结束。

SQL 的表达式是字段名、常量或由运算符将它们连接起来的式子,如"年龄<18"。

1)数据类型

SQL 中常用的数据类型见表 7-1。

表 7-1 SQL 中常用的数据类型

数据类型	类型符号	含义或取值范围
数值型数据	INT 或 INTEGER	占用 4B 的整数
	FLOAT 或 REAL	单精度实型
	DOUBLE	双精度实型
	DECIMAL(M,D)	定点实型,表示总位数为 M,小数位数为 D 的实数,是精确类型
字符型数据	CHAR(n)	长度为 n 的定长字符串
	VARCHAR(n)	最大长度为 n 的变长字符串
日期型数据	DATE	日期型数据

需要注意的是,一是不同的 DBMS 支持的数据类型可能不同,二是这里给出的仅是本书用到的一部分数据类型。

2）常量

表达式中书写出的不带小数点的数字被认为是整数,可以带正负号,如＋5,－10;带小数点的数字被认为是实数;1.2E＋5 是实数的科学记数法形式,表示 $1.2×10^{+5}$;用一对单引号引起来的字符串是字符型数据,如'language';输入和比较日期时一般可以使用一对单引号引起来的 10 位"年-月-日"格式的字符串,如 '2023-08-01'。

3）运算符

SQL 中的常用运算符如表 7-2 所示。

表 7-2　SQL 中的常用运算符

类　别	运　算　符	含　义
算术运算	＋,－,＊,/,％	加、减、乘、除、求余
比较运算	＞,＞＝,＜,＜＝,＝,! ＝	大于、大于或等于、小于、小于或等于、等于、不等于
逻辑运算	NOT、AND、OR	逻辑运算非、与、或
空值	IS NULL、IS NOT NULL	是否空值。一个字段没有插入任何数据时,其值为空值
字符匹配运算	LIKE、NOT LIKE	模糊比较,如 name LIKE '张％',表示姓"张"的人,name NOT LIKE '张_表示姓"张"的名字为两个字的以外的人
范围运算	BETWEEN AND、NOT BETWEEN AND	值在或不在某个范围,如 age BETWEEN 0 AND 150 表示年龄在[0,150];age NOT BETWEEN 0 AND 150 表示年龄不在[0,150]
集合成员运算	IN、NOT IN	是否在集合中,如 gender IN ('男','女')表示性别为"男"、"女"之一;province NOT IN('陕西','河南')表示非陕西、河南籍

4. 创建和删除数据库

最简单的创建数据库的命令格式为

```
CREATE  DATABASE <数据库名>;
```

例如:

```
CREATE DATABASE teaching;
```

创建名称为 teaching 的数据库。

删除数据库,使用:

```
DROP DATABASE <数据库名>;
```

例如:

```
DROP DATABASE teaching;
```

5. 创建和删除数据表

1) 创建数据表

创建数据表的基本格式为

```
CREATE TABLE <表名>(<列名1> <数据类型1>[ <列级完整性约束条件> ]
                    [,<列名2> <数据类型2>[ <列级完整性约束条件> ],…
                    [ <表级完整性约束条件>]
                    );
```

其中出现的选项含义如下。

- <表名>是要定义的表的名字。
- <列名1><列名2>等,是表中字段的名字。一个数据表由一个或多个字段(属性)组成,每个字段需要说明其字段名、数据类型及其他约束。
- <数据类型1><数据类型2>等,是字段的数据类型,如 INT、FLOAT、CHAR(10)、VARCHAR(20)、DATE 等。
- <列级完整性约束条件>是与该(属性)列有关的完整性约束条件,可以是"NOT NULL"表明该属性值不能为空值,可以是"UNIQUE"表示该属性上的值不能重复,还可以是"PRIMARY KEY"表示该属性是主键,或者数据限制条件,如 CHECK(age<150 AND age>=0)表示年龄字段的值在[0,150)。
- []方括号表示可选项,即这项内容可以有,也可以没有,依据需要取舍。
- <表级完整性约束条件>是与该表有关的完整性约束条件,如多列作主键,Primary Key(学号,课程号),列之间的约束 CHECK(数学+语文=总分)等。

2) 删除数据表

删除数据表使用的命令格式为

```
DROP TABLE <表名>;
```

【例 7-4】 "读者登记"表包含 5 个字段,分别是借书证号、姓名、性别、年龄和专业,其中,借书证号字段为主键,姓名字段不允许为空,年龄的默认值为 18。写出建立和删除该表的 SQL 语句。

【答】 根据题目要求,创建读者登记表的 SQL 语句为

```
CREATE  TABLE  读者登记(
    借书证号 CHAR(8)  PRIMARY  KEY,
    姓名 CHAR(20) NOT NULL,
    性别 CHAR(2),
    年龄 INTEGER DEFAULT 18,
    专业 CHAR(10);
);
```

删除该表的 SQL 语句为

```
DROP TABLE 读者登记;
```

说明：SQL 语句书写时，习惯上关键字用大写。每个子句或项写成一行，这样容易阅读。书中为了节省篇幅，有时写在一行中。

6. 插入、修改和删除数据

数据的插入、修改和删除统称为数据更新。

1) 插入数据

在数据表中插入数据使用 INSERT 命令，其格式如下。

```
INSERT INTO  <表名>  [(<字段名1>[,<字段名2>[,…]])]
                   VALUES(<表达式1>[,<表达式2>[,…]]);
```

该命令用指定的值向数据表的末尾追加一条新的记录。

使用该命令时，命令中的字段名与 VALUES 值的个数应相同，数据类型、顺序一一对应。如果 VALUES 值的个数、类型和顺序与定义表时各字段一致，则可以省略字段名。

【例 7-5】 将以下的数据添加到"读者登记"表中，如表 7-3 所示。

表 7-3 加入读者登记的一条记录

借书证号	姓　名	性　别	年　龄	专　业
20090101	王一平	男	19	计算机
20090102	张美丽	女	17	计算机
20090103	丁美丽	女	19	计算机
20090201	周根水	男	19	电子
20090301	王福泉	男	18	物联网

【答】 采用列出字段名的方式，插入语句为

```
INSERT INTO 读者登记(借书证号,姓名,性别,年龄,专业)
     VALUES('20090101','王一平','男',19,'计算机');
```

由于插入的字段数量和顺序与定义数据表时字段的个数和顺序一样，可以省略字段列表，第 2 行数据的插入语句可写为

```
INSERT INTO 读者登记 VALUES('20090102','张美丽','女',17,'计算机');
```

其他记录的插入语句类似。

2) 修改数据

修改已输入记录的字段值，使用 UPDATE 命令，其格式如下。

```
UPDATE  <表名> SET  <字段名1>=< 表达式1>
                   [,<字段名2>=< 表达式2>,…]
                     [WHERE  <条件>];
```

该命令的功能是按给定的表达式的值，修改满足条件的记录的各字段值，其中，

WHERE <条件>是表示满足条件的记录,修改多个字段时,用逗号将赋值表达式隔开。命令中如果没有使用 WHERE 指定条件时,表中所有的记录都被修改。像"WHERE <条件>"这种可以选择的附加部分常称为**子句**。

【例 7-6】 将"读者登记"表中借书证号为"20090101"的人的年龄改为 18。

【答】 修改"读者登记"表中"20090101"号学生年龄的 SQL 语句如下。

```
UPDATE  读者登记  SET  年龄=18 WHERE 借书证号='20090101';
```

3)删除数据

删除数据使用 DELETE 命令,其格式如下。

```
DELETE  FROM  <表名> [WHERE  <条件>];
```

该命令的功能是将满足条件的记录删除,省略 WHERE 子句时,表中所有的记录都被删除。

【例 7-7】 将"读者登记"表中年龄大于 20 的记录删除。

【答】 删除"读者登记"表中年龄大于 20 的人的信息的 SQL 语句如下。

```
DELETE  FROM 读者登记  WHERE 年龄>20;
```

7. 数据查询

查询是数据库中最常用的操作。它能够完成多种查询任务,如查询满足条件的记录、统计计算、对记录排序等,当结合函数进行查询时,可完成更多的计算功能。查询使用 SELECT 命令。

1)SELECT 命令格式

所有查询功能都是使用 SELECT 命令实现的,其命令格式及主要子句如下。

```
SELECT
  [ALL | DISTINCT]
  [<别名>.]<检索项> [AS <列名称>][,[<别名>.]<检索项> [AS <列名称>]…]
   FROM <表名>[, <表名>…]
     [WHERE <连接条件> [AND <连接条件> …]]
     [GROUP BY <分组列>[, <分组列> …]]
     [HAVING <条件表达式>]
     [ORDER BY <排序关键字> [ASC | DESC][,<排序关键字> [ASC | DESC] …]];
```

其中,ALL 表示显示查询得到的所有结果,DISTINCT 表示显示结果中不重复的行,默认是 ALL;<检索项>是字段名或表达式,其后的 AS 指定列的别名;FROM 后列出数据来源于哪些数据表,用逗号隔开;WHERE 后是查询条件,只有满足条件的记录才会被选择出来;GROUP BY 指定按哪些列分组汇总,如可以按班级分组查询成绩的平均值等;HAVING 指定分组统计后的查询条件;ORDER BY 指定按哪些字段排序,ASC 表示升序,DESC 表示降序,默认为 ASC。这些子句根据需要使用,不是每个查询都要有的。

2)简单查询

最简单的查询是查询一个表中的所有信息,没有任何条件,这时检索项可以用 * 表

示,例如,查询读者登记表中的所有信息:

```
SELECT * FROM  读者登记;
```

结果为

借书证号	姓名	性别	年龄	专业
20090101	王一平	男	18	计算机
20090102	张美丽	女	17	计算机
20090103	丁美丽	女	19	计算机
20090201	周根水	男	19	电子
20090301	王福泉	男	18	物联网

如果只查询学号和姓名信息,语句为

```
SELECT 借书证号,姓名  FROM  读者登记;
```

结果为

借书证号	姓名
20090101	王一平
20090102	张美丽
20090103	丁美丽
20090201	周根水
20090301	王福泉

如果查询读者来自哪些专业,并且去掉重复的专业名称,语句为

```
SELECT DISTINCT 专业 FROM  读者登记;
```

结果为

专业
计算机
电子
物联网

注意:本例如果不用 DISTINCT,"计算机"将有三行。

3)条件查询

条件查询是指使用 WHERE 字句,添加查询条件,查询结果只包含满足条件的记录,格式为

```
SELECT … FROM …  WHERE  <条件>
```

【例 7-8】 写出满足下列条件的查询语句。

(1) 从"读者登记"表中查询"计算机"专业学生的姓名、年龄和专业字段。

(2) 查询"读者登记"表中"计算机"专业年龄为 20 的男生的信息。

(3) 显示"读者登记"表中年龄为 19~21 的所有读者的信息。

(4) 显示"读者登记"表中专业是"计算机"或"力学"的读者信息。

【答】 根据题目要求,相应的 SQL 语句如下。

(1) SELECT 姓名,年龄,专业 FROM 读者登记 WHERE 专业='计算机';

(2) SELECT * FROM 读者登记 WHERE 专业='计算机' AND 年龄=20 AND

性别='男';

（3）SELECT ＊ FROM 读者登记 WHERE 年龄 BETWEEN 19 AND 21；

（4）SELECT ＊ FROM 读者登记 WHERE 专业 IN（'计算机','力学'）；

其中,（3）也可以写为 SELECT ＊ FROM 读者登记 WHERE 年龄＞＝19 AND 年龄＜＝21；（4）也可以写为 SELECT ＊ FROM 读者登记 WHERE 专业='计算机' OR 专业='力学'。

4）对查询结果排序

使用 ORDER 子句可以将输出结果按指定的字段进行排序。

【例 7-9】 按年龄降序显示"读者登记"表中的所有记录。

【答】 按题目要求,SQL 语句为

```
SELECT ＊ FROM读者登记 ORDER BY 年龄 DESC;
```

结果为

借书证号	姓名	性别	年龄	专业
20090103	丁美丽	女	19	计算机
20090201	周根水	男	19	电子
20090101	王一平	男	18	计算机
20090301	王福泉	男	18	物联网
20090102	张美丽	女	17	计算机

5）统计查询

使用 SQL 提供的汇总函数可以进行统计计算,这些函数有统计记录的个数 COUNT(＊)、求和 SUM()、求最大值 MAX()、求最小值 MIN()、计算平均 AVG()等。

（1）简单统计。

例 7-10 演示了对满足某条件的记录的统计。

【例 7-10】 统计"读者登记"表中的"计算机"专业的人数、最大年龄、最小年龄和平均年龄。

【答】 按题目要求,SQL 语句为

```
SELECT COUNT(＊) AS 人数, MAX(年龄) AS 最大年龄, MIN(年龄) AS 最小年龄,
    AVG(年龄) AS 平均年龄 FROM 读者登记 WHERE 专业='计算机';
```

其中,"AS 人数"表示将 COUNT(＊)统计的行数的标题显示为"人数",其他类似。运行结果为

人数	最大年龄	最小年龄	平均年龄
3	19	17	18.0000

（2）分组统计。

分组统计使用 GROUP BY 子句,按分组统计结果筛选使用 HAVING 子句。

【例 7-11】 分组统计"读者登记"表中各专业的人数、最大年龄、最小年龄和平均年龄,显示专业人数小于 3 的专业的统计信息。

【答】 分组统计使用 GROUP BY 子句,分组依据是"专业",统计后显示人数小于 3

的专业的统计信息,使用 HAVING 子句。完整语句如下。

```
SELECT  专业,COUNT(*) AS 人数, MAX(年龄) AS 最大年龄, MIN(年龄) AS  最小年龄,
     AVG(年龄) AS 平均年龄 FROM  读者登记
     GROUP BY 专业 HAVING  COUNT(*)<3;
```

执行结果为

专业	人数	最大年龄	最小年龄	平均年龄
电子	1	19	19	19.0000
物联网	1	18	18	18.0000

6) 多表查询

多表查询指信息来源于多个数据表,例如,除前面定义的读者登记表外,数据库中还有一个借阅表,其中,字段为日期、读者编号、书号、书名和归还日期。要查询某日某人借的图书,姓名在读者登记表中,借书信息在借阅表中。借阅表的读者编号就是读者登记表中的借书证号,需要将这两个表按照借阅表的读者编号和读者登记表中的借书证号相等的规则关联起来,这一关联称为**等值连接**。连接的方法之一就是在 WHERE 子句中加上连接规则(常称为连接条件)。

从逻辑上讲,如果一个读者编号出现在借阅表中,那么这个编号一定应先出现在读者登记表中,这就是前面说的参照完整性,要在数据库中实现参照完整性,方法之一是在建立从表时在表级约束中使用 FOREIGN KEY 关键字,格式是:

```
FOREIGN KEY(外键) REFERENCES 主表(主表的主键)
```

设借阅表的关系模式为

借阅表(日期,读者编号,书号,书名,归还日期)

就借阅表来说,这个子句就是:

```
FOREIGN KEY(读者编号) REFERENCES 读者登记(借书证号)
```

【例 7-12】　设读者登记表和借阅表如前所述,写出完成下列操作的 SQL 语句。

(1) 写出创建借阅表的 SQL 语句,主键为(日期,读者编号,书号),并且建立和读者登记表的参照完整性。

(2) 在其中插入一条记录,数据为('2022-07-28','20090101','9787302481324','大学计算机基础')。

(3) 查询王一平借的图书信息。

【答】

(1) 创建借阅表。

```
CREATE TABLE 借阅表(日期 DATE, 读者编号 char(8), 书号 char(13),
     书名 varchar(50),归还日期  DATE,
     PRIMARY KEY(日期,读者编号,书号),
     FOREIGN KEY(读者编号) REFERENCES 读者登记(借书证号));
```

其中,由于本表的主键由三个字段组成,PRIMARY KEY 子句放在后面作为表级约束,

三个字段名放在括号中用逗号隔开。

(2)插入数据。

```
INSERT INTO 借阅表 (日期,读者编号,书号,书名)
      VALUES('2022-07-28','20090101','9787302481324','大学计算机基础');
```

(3)多表查询。

```
SELECT 读者编号,姓名,日期,书号,书名 FROM 读者登记,借阅表
      WHERE 读者登记.借书证号=借阅表.读者编号;
```

结果为

读者编号	姓名	日期	书号	书名
20090101	王一平	2022-07-28	9787302481324	大学计算机基础

语句中"读者登记.借书证号"的写法是表明"借书证号"这个字段是哪个数据表的,本例可以直接写"借书证号"。当两个表有相同字段时,为了区分是哪个表的字段,必须加上"表名."作前缀。

7.2.4 SQLite 数据库

SQLite 是一款小型的关系型数据库管理系统,能够支持 Windows、Linux、UNIX 等主流的操作系统,同时能够跟很多程序设计语言相结合,例如,C、C++、Java、C♯、Python等,同时处理速度也比较快。

1. SQLite 数据库简介

SQLite 第一个 Alpha 版本诞生于 2000 年 5 月,2015 年发布了 SQLite3。SQLite3模块提供了一个 SQL 接口,通过这个接口可以使用和操作数据库,在 Python 2.5 版以后,就自带了 SQLite3 模块,称为 PySQLite。

PySQLite 数据库是一款小巧的嵌入式开源数据库软件。该模块中提供了多个方法来访问和操作数据库及数据库中的表,它使用一个文件存储整个数据库,操作十分方便。

在 Python 中使用 SQLite3 模块的主要过程如下。

(1)创建连接对象并且打开数据库。

(2)创建游标对象。

(3)对记录进行增加、删除、修改、查询等操作。

(4)关闭连接。

2. SQLite 数据库操作

1) 导入 PySQLite 模块

在 Python 中要使用 PySQLite 模块,先使用 import 语句导入该模块:

```
import sqlite3
```

2）创建连接对象及打开数据库

接下来创建一个表示数据库的连接（Connection）对象，语句格式如下。

`连接对象名=sqlite3.connect("数据库名")`

例如，下面的语句创建了一个和数据库"E:/test.db"连接的对象 conn。

`conn=sqlite3.connect("E://test.db")`

SQLite3 的每一个数据库保存在一个扩展名为".db"的文件中。在创建连接对象时，如果指定的数据库存在就直接打开这个数据库，如果不存在就新创建一个然后再打开。

在打开一个数据库后，接下来对数据库进行的操作都直接使用这个连接对象，包括执行所有的 SQL 语句。

3）关闭数据库

对数据库操作结束后要关闭数据库，同时也就断开了连接对象与数据库的连接，关闭数据库使用 close()方法，语句格式如下。

`连接对象.close()`

例如：

`conn.close()`

3. Python 中执行 SQL 语句

一旦有了连接（Connection）对象，就可以创建游标（Cursor）对象并调用游标的 execute()方法来执行 SQL 语句。

1）创建游标

使用 SQL 语句从表中查询出的多条记录称为结果集，游标则是用来从结果集中提取记录的一种机制，用来指向结果集中特定的记录。

因此，如果要对结果集进行处理时，必须声明一个指向该结果集的游标。事实上，所有 SQL 语句的执行都要在游标对象下进行。

定义游标的格式：

`游标名=连接对象.cursor()`

例如，语句 cur＝conn.cursor()定义了一个名为 cur 的游标。

游标对象通过调用相关方法完成操作，常用的方法见表 7-4。

表 7-4　游标对象常用的方法

游标的操作方法	功　　能
execute(SQL 语句)	执行 SQL 语句
close()	关闭游标
fetchone()	从查询结果集中取一条记录，并将游标指向下一条记录
fetchmany()	从查询结果集中取多条记录，返回一个列表
fetchall()	从查询结果集中取出所有记录，返回一个列表

2) 执行 SQL 语句

创建游标后,就可以进行表的定义和对记录的添加、删除、修改和查询了,这些操作都使用 SQL 语句完成,操作方法是调用 execute()方法,格式:

游标名.execute(SQL 语句)

也就是将 SQL 语句作为 execute()中的参数,例如:

```
cur.execute("select * from books")
```

下面通过一个例子说明操作数据库的完整过程。

【例 7-13】 编写 Python 程序,连接 SQLite3,创建 teaching.db 数据库,创建 course 数据表,含三个字段:id(课程编号)、name(课程名称)和 chour(学时),查询其中的信息,关闭数据库。

【解】 本例要进行以下操作。

(1) 在 d:盘 python 目录中创建数据库 teaching.db。

(2) 在数据库中创建表 course。

(3) 向表中输入两条记录。

(4) 显示表中的记录。

程序代码如下。

```
import sqlite3                                     #导入 sqlite3 模块
#创建连接对象,连接数据库。文件不存在时创建
conn=sqlite3.connect("e: /python/teaching.db")    #路径可以修改
cur=conn.cursor()                                  #创建游标对象
#创建数据表
sql='CREATE TABLE course(id char(6) PRIMARY KEY,'
sql=sql+ 'name VARCHAR(20), hour INTEGER)'
cur.execute(sql)                                   #创建数据表,只能执行一次
#插入数据
sql="INSERT INTO course(id,name,hour)   "
sql=sql+"values('KC0001','大学计算机基础',56)"
cur.execute(sql)
cnumb="KC0002"
cname="C++程序设计"
chour=64
#"?"号为占位符,将用后面的 cnumb,cname,chour 替换
sql='INSERT INTO course(id,name,hour) values(?,?,?)'
cur.execute(sql, (cnumb, cname, chour))
conn.commit()                                      #提交数据保证修改内容写入数据库
sql="SELECT * FROM course"
cur.execute(sql)                                   #查询
res=cur.fetchall()                                 #获取所有记录
for i in range(0,len(res)):
    print(res[i])                                  #显示每条记录
cur.close()                                        #关闭光标
conn.close()                                       #关闭数据库连接
```

程序说明：

（1）使用 create table 创建表时，通常要先判断一下要创建的表是否已经存在，如果不存在，再进行创建，方法是使用 if not exists 进行判断，因此，程序中创建表的语句通常写成下面的形式。

```
CREATE TABLE if not exists course(id char(6) PRIMARY KEY, name VARCHAR(20), hour
INTEGER)
```

（2）程序中使用 INSERT 语句一次添加一条记录，也可以使用该语句一次添加多条记录，方法是先使用下面的语句将多条记录定义到一个列表中。

```
kc = [('KC0003', '高等数学', 96), ('KC0004', '大学物理', 90), ('KC0006', '微型计算机
原理', 56)]
```

然后，调用 executemany()方法将记录添加到表中：

```
cur.executemany('INSERT INTO course VALUES(?,?,?)', kc)
```

（3）提交操作。

在数据库中对表中的记录进行添加、修改和删除的改动操作之后，**必须进行一次提交操作**，才能将对表的改动结果保存到数据文件中，否则所做的修改操作无效。

提交时使用连接对象的 commit()方法，可以保存自上一次调用 commit()以来所做的对表的任何修改，调用格式为

```
对象名.commit()
```

所以，本例在执行了插入语句后执行提交语句：

```
conn.commit()
```

7.2.5　数据库应用实例

本节通过一个实例介绍如何使用 Python 编写 SQLite 数据库应用程序。

【例 7-14】　编写程序，实现通讯录的管理，其功能如下。

（1）初始化数据库：删除已有数据库，重新建立数据库和数据表，数据库的文件名为 addressbook.db，数据表的名称为 addrbook。字段有姓名、电话、类别和备注。

（2）插入数据：用户输入姓名、电话、类别和备注信息，用空格隔开，将它们存入数据表中，直接按回车键时结束插入。

（3）信息查询：用户可以输入任何信息进行查询，查询姓名、电话、类别或备注中含有用户输入信息的信息条目，如果用户直接按回车键，则显示所有信息条目。每显示 5 条信息暂停，按任意键继续。输入"q"时结束查询。

（4）分类统计：统计不同类别的信息条数。

（5）删除数据：输入姓名，删除信息条目。

程序的运行界面如下。

　　　　电话管理

```
========================
    1.信息查询
    2.插入数据
    3.分类统计
    4.删除数据
    5.初始化数据库
    0.退出
========================
```
请输入功能序号:

用户输入功能列表前的数字,完成相应功能。

【源程序】

```python
import sqlite3
#创建数据库
def  create_databbase():
    print("初始化数据库会删除原有的数据")
    print("确认一定要初始化吗?(yes/no)")
    yes=input()
    if yes=='yes' or yes=='Y' or yes=='y':
        con = sqlite3.connect("addressbook.db")        #连接数据库
        cur=con.cursor()                               #创建游标
        sql="drop table if exists addrbook"            #构造 SQL 语句
        cur.execute(sql)                               #执行 SQL 语句
        sql="Create table if not exists addrbook(name char(20) primary key,"
        sql+="tel char(20),category char(10),notes varchar(100))"
        cur.execute(sql)                               #执行 SQL
        con.commit()                                   #提交事务
        #关闭游标
        cur.close()
        #断开数据库连接
        con.close()
        print("数据表结构: 姓名、电话、类别、备注")
        print("初始化完成,按回车回到主菜单")
    else:
        print("初始化取消,按回车回到主菜单")
    input()
#打开数据库
def open_database():
    con = sqlite3.connect("addressbook.db")            #连接数据库
    cur=con.cursor()                                   #创建游标
    return con,cur                                     #返回数据库连接和游标
#关闭数据库连接
def close_database(con,cur):
    cur.close()                                        #关闭游标
    con.close()                                        #断开数据库连接
#插入数据
def insert_data():
    while True:
        print("请输入姓名、电话、类别和备注,用空格隔开(按直接回车结束插入): ")
```

```
                                                          #提示
    s=input()                                             #输入信息
    if s=="": break                                       #直接回车,退出
    s=s.split()                                           #分隔信息
    if len(s)<2:                                          #姓名和电话不全
        print("输入的信息不全")
    else:
        s.append("")            #如果类别和备注省略,填写空字符
        s.append("")            #如果类别和备注省略,填写空字符
        #构造 SQL 语句。如果字段更多,可以使用循环
        sql='INSERT INTO addrbook(name,tel,category,notes) '
        sql+=' VALUES("%s","%s","%s","%s") '%(s[0],s[1],s[2],s[3])
                                                          #构造查询语句
        try:                                              #异常处理
            con,cur=open_database()                       #创建数据库连接
            cur.execute(sql)                              #执行 SQL
            con.commit()                                  #提交事务
            close_database(con,cur)                       #关闭数据库连接
        except sqlite3.IntegrityError:                    #异常处理
            print("姓名重复")                             #显示可能的异常原因
    print("插入结束,按回车回到主菜单")
    input()                                               #暂停


#显示查询结果
def show(result):
    n=len(result)                                         #查询结果的记录数
    print("共有 %d 条信息"%n)                             #显示记录数
    for i in range(n):                                    #显示每条记录
        m=len(result[i])                                  #每行信息的字段数
        info=result[i][0]
        for j in range(1,m):                              #构造一行信息
            info+="\t"+str(result[i][j])
        print(info)                                       #显示一行信息
        if (i+1)%5==0:                                    #每 5 行暂停
            flag=input('已显示 5 条信息,按任意键继续.')
            if flag=='end':
                break
    input('显示结束,按任意键继续...')                      #暂停
#信息查询
def data_query():

    while(1):
        key=input('请输入要查询的关键词(按回车查询所有,输入 q 结束查询):')
                                                          #提示输入
        if key=='q' or key=='Q':                          #退出标记
            break                                         #退出

        if key=="":
            sql="SELECT * FROM addrbook"                  #查所有 SQL 语句
```

```
        else:
            sql="SELECT * FROM addrbook WHERE "          #构造查询语句
            sql=sql+'name like "%%s%%"'%key
            sql=sql+' OR tel like "%%s%%"'%key
            sql=sql+' OR category like "%%s%%"'%key
            sql=sql+' OR notes like "%%s%%"'%key
        #print(sql)
        con,cur=open_database()                          #连接数据库
        cur.execute(sql)                                 #执行查询语句
        result=cur.fetchall()                            #获取查询结果
        close_database(con,cur)                          #关闭连接
        show(result)                                     #显示结果


def count_by_group():
    sql="SELECT category,count(*) 数量 FROM addrbook GROUP BY category"
                                                         #构造查询语句
    con,cur=open_database()                              #连接数据库
    cur.execute(sql)                                     #执行 SQL 语句
    result=cur.fetchall()                                #获取查询信息
    close_database(con,cur)                              #关闭连接
    show(result)                                         #显示结果
#删除数据
def delete_data():
    while True:
        print("请输入姓名(直接按回车结束删除): ")
        name=input()
        if name=='':
            break
        con,cur=open_database()
        cur.execute('delete from addrbook where name=("%s")' %name)
        con.commit()
        close_database(con,cur)
#主程序
while True :
    menu='''
        电话管理
=========================
    1.信息查询
    2.插入数据
    3.分类统计
    4.删除数据
    5.初始化数据库
    0.退出
=========================
'''
    print(menu)#
    select=input("请输入功能序号: ")
    if select=='1':                                      #信息查询
        data_query()
```

```
        elif select=='2':                          #插入数据
            insert_data()
        elif select=='3':                          #分类统计
            count_by_group()
        elif select=='4':                          #删除数据
            delete_data()
        elif select=='5':                          #初始化数据库
            create_databbase()
        elif select=='0':                          #退出
            break
    print("谢谢使用")
```

7.2.6 非关系型数据库

以关系数据模型为逻辑数据模型,采用行存储模式,支持关系代数和集合运算,支持事务处理,这样的数据库就是 SQL 数据库,而不具有这些特征的数据库统称为非关系型数据库,简称 NoSQL。

1. 非关系型数据库的特点

非关系型数据库通常具有以下特点。

1) 灵活的可扩展性

NoSQL 在数据库设计上去掉了关系型数据库的关系特性。数据之间无关系,可以将数据库分布在多台主机上,扩展非常容易,从而在架构层面上带来了可横向扩展的能力。

2) 灵活的数据模型

NoSQL 数据库在数据模型约束方面很宽松,不需要事先为存储的数据建立字段,随时可以存储自定义的数据格式。NoSQL 数据库可以让应用程序在一个数据元素里存储任何结构的数据,包括半结构化/非结构化数据。

3) 高效读写

NoSQL 数据库都具有非常高的读写性能,尤其在大数据量下,也能够保持它的高性能。这得益于 NoSQL 数据库的结构简单和数据之间的无关系特性。

2. 非关系型数据库的数据模型

目前,NoSQL 数据库的数据模型主要有四种,分别是键值数据模型、列族数据模型、文档数据模型和图数据模型,相应的数据库称为键值数据库、列族数据库、文档数据库和图数据库。

1) 键值数据模型

键值数据模型采用键值对的形式对数据进行存储和索引。键相当于数据的标识,值相当于数据的内容。值可以是任何类型的数据,如视频、图像或任意一组有结构或没结构的数据。可以将每个键值对看作一行,但它们逻辑上没有关系,也不一定连续存储。

键值数据库可以通过键快速检索,但不能通过值进行查询。典型的键值数据库产品是 Redis,它是一个基于内存的数据库,也可以将数据持久地保存在磁盘中。Redis 支持集群,在集群中最多可配置 1000 个结点。

2）列族数据模型

列族数据模型是键值数据模型的扩展。在列族数据模型中,将值扩展成若干列,每一列由列键、列值和时间戳组成。也就是说,将键值数据模型中的值扩展成了若干列,而每一行的列的数量、类型都可以不同。典型的列族数据库叫 HBase,它提供高可靠性、高性能、高可扩展性的分布式存储方案,能够处理 PB 级别的数据量,吞吐量达到每秒百万条查询。

3）文档数据模型

文档数据模型也可以看作键值数据模型的扩展,将键值数据模型中的值扩展成文档。文档是若干键值对组成的序列。每行的文档的长度(键值对的数量)和其中键值的内容可以不同。文档数据库可以在文档的键上建立索引,也可以在文档中的键和值上建立索引。典型的文档数据库是 MongoDB。

4）图数据模型

图数据模型由结点和结点之间的联系构成。结点和联系的数量没有限制,它适合存储社交网络、地理信息等图状结构的信息。图数据库如 Neo4J 等。

7.3 云计算技术

传统模式下,企业要建立一套管理控制系统不仅需要购买硬件等基础设施,还要购买软件的许可证,需要专门的人员维护。当企业的规模扩大时还要继续升级各种软硬件设施以满足需要。对于企业来说,计算机等硬件和软件本身并非它们真正需要的,它们真正需要的是高效完成工作。对个人来说,为学习和短期测试而购买大量软件是不经济的。可不可以有这样的服务,能够提供用户所需要的硬件和软件,用户只需在使用时付少量"租金",而不必长期购买呢?

人们每天都要用电,却不是每家自备发电机;每天都要用水,却不是每家都有井。这种模式极大地节约了资源,方便了人们的生活。像使用水和电一样使用计算机资源的思想导致了云计算的产生。

本节讲解云计算的定义、云计算的服务模式以及云计算的核心技术。

7.3.1 云计算概述

1984 年,美国 Sun 公司提出"网络就是计算机"的观点已有云计算的思想。2006 年,在搜索引擎大会(SES San Jose 2006)上,Google 公司提出"云计算"的概念级体系结构。2009 年 5 月,中国首届云计算大会在北京召开。

1. 云计算的定义

云,是网络、互联网的一种比喻说法,即互联网与建立互联网所需要的底层基础设施的抽象体。"计算"指的是一台足够强大的计算机提供的计算服务。美国国家标准与技术研究院(NTSI)对云计算(Cloud Computing)的定义是:云计算是一种模型,它能够以无处不在的、便捷的、按需的方式通过网络访问可配置计算资源(如网络、服务器、存储、应用软件和服务等)共享池中的资源,它能够以最小的管理代价和与服务提供商的最少交互进行快速提供和释放资源。

简言之,云计算是一种通过互联网以服务的方式提供动态可伸缩资源的计算模式。

2. 云计算的服务模式

云计算的服务多种多样,从用户角度看主要有三类,即基础设施、开发平台和具体应用。相应的服务模式称为基础设施即服务、平台即服务和软件即服务。

(1) 基础设施即服务(Infrastructure as a Service,IaaS)。

服务提供商提供给用户的是计算和存储基础设施,如 CPU、内存、存储、网络和其他基本资源。用户可以定制这些资源,但不需要管理这些资源。在此之上,用户能够部署和运行任意软件,包括操作系统和应用程序。这类服务如弹性云服务器(Elastic Compute Service,ECS)、裸金属服务器(Bare Metal Server,BMS)和云硬盘(Elastic Volume Service,EVS)等。IaaS 的主要用户是具有专业知识和技能的系统管理员。

(2) 平台即服务(Platform as a Service,PaaS)。

PaaS 把开发环境作为一种服务来提供。厂商提供硬件资源、服务器和开发环境等服务给用户,用户在开发平台上开发自己的应用程序并通过服务器和互联网发布。这类服务如云数据库、云软件开发平台、云集成开发环境等。这类服务的用户主要是开发人员。

(3) 软件即服务(Software as a Service,SaaS)。

SaaS 服务提供商提供给用户的服务是运行在云计算基础设施之上的应用程序,用户不需要进行软件开发,也无须管理底层资源,只需要根据需求通过互联网向厂商订购应用软件服务。这类服务如共享文档、在线音乐、问卷调查平台、二维码生成器等。这类服务人人都可使用,一般不需要专门知识和技能。

3. 云服务的部署模式

云计算按部署方式有公有云、私有云和混合云。

1) 公有云

公有云由专门厂商提供,向公众开放,任何单位和个人可以在任何地方、任何时间,以多种方式通过互联网申请其资源,通常需要付费,也有个别资源免费,或免费试用。提供公有云服务的厂商有亚马逊(Amazon)、谷歌(Google)、微软(Microsoft)、阿里巴巴、华为等。

2) 私有云

私有云一般由一个组织或单位组建和运营,供组织或单位内部的部门和人员使用。私有云的产品有 VMware vCloud Suite 和微软的 System Center 等。

3) 混合云

混合云是公有云和私有云整合的结果。企业把重要的数据保存到自己的私有云中,把可以向公众开放的信息放到公有云中,两种云组合形成混合云。基础设施来自不同的云,对外呈现的是完整的整体。混合云既能利用企业已有基础设施,又能解决公有云带来的数据安全问题。

　　混合云的构建可以使用 OpenStack。OpenStack 是一个开源的云计算管理平台项目,是一系列软件开源项目的组合。OpenStack 为私有云和公有云提供可扩展的弹性的云计算服务,包括计算、存储、身份验证、网络与地址管理、Web 管理、数据库等服务项目。

　　4. 云计算的特征

　　云计算具有如下特征。

　　1) 按需自助服务

　　云计算中,用户可以根据需要自主定制资源,即刻使用,而不需要为维护资源费力,快捷、高效。例如,可以根据需要设定需要的 CPU 型号、核心数量、内存数量、存储容量、网络带宽、GPU 型号规格等,也可以定制操作系统、开发平台、数据库管理系统等。

　　2) 广泛的网络接入

　　使用云计算资源,可以是 PC,也可以是便携式笔记本、PDA(Personal Digital Assistant)、智能手机、平板电脑等。

　　3) 资源池化

　　云计算中,将物理资源逻辑化,集中起来构成资源池,其中,资源以最优的方式管理和调配。用户请求分配到的是逻辑资源,而物理资源可能来自不同的云计算中心。

　　4) 快速弹性伸缩

　　传统方法建立一套 IT 业务系统,需要一系列的流程,需要大量人力、物力、时间、场地,一般需要几个月时间,而且需要长期维护。在云计算环境中部署,只要需求明确,可能只需要几分钟,而且不需要自己维护,这就是云计算的"快速"特性。

　　传统 IT 业务系统,当资源不够用时,又需要一系列的流程对资源扩容、升级,又需要一定的时间,而且存在兼容性问题。业务量减少时,不方便减容,资源浪费。云计算环境中,可以方便地随时进行扩容和减容,速度快、费用少,这是云计算的"弹性"特征。

　　5) 可计量的服务

　　云计算资源可以计量,如 CPU 核心数、内存占用空间大小、使用时间、存储空间大小、网络带宽等,这样便于评估系统性能,优化资源,高效利用,高效服务。云计算资源的计费一般有两种方式:一种是按使用量收费,如存储空间;另一种是按时间收费,如CPU、GPU 等。

7.3.2　云计算关键技术

　　云计算融合了多项信息与通信技术,其中主要包括分布式技术、虚拟化技术、云安全技术和电源管理技术等。

　　1. 分布式技术

　　分布式是在不同的物理位置实现数据资源的共享与处理,如数据存储在不同的位置或计算由多台计算机完成。分布式系统是支持分布式处理的软件系统。分布式系统由多个结点组成,每个结点可能由廉价的计算机组成独立的计算单元,它们分布在不同的物理位置,基于通信网络来执行任务,在用户看来就像一台计算机一样。

分布式技术从系统架构上分为分布式计算和分布式存储。

1) 分布式计算

分布式计算研究如何将需要巨大计算能力完成的问题分成一些小的部分在不同的计算机上同时进行的问题。

分布式计算的典型编程模型是 MapReduce。Map(映射)和 Reduce(合并)是两个函数,通过 map() 分别处理多个任务,通过 reduce() 合并 map() 的结果得到最终结果。

图 7-3 是 MapReduce 的原理示意图,首先可以根据资源的数量将计算任务分成 N 个数据块(称为 split),然后将这些数据块分发到 N 个结点上进行 map() 处理,再将 map() 的结果分到 M 个结点进行 reduce() 处理,最后得到若干结果文件。

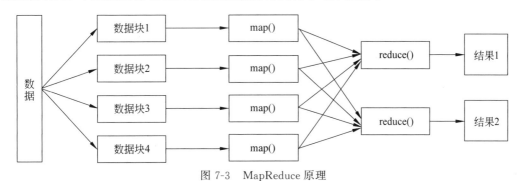

图 7-3　MapReduce 原理

例如,要对一个大文本实现词频统计功能,可以将数据分为 N(如 3 或 5 等)块,定义 map() 函数统计每块的词频,然后定义 reduce() 函数实现若干块的词频的合并。

2) 分布式存储

分布式存储将数据存储在不同的物理设备中。按不同类型的数据的存储需求,分布式存储有分布式文件系统、分布式数据库、分布式对象存储、分布式块存储等类型。

分布式文件系统将文件分布存储,像本地文件目录一样,但它们实际可能在不同地点、不同设备的存储器中。分布式数据库是数据库管理系统,它的数据文件采用分布方式存储。分布式对象存储采用二级目录结构,根目录下是桶(Bucket),桶中存放对象(Object)。桶中不能再建桶。其中的桶相当于文件夹,对象相当于文件。也就是说,对象存储采用的是二级目录结构,而不是一般文件系统用的树状目录结构,这样便于设备的扩容、数据迁移和负载均衡。

分布式存储将数据分散存放,实现负载均衡(均衡各设备存储的数据量),大容量分布式缓存,具有高性能;采用集群管理,物理分离,多数据副本,使得单个设备故障不影响业务处理,且数据可自动重建,实现高可靠性;设备平行管理,扩容容易,具有易扩展性。

分布式系统的典型应用是 Hadoop,它是一个容易开发和运行处理大规模数据的软件平台,可以部署在价格低廉的硬件系统上,利用集群完成高速运算和存储。

2. 虚拟化技术

虚拟化是资源的逻辑表示。例如,可以将硬件系统用文件表示,记录硬件的配置信息,如 CPU 数、核心数、内存、硬盘数量、大小,以及用户的数据,这样物理机就对应成文件变成逻辑计算机,如果将 CPU 按核心数或分时的方法分成几部分,内存按容量分成几部分,用多个文件表示,一台物理机就可以对应多个文件,每个文件好像是一台计算机,就是虚拟机。

通过在物理硬件层之上增加虚拟化层,将物理硬件资源抽象成逻辑资源,称为虚拟资源。虚拟资源屏蔽了硬件资源的差异,也与资源的物理位置无关。

从表现形式上看,**虚拟化又分为两种应用模式**。一是将一台性能强大的服务器虚拟成多个独立的小服务器,服务不同的用户。二是将多个服务器虚拟成一个强大的服务器,完成特定的功能。这两种模式的核心都是统一管理,动态分配资源,提高资源利用率。

虚拟化按应用场景分有**计算虚拟化**、**存储虚拟化**、**网络虚拟化**、**桌面虚拟化**等。

1) 计算虚拟化

计算虚拟化主要是计算资源的虚拟化,如 CPU 虚拟化、内存虚拟化、IO 虚拟化等。

计算虚拟化按结构分有**宿主虚拟化**和**裸金属虚拟化**(见图 7-4)。

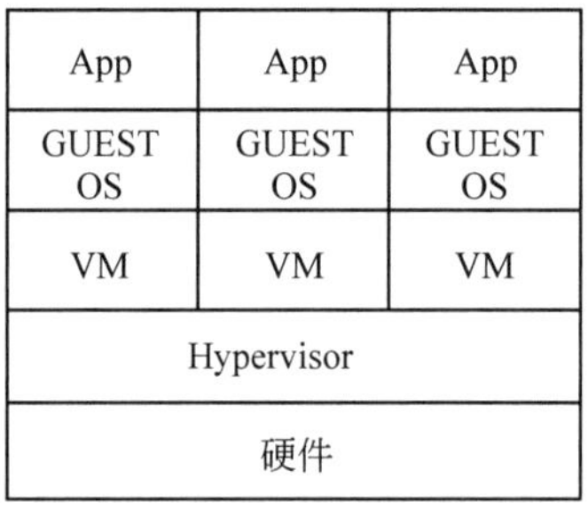

图 7-4　计算虚拟化架构

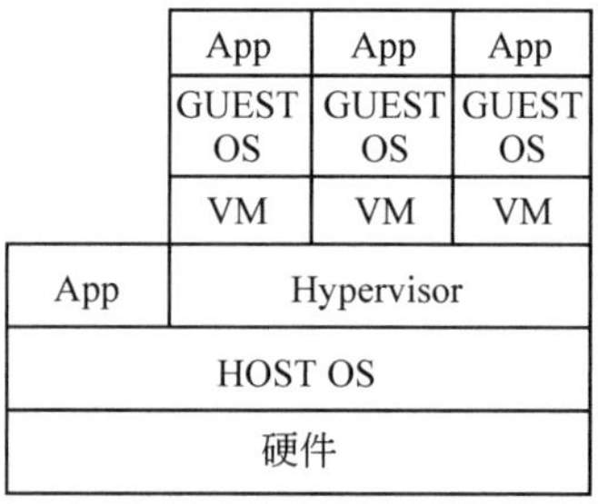

宿主虚拟化是在硬件之上先安装操作系统,虚拟化软件安装在操作系统之上,然后虚拟出若干虚拟机,每个虚拟机可以安装自己的操作系统和应用软件。宿主虚拟化的**优点**是简单、易实现,不影响原来的操作系统的使用;**缺点**是依赖宿主机操作系统,资源调度依赖宿主机操作系统完成,管理开销大,性能损耗多。

裸金属虚拟化是在硬件层之上增加虚拟化层,在虚拟化层之上,可以虚拟化出多个虚拟主机,每个虚拟主机可以安装单独的操作系统和应用软件,它们互不影响。

裸金属虚拟化不依赖宿主机操作系统,虚拟机操作系统的命令大部分可以直接调用 CPU 执行,管理开销小,执行效率高;缺点是所有应用都在虚拟机中完成,虚拟化层管理复杂。

图 7-4 中,**Hypervisor** 就是虚拟化层,也称为**虚拟机监视器**(Virtual Machine Monitor,**VMM**)。**VM**(Virtual Machine)是虚拟机。**GUEST OS** 是在虚拟机上安装的操作系统。App(Application)是虚拟机上安装的应用软件。**HOST OS** 是在物理机上安装的操作系统。

2) 存储虚拟化

数字时代,数据是最有价值的资源,需要大量存储器安全、可靠地存储,为此,企业需要购买、增加大量存储设备,而这些设备型号、规格不同,给管理带来困难,而且为未来发展购买的设备长期闲置会造成浪费和贬值。

虚拟化存储在存储设备之上添加一个逻辑层,将整个存储设备抽象成一个存储资源池,根据需要分配给云平台的虚拟机使用。这些虚拟机共享存储设备,根据需要可以动态调整存储空间。虚拟化存储统一管理,减少管理开销,提高设备利用利率,方便伸缩。

3) 网络虚拟化

网络虚拟化主要包括虚拟网卡、虚拟交换机、虚拟硬件设备、虚拟网络等内容。

虚拟网卡:用软件模拟网卡功能,这样每个虚拟机可以配置一块或多块网卡。

虚拟交换机:用软件模拟交换机的功能。虚拟机通过虚拟网卡"连接"到虚拟机上。同一服务器内部的虚拟主机之间通信时,通过虚拟网卡和虚拟交换机进行。当服务器间虚拟主机需要通信时,通过虚拟网卡、虚拟交换机,再到服务器的物理网卡接入物理网络通信。

虚拟硬件设备:可以将多台物理的路由器、交换机等网络设备合并成一台虚拟的网络设备,统一管理和调度。也可以将一台物理设备通过软件虚拟化成多台逻辑设备。

虚拟网络:采用软件定义的方式,将网络结点分组,形成一个逻辑网络——虚拟网络。可以将一个物理网络分成多个虚拟网络,也可以将不同物理网络上的结点划分成一个虚拟网络。虚拟网络使得组网更便捷,管理更容易,也可优化网络性能。

4) 桌面虚拟化

桌面是操作系统提供给用户执行计算机程序的工作界面。桌面虚拟化是将操作桌面和运行环境分离,实现远程访问计算资源的目的。

从技术上分,虚拟桌面有两类:**基于服务器的计算**(Server-Based Computing,SBC)和**虚拟桌面基础设施**(Virtual Desktop Infrastructure,VDI)。

基于服务器计算的虚拟桌面以会话的形式访问和操作远程服务器上的应用程序。允许多个用户会话同时登录到一台服务器上,它们共享服务器的操作系统和应用程序,如Windows 的远程桌面连接。这种方式应用简单,建设成本低,服务器利用率高;缺点是用户较多时,性能变差。

VDI 虚拟桌面是将基础设施通过虚拟化技术建立多个虚拟机,在虚拟机上独立安装操作系统和应用程序,通过远程桌面协议访问虚拟机上的资源,用户具有和使用普通计算机相同的体验。这种方式的优点是每个虚拟桌面独立,可以有自己不同的操作系统和应用程序,配置灵活;缺点是需要占用较多的物理资源,建设费用高。

3. 云安全技术

云计算使用网络环境、逻辑设备,拥有多租户,数据在共享介质存储,给信息安全带来更大挑战,容易造成数据泄露、数据丢失、暴力破解攻击、拒绝服务攻击、SQL 注入、木马和网络钓鱼攻击等安全问题,需要在数据安全、应用安全、主机安全、网络安全、云平台安全、运维安全等各方面采取更强的技术措施,确保云计算环境中硬件、系统、软件、数据的安全。

4. 电源管理技术

云计算数据中心拥有大量的计算机、外部设备及周边设备,需要消耗巨大的能源。如何优化设备的运行方式、运行时间以节约能源并且以自动化的方式运行,也是云计算中需要考虑的重要内容。

小　结

数据管理技术经历了人工管理、文件系统管理、数据库管理和大数据管理阶段,各阶段有它的背景和特点。

本章的数据管理技术主要讲的是关系数据库,基本概念包括数据库、数据库管理系统、数据库系统、数据模型等。关系模型中,需要掌握什么是关系,什么是关系模型,什么是关系数据库,关系模型的特点,键、主键、外键、完整性约束等概念。关系数据库中进行数据管理的语言是 SQL,SQL 的语句主要分为三类:数据定义、数据操作和数据控制,分别叫 DDL、DML 和 DCL。DDL 用于数据格式的定义,如创建、修改和删除数据库、数据表、视图、索引等对象。DML 用于数据的操作,如数据的插入、修改、查询和删除等。DCL 用于权限控制,如授权和回收某用户在数据库、数据表上的插入、修改、查询权限等。

SQLite 是一个小型的关系数据库管理系统,体积很小,便于练习 SQL 语句。其他常用的关系数据库管理系统如 MySQL、openGauss、PostgreSQL、MS SQL Server、Oracle 等。还有一些云上的数据库如 GaussDB、PolarDB 等。

非关系型数据库是用于大数据管理的,在存储上与关系型数据库有不同的结构,用于管理多种格式的数据,如 Redis、HBase、MongoDB、Neo4J 等。

云计算实际是一种对计算资源集中管理、按需分配的计算资源的应用模式。从资源层次上分就是 IaaS、PaaS 和 SaaS。从资源类型上分,可以是 CPU、GPU、存储、网络、系统软件、应用软件、应用服务等。云计算使得人们部署系统、使用计算资源和应用资源变得容易和灵活。云计算的关键技术包括分布式技术、虚拟化技术、云安全技术、电源管理技术等。

习　题

一、单选题

1. 以下各项中不属于数据库特点的是(　　)。
   A. 较小的冗余度　　　　　　　　B. 较高的数据独立性
   C. 可为各种用户共享　　　　　　D. 较差的扩展性
2. 关于数据库,下列说法中不正确的是(　　)。
   A. 数据库避免了一切数据的重复
   B. 若系统是完全可以控制的,则系统可确保更新时的一致性

C. 数据库中的数据可以共享

D. 数据库减少了数据冗余

3. SQLite 是一种支持(　　)的数据库管理系统。

 A. 层次模型 B. 关系模型 C. 网状模型 D. 树状模型

4. 在关系理论中称为"关系"的概念,在关系数据库中称为(　　)。

 A. 文件   B. 实体集 C. 表   D. 记录

5. 关系数据模型是(　　)的集合。

 A. 文件   B. 记录   C. 数据   D. 记录及其联系

6. 在关系数据模型中,域是指(　　)。

 A. 字段   B. 记录

 C. 属性   D. 属性的取值范围

7. 下列关于层次模型的说法中,不正确的是(　　)。

 A. 用树状结构来表示实体以及实体间的联系

 B. 有且仅有一个结点无上级结点

 C. 其他结点有且仅有一个上级结点

 D. 用二维表结构表示实体与实体之间的联系的模型

8. 关系型数据库管理系统中的关系是指(　　)。

 A. 各条记录中的数据彼此有一定的关系

 B. 一个数据库文件与另一个数据库文件之间有一定的关系

 C. 符合满足一定条件的二维表格

 D. 数据库中各字段之间彼此有一定的关系

9. 在 SQL 查询中使用 ORDER BY 子句指出的是(　　)。

 A. 查询目标 B. 查询输出顺序 C. 查询视图 D. 查询条件

10. 在 SQL 语句中,与表达式"工资 BETWEEN 1000 AND 2000"功能相同的表达式是(　　)。

 A. 工资>=1000 AND 工资<=2000

 B. 工资>1000 AND 工资<2000

 C. 工资>1000 AND 工资<=2000

 D. 工资>=1000 AND 工资<2000

11. 下列(　　)不是 SQL 的功能。

 A. 数据定义   B. 数据控制

 C. 数据操纵   D. 数据清洗

12. 在实际存储数据的基本表中,属于主键的属性其值不允许重复的是(　　)。

 A. 实体完整性   B. 参照完整性

 C. 域完整性   D. 用户自定义完整性

13. 在 SQL 查询中使用 WHERE 子句指出的是(　　)。

 A. 查询目标 B. 查询结果 C. 查询视图 D. 查询条件

14. SQL 中的 count()函数用于(　　)。

A. 统计表中记录数　　　　　　　　B. 统计表中某字段平均值

C. 统计表中数字字段的数量　　　　D. 统计表中字段总数

15. 关系型数据库中,表示学生信息的数据表,常用作主键属性的是(　　)。

A. 班级　　　　　B. 学号　　　　　C. 电话号码　　　　D. 身份证号

16. 数据库中,一个表的描述如下:BOOK(书号,书名,作者,出版社,出版年代,定价,简介),这样的描述称为(　　)。

A. 关系　　　　　B. 关系模式　　　　C. 表结构　　　　D. E-R 图

17. 已知 3 个关系及其包含的属性如下。

学生(学号,姓名,性别,年龄)
课程(课程代码,课程名称,任课教师)
选修(学号,课程代码,成绩)

要查找选修了"计算机"课程的学生的"姓名",将涉及(　　)关系的操作。

A. 学生和课程　　　　　　　　　　B. 学生和选修

C. 课程和选修　　　　　　　　　　D. 学生、课程和选修

18. 在实际存储数据的基本表中,属于主键的属性其值不允许取空值是(　　)。

A. 实体完整性　　　　　　　　　　B. 参照完整性

C. 域完整性　　　　　　　　　　　D. 用户自定义完整性

19. 以下各项中,不属于关系的完整性约束规则的是(　　)。

A. 实体完整性　　　　　　　　　　B. 参照完整性

C. 文档完整性　　　　　　　　　　D. 用户自定义完整性

20. 已知 3 个关系及其包含的属性如下。

学生(学号,姓名,性别,年龄)
课程(课程代码,课程名称,任课教师)
选修(学号,课程代码,成绩)

要查找"张成"同学的选修课成绩,将涉及(　　)关系的操作。

A. 学生和课程　　　　　　　　　　B. 学生和选修

C. 课程和选修　　　　　　　　　　D. 学生、课程和选修

21. 下列哪项不是大数据特征之一?(　　)

A. 具有事务管理功能　　　　　　　B. 数据类型多样

C. 蕴含数据价值大　　　　　　　　D. 数据规模大

22. 下列哪项是非关系型数据库的模型?(　　)

A. 列族数据模型　　B. E-R 模型　　C. 层次模型　　　D. OSI 模型

23. 下列哪个数据库管理系统是非关系数据库管理系统?(　　)

A. Oracle　　　　B. SQL Server　　C. openGauss　　D. HBase

24. 云计算服务中,PaaS 是下列哪种服务的缩写?(　　)

A. 平台即服务　　B. 基础设施即服务　　C. 软件即服务　　D. 数据即服务

25. 通过某云平台申请租用一台四核 CPU、8GB 内存、10GB 硬盘、10M 带宽网络的

虚拟机,使用的是云计算的哪种服务模式?(　　)

　　A. 平台即服务　　　　　　　　　B. 基础设施即服务

　　C. 软件即服务　　　　　　　　　D. 数据即服务

26. MapReduce 是(　　)。

　　A. 非关系型数据库的数据模型　　B. 分布式计算的编程模型

　　C. 分布式数据库的存储模型　　　D. 云计算电源管理模块

27. 根据你的理解,关于 MapReduce 中的 Map,下列哪种说法更确切?(　　)

　　A. 是一个函数

　　B. 分布式计算中处理各数据块的映射函数

　　C. 分布式计算中合并结果的函数

　　D. 分布式计算中划分数据块的函数

28. 计算虚拟化中的裸金属虚拟化,下列哪项是虚拟化层?(　　)

　　A. GUEST OS　　　　　　　　　B. VM

　　C. HOST OS　　　　　　　　　　D. VMM

29. 下列哪项不是云计算的特征?(　　)

　　A. 按需自助服务　　　　　　　　B. 广泛的网络接入

　　C. 资源池化　　　　　　　　　　D. 广泛的数据共享

二、填空题

1. 如果关系中的某一字段组合的值能唯一地标识一个记录,则该字段组合称为_____。

2. 数据库管理系统中常用的数据模型有层次模型、_____和_____。

3. 在关系数据库中,一个属性的取值范围称为_____。

4. 在 SELECT 语句中,要将查询结果按指定的字段降序输出需要使用_____子句,并且在子句中使用_____关键字。

5. 一个二维表中所有字段的名称和属性的集合称为该表的_____。

6. 表示关系模型的二维表中,每一列称为一个_____。

7. 数据库管理系统的缩写是_____。

8. 表示关系模型的二维表中,每一行称为一条_____。

9. 设置关系中某个字段的取值范围属于关系的_____完整性约束规则。

10. 数据库中,外键所在的表称为_____。

11. 云计算的三种服务模式分别是_____、_____和_____。

12. 云计算按部署方式有_____、_____和_____。

三、判断题

1. 数据库技术中,一个关系中可以有多个候选键。　　　　　　　　　(　　)

2. 学生信息中的"学号"字段在任何表中都可以作为主键。　　　　　(　　)

3. 数据库技术中,任意交换关系中两行的位置不影响数据的实际含义。　(　　)

4. 数据库技术中,候选键总是由单一字段构成。 （　　）

5. 在同一个关系中不能出现相同的字段名。 （　　）

6. 在一个关系中列的次序无关紧要。 （　　）

7. 一个关系中可以有多个主键。 （　　）

8. 非关系型数据库与关系型数据库的区别之一是数据类型的多样性。 （　　）

9. 云计算的特征之一"弹性伸缩"指的是"用户可以根据需要自主定制资源"。

（　　）

四、简答题

1. 简述实体完整性约束规则的含义和在数据库中的实现方法。

2. 数据库系统阶段的数据管理有什么特点?

3. 关系模型具有哪些基本的性质?

4. SQL 中的游标有什么作用?

5. 简述使用 Python 操作 SQLite 数据库的完整过程。

6. 简述关系的三类完整性约束。

7. 举例说明关系中的参照完整性约束规则的具体体现。

8. 简述数据库管理系统的主要功能。

9. 文件系统阶段的数据管理有什么特点?

10. 数据库的关系中常用的键有哪些? 各有什么作用?

11. SQL 的查询表达式中可以使用哪些汇总函数?

12. 简述大数据的特征。

13. 简述云计算的特征。

14. 简述云计算的关键技术。

五、操作题

1. 建立数据库"student",并在数据库中创建一个成绩表"score",表结构如表 7-5 所示。

表 7-5　score 表结构

字 段 名 称	类　　型	大　　小	备　　注
学号	字符	12	主键
姓名	字符	12	
性别	字符	4	
大学计算机	整数		
程序设计	整数		
人工智能	整数		

2. 录入成绩记录,记录数据如表 7-6 所示。

表 7-6   score 表记录

学　号	姓　　名	性　别	大学计算机	程序设计	人 工 智 能
2022001	张飞龙	男	98	86	80
2022002	王曼婷	女	90	81	78
2022003	李华盛	男	78	82	95
2022004	赵乐乐	男	93	100	91
2022005	刘晓琳	女	80	75	70

3. 插入一条记录,记录数据:2022006 孙佳丽 女 71 82 93。

4. 修改一条记录,第一条记录,张飞龙的大学计算机成绩由 98 分修改成 100 分。

5. 查询各科成绩都大于或等于 90 分的同学名单;查询大学计算机成绩比王曼婷高的同学名单;查询统计学生的人数;查询总分成绩从高到低的同学名单。

第8章

机器学习

10多年来,现代信息技术,特别是计算机技术和网络技术的发展使得信息处理容量、速度和质量大为提高,能够处理海量数据,进行快速信息处理,软件功能和硬件实现均取得长足进步,人工智能获得了更为广泛的应用,特别是在2016年年初,由Deep Mind公司研发的AlphaGo以4∶1的成绩击败了曾18次荣获世界冠军的围棋选手李世石(Lee Sedol)。AlphaGo声名鹊起,有关"人工智能""机器学习""神经网络""深度学习"的报道铺天盖地席卷了全球。

8.1 基 本 概 念

在全球广泛使用的机器学习教材——卡内基·梅隆大学的《机器学习》一书中,对机器学习给出的定义是:如果一个计算机程序针对某类任务 T 可以用性能 P 衡量,并且能通过经验 E 来自我完善,则计算机可以在经验 E 中学习任务 T,这就是机器学习。从这里,可以得出机器学习的两个重要内容。

(1)数据:经验最终要转换为计算机能理解的数据,这样计算机才能从经验中学习。

(2)模型:即算法,有了数据之后,就可以设计一个模型,让数据作为输入来训练这个模型。经过训练的模型,最终就成了机器学习的核心,使得模型成为能产生决策的中枢。

目前在很多领域都用到了机器学习技术,如用于全球旅游的自助语言翻译系统、医院里从医疗记录中找到最佳治疗方案的智能诊断系统、在一定程度上脱离驾驶员控制的自动驾驶系统、虚拟商店里的智能导购机器人等。

8.1.1 学习策略

机器学习按照学习算法分类,可以分为有监督学习、无监督学习、半监督学习、深度学习和强化学习。需要注意的是,这几种方法并不是非此即彼的关系,而是可以相互交叉的。

1. 监督学习

监督学习(Supervised Learning)的样本集中,每个样本都有一组特征(Feature)和一个或几个表示其自身类型或数值的标签(Label);对样本学习后得到的模型,可以根据新样本的特征预测其对应的标签。监督学习使用的数据集不仅包含特征,还包含标签。

根据标签的类型可以将监督学习分为两类:①分类(Classification),标签是可数的离散类型,如从大量已经标记是否是垃圾邮件的数据中,判断新邮件是否是垃圾邮件,即输出结果是离散的,要么输出 1 表示是垃圾邮件,要么输出 0 表示不是垃圾邮件;②回归(Regression),标签是不可数的连续类型,有大小关系,如从大量包含不同特征(面积、地理位置、朝向、开发商等)的房子价格数据中,预测一个已知特征的房子价格,即输出结果是一个具体的数值,预测模型是一个连续的函数。

监督学习的模型性能较好,精度较高,但需要人工参与数据集的标定工作,成本较高。所有的有监督学习算法都有一定的容错性,即不要求所有历史样本绝对正确,可以有部分标签被错误分配的样本。当然,样本中的错误越多越不容易训练出正确的模型。在传统机器学习方法中,感知机、决策树、支持向量机等都属于典型的监督学习。

2. 无监督学习

无监督学习(Unsupervised Learning)通过学习大量的无标记的数据,去分析出数据本身的内在特点和结构。例如,从大量用户购物的历史记录信息中分析用户的类别。这个问题属于聚类(Clustering)问题,它与监督学习里的分类是有区别的,分类问题是已知有哪几种类别;而聚类问题在分析数据之前并不知道有哪些类别。即分类问题是在已知答案里选择一个,而聚类问题的答案是未知的,需要利用算法从数据中挖掘出数据的特点和结构。在无监督学习中,数据集中的样本只有特征,没有标签,标签是模型根据特征按某种规则归纳得出的。无监督学习不需要人工参与,可以训练更多的数据量。在传统机器学习算法中,聚类和主成分分析 PCA 是最有代表性的无监督学习算法。

3. 半监督学习

半监督学习(Semi-Supervised Learning)是监督学习和无监督学习相结合的一种学习方法,既利用了有标签的数据,也利用了无标签的数据,因此人为参与度较少,准确度较高。

4. 深度学习

监督学习、无监督学习和半监督学习都是以是否有数据的标签分类的,深度学习和强化学习则是按照算法模型的结构和功能取名的。深度学习是指深层的人工神经网络结构,是一种基于数据表征学习的方法,动机在于模拟人脑的分析过程,从底层特征到高层特征建模。深度学习中,前馈神经网络——多层感知机(Multi-Layer Perception,MLP)、卷积神经网络(Convolutional Neural Network,CNN)、反馈神经网络——循环神经网络(Recurrent Neural Network,RNN)是几种比较有代表性的网络结构。在深度学习模型中,监督学习占多数。虽然深度学习在很多应用场景中都取得了很好的效果,但网络的解释性不强(多数的网络结构并不能让人们清楚知道每层学习到的是什么)、训练代价太大(动辄几天的训练时间和大量的运算加速器让人难以接受)、优化困难(深层的结构让基于梯度的优化变得艰难)。强化学习(Reinforcement Learning)又称为再励学习,是通过智能体(Agent)以试错的方式进行学习。为了使智能体最终获得的奖励值最大,智能体不断与环境进行交互获得奖励或者处罚。

5. 强化学习

强化学习非常适合那些没有绝对正确标准的任务,如自动驾驶过程中,汽车从出发地到达目的地的路线并没有绝对正确的标准,但有一些正确和错误的奖惩措施,如与其他车碰撞会受到惩罚,安全到达目的地会受到奖励,通过这些措施,智能体能够"自发"地决定应该如何行驶才能获得最大的奖励。在解决问题的过程中,强化学习经常会与深度学习相结合,使模型获得强大的特征提取和综合能力,这种模型被称为深度强化学习(Deep Reinforcement Learning)。

8.1.2 一般流程

本节通过一个例子介绍机器学习应用开发的典型步骤。假设要开发一个房价评估系统,该系统能够对房子的价格进行预测。

1. 数据采集和标记

首先从房产评估中心获取房子的相关信息,如房子的面积、地理位置、朝向、价格等,还包括一些影响房子价格的信息,如房子所在地的学校情况等。这些数据叫作训练样本或数据集。房子的面积、地理位置等称为特征。在数据采集阶段,收集的特征越全,数据越多,训练出来的模型才会越准确。

从房产评估中心获得的数据不一定准确。有时为了避税,房子的评估价格会比房子的真实交易价格低很多。此时,就需要采集房子的实际成交价格,这一过程称为数据标记。标记可以是人工标记,如逐个从房产中介那打听房子的实际成交价格;也可以是自动标记,如通过分析数据,找出房产评估中心给的房子评估价格和真实成交价格的匹配关系,然后直接算出来。数据标记对于监督学习是必需的。

2. 数据清洗

如果在采集到的数据里,有些房子的面积是按平方米计算的,有些房子是按平方英尺计算的,就需要统一面积单位,这个过程称为数据清洗。数据清洗还包括去掉重复的数据及噪声数据,让数据具备结构化特征,以便作为机器学习算法的输入。

3. 特征选择

假设采集了房子的100个特征,通过逐个分析,最终选择了30个特征作为输入,这个过程称为特征选择。特征选择的方法之一是人工选择,即对逐个特征进行人工分析,然后选择合适的特征集合。另外一个方法是通过数据降维算法自动完成,如主成分分析(Principal Component Analysis,PCA)算法。

4. 模型选择

房价评估系统可以用监督学习的回归方法实现,如用线性方程模拟。选择哪个模型,和问题领域、数据量大小、训练时长、模型的准确度等多方面有关。这方面的内容将在本章后面介绍。

5. 模型训练和测试

为了确保测试的准确性,即模型的准确性是用它"没见过"的数据测试,因此将数据集分成训练数据集和测试数据集,一般按照 8∶2 或 7∶3 划分,然后用训练数据集来训练模型。训练出参数后再使用测试数据集来测试模型的准确度。理论上更合理的数据集划分方案是分成 3 个,还要再加一个交叉验证数据集。相关内容将在本章后面介绍。

6. 模型性能评估和优化

模型训练出来后,还需要对模型进行性能评估。性能评估包括很多方面,如训练时长、数据集规模、准确性等。训练时长是指训练模型所需要的时间。对一些海量数据的机器学习应用,可能需要 1 个月甚至更长的时间来训练一个模型,此时,算法的训练时长就变得很重要了。数据集的规模也是一个评估标准,一般而言,对于复杂特征的系统,训练数据集越大越好。另外,还要判断模型的准确性,即对一个新的数据能否准确预测。最后,还要判断模型是否能够满足应用场景的性能要求,如果不能满足要求,就需要优化,或者更换其他模型。

7. 模型应用

一般而言,训练模型的计算量是很大的,通常需要较长的时间,较优的模型参数往往需要通过对大型数据集训练后才能获得,因此这些参数一般会先保存起来。真正使用模型时,计算量比较少,一般把新样本作为输入,直接加载已经训练好的参数,调用模型即可得出预测结果。例如,为了制订一个新房源的价格,可以直接输入该房源的相关信息,由模型提供评估结果。

8.1.3 评估理论

1. 过拟合和欠拟合

通常把分类错误的样本数占样本总数的比例称为"**错误率**",即如果在 m 个样本中有 a 个样本分类错误,则错误率 $E = a/m$;相应地,$1-a/m$ 称为"**精度**"(accuracy),即"**精度 = 1 − 错误率**"。更一般地,把模型的实际预测输出与样本的真实输出之间的差异称为"**误差**"。模型在训练集上的误差称为"**训练误差**"或"**经验误差**",在新样本上的误差称为"**泛化误差**"。显然希望得到泛化误差小的模型。然而,由于事先并不知道新样本是什么样,实际能做的是努力使经验误差最小化。在很多情况下,可以获得一个经验误差很小、在训练集上表现很好的模型。例如,对所有训练样本都分类正确,即分类错误率为零,分类精度为100％,但多数情况下这样的模型并不好。

实际希望的是在新样本上能表现很好的模型。为了达到这个目的,应该从训练样本中尽可能学出适用于所有潜在样本的"普遍规律",这样才能在遇到新样本时做出正确的判别。然而,当模型把训练样本学得"太好"的时候,很可能已经把训练样本自身的一些特点当作所有潜在样本都会具有的一般性质,这样就会导致泛化性能下降,这种现象在机器学习中称为"**过拟合**"。与"过拟合"相对的是"**欠拟合**",是指对训练样本的一般性质尚未学好。图 8-1 给出了关于过拟合与欠拟合的直观例子。

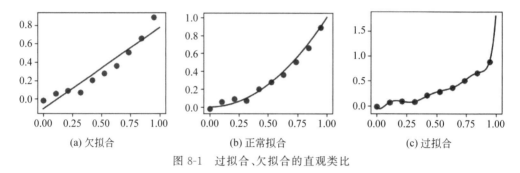

| (a) 欠拟合 | (b) 正常拟合 | (c) 过拟合 |

图 8-1　过拟合、欠拟合的直观类比

图 8-1 中的数据点实际是二次曲线的数据点在函数值上加了稍许误差得到的,是训练数据,另外有 10 个点作为测试数据。图 8-1(a)用直线拟合,显然效果要差,拟合曲线在训练数据上的误差和是 0.72,泛化误差是 0.65;图 8-1(b)的拟合曲线是二次的,在训练数据上的误差和是 0.25,泛化误差是 0.21;图 8-1(c)的拟合曲线是 9 次的,拟合曲线较完美地通过了所有训练数据点,在训练数据上的误差是 0.04,但是它在测试集上的误差是 1.16。说明在训练集上的效果"过好"并不是好的模型。

有多种因素可能导致过拟合,其中最常见的情况是由于学习能力过于强大,以至于把训练样本所包含的不太一般的特性都学到了;而欠拟合则通常是由于学习能力低下而造成的。欠拟合比较容易克服,例如,在决策树学习中扩展分支、在神经网络学习中增加训练轮数等,而过拟合则很麻烦。过拟合是机器学习面临的关键障碍,各类学习算法都必然带有一些针对过拟合的措施。然而必须认识到,过拟合是无法彻底避免的,所能做的只是"缓解",或者说减小其风险。

2. 训练集和测试集

通常可以通过实验评估模型的泛化误差。为此,需使用一个"测试集"来测试模型对新样本的判别能力,然后以测试集上的"测试误差"作为泛化误差的近似。通常假设测试样本也是从样本真实分布中独立同分布采样得到的。需注意的是,测试集应该尽可能与训练集互斥,即测试样本尽量不在训练集中出现,未在训练过程中使用过。

为了产生训练集 S 和测试集 T,常见的做法如下。

1) 留出法

"留出法" 直接将数据集 D 划分为两个互斥的集合,其中一个集合作为训练集 S,另一个作为测试集 T,即 $D=S\cup T$,$S\cap T=\varnothing$。在 S 上训练出模型后,用 T 来评估其测试误差,作为对泛化误差的估计。

以二分类任务为例,假定 D 包含 1000 个样本,将其划分为 S 包含 700 个样本,T 包含 300 个样本。在 S 训练后,如果模型在 T 上有 90 个样本分类错误,那么其错误率为 $(90/300) \times 100\% = 30\%$,相应地,精度为 $1 - 30\% = 70\%$。

需注意的是,训练/测试集的划分要尽可能保持数据分布的一致性,避免因数据划分过程引入额外的偏差而对最终结果产生影响。例如,在分类任务中至少要保持样本的类别比例相似。如果从采样的角度来看待数据集的划分过程,则保留类别比例的采样方式通常称为"**分层采样**"。例如,通过对 D 进行分层采样而获得含 70% 样本的训练集 S 和含 30% 样本的测试集 T。若 D 包含 500 个正例、500 个反例,则分层采样得到的 S 应包含 350 个正例、350 个反例,而 T 则包含 150 个正例和 150 个反例。若 S、T 中样本类别比例差别很大,则误差估计将由于训练/测试数据分布的差异而产生偏差。

另一个需注意的问题是,即便在给定训练/测试集的样本比例后,仍存在多种划分方式对初始数据集 D 进行分隔。例如,在上面的例子中,可以把 D 中的样本排序,然后把前 350 个正例放到训练集中,也可以把最后 350 个正例放到训练集中……这些不同的划分将导致不同的训练/测试集,相应地,模型评估的结果也会有差别。因此,单次使用留出法得到的估计结果往往不够稳定可靠。在使用留出法时,一般要采用若干次随机划分、重复进行实验评估后取平均值作为留出法的评估结果。例如,进行 100 次随机划分,每次产生一个训练/测试集,用于实验评估,100 次后就得到 100 个结果,而留出法返回的则是这 100 个结果的平均值。

此外,希望评估的是用 D 训练出的模型的性能,但留出法需划分训练/测试集,这就会导致一个窘境:若令训练集 S 包含绝大多数样本,则训练出的模型可能更接近于用 D 训练出的模型,但由于 T 比较小,评估结果可能不够稳定准确;若令测试集 T 多包含一些样本,则训练集 S 与 D 差别更大了,被评估的模型与用 D 训练出的模型相比可能有较大差别,从而降低了评估结果的保真性。这个问题目前没有完美的解决方案,常见做法是将 $2/3 \sim 4/5$ 的样本用于训练,剩余样本用于测试。

2) 交叉验证法

"**交叉验证法**"先将数据集 D 划分为 k 个大小相似的互斥子集,即 $D = D_1 \cup D_2 \cup \cdots \cup D_k$,$D_i \cap D_j = 0 (i \neq j)$。每个子集 D_i 都尽可能保持数据分布的一致性,即从 D 中通过分层采样得到。然后,每次用 $k-1$ 个子集的并集作为训练集,余下的那个子集作为测试集;这样就可以获得 k 组训练/测试集,从而可进行 k 次训练和测试,最终返回的是这个测试结果的均值。显然,交叉验证法评估结果的稳定性和保真性很大程度上取决于 k 的取值。为强调这一点,通常把交叉验证法称为"**k 折交叉验证**"。k 最常用的取值是 10,此时称为 10 折交叉验证,其他常用的 k 值有 5、20 等。图 8-2 给出了 5 折交叉验证的示意图。

与留出法相似,将数据集 D 划分为 k 个子集同样存在多种划分方式。为减小因样本划分不同而引入的差别,k 折交叉验证通常要随机使用不同的划分重复 p 次,最终的评估结果是这 p 次 k 折交叉验证结果的均值,例如,常见的有"10 次 10 折交叉验证"。

假定数据集 D 中包含 m 个样本,若令 $k = m$,则得到了交叉验证法的一个特例:留一

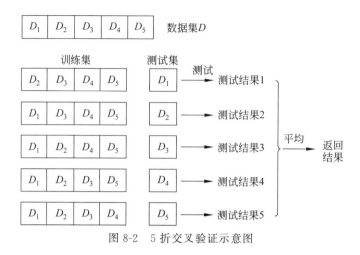

图 8-2　5 折交叉验证示意图

法(Leave-One-Out,LOO)。显然,留一法不受随机样本划分方式的影响,因为 m 个样本只有唯一的方式划分为 m 个子集——每个子集包含一个样本。留一法使用的训练集与初始数据集相比只少了一个样本,这就使得在绝大多数情况下,留一法中被实际评估的模型与期望评估的用 D 训练出的模型很相似。因此,留一法的评估结果往往被认为比较准确。然而,当数据集较大时,训练 m 个模型的计算开销可能是难以忍受的(例如,数据集包含 100 万个样本,则需训练 100 万个模型),这还是未考虑算法调参的情况。另外,留一法的估计结果也未必永远比其他评估方法准确。

3)自助法

本来希望评估的是用 D 训练出的模型,但在留出法和交叉验证法中,由于保留了一部分样本用于测试,因此实际评估的模型所使用的训练集比 D 小,这必然会引入一些因训练样本规模不同而导致的估计偏差。留一法受训练样本规模变化的影响较小,但计算复杂度又太高了。"自助法"以自助采样法为基础。给定包含 m 个样本的数据集 D,对它进行采样产生数据集 D':每次随机从 D 中挑选一个样本,将其复制放入 D',然后再将该样本放回初始数据集 D 中,使得该样本在下次采样时仍有可能被采到;这个过程重复执行 m 次后,就得到了包含 m 个样本的数据集 D',这就是自助采样法。显然,D 中有一部分样本会在 D' 中多次出现,而另一部分样本不出现。可将 D' 用作训练集,$D \backslash D'$ 用作测试集,这样,实际评估的模型与期望评估的模型都使用 m 个训练样本,这样的测试结果,也称为"包外估计"。

自助法在数据集较小、难以有效划分训练/测试集时很有用。此外,自助法能从初始数据集中产生多个不同的训练集。然而,自助法产生的数据集改变了初始数据集的分布,会引入估计偏差。因此,在初始数据量足够时,留出法和交叉验证法更常用一些。

3. 性能评价指标

评估模型的泛化性时,不仅需要有效可行的实验估计方法,还需要有衡量模型泛化能力的评价标准,这就是性能度量。在对比不同模型的能力时,使用不同的性能度量往往会导致不同的评判结果。这意味着模型的"好坏"是相对的,什么样的模型是好的,不仅取决于算法和数据,还决定于任务需求。

在预测任务中,对于给定样本集 $D=\{(x_1,y_1),(x_2,y_2),\cdots,(x_m,y_m)\}$,其中,$y_i$ 是示例 x_i 的真实标记。要评估模型 f 的性能,就要把模型预测结果 $\hat{y_i}$ 与真实标记 y 进行比较。

1) 错误率与精度

错误率(**Error Rate**)是模型预测错误的样本数占样本总数的比例,对于样本集 D,错误率定义如下,即先统计预测结果 $\hat{y_i}$ 与真实标记 y_i 不同的样本个数,再除以总样本数 m。L 是逻辑函数,当参数为真时结果为 1,否则为 0。

$$E(f;D)=\frac{1}{m}\sum_{i=1}^{m}L(\hat{y_i}\neq y_i)$$

精度(**Accuracy,A**)是模型预测正确的样本数占样本总数的比例。对于样本集 D,精度定义如下,即先统计预测结果 $\hat{y_i}$ 与真实标记 y_i 相同的样本数,再除以总样本数 m。

$$\mathrm{acc}(f;D)=\frac{1}{m}\sum_{i=1}^{m}L(\hat{y_i}=y_i)=1-E(f;D)$$

2) 查准率和查全率

错误率和精度虽然常用,但并不能满足所有任务需求。以西瓜问题为例,假定瓜农拉来一车西瓜,用训练好的模型对这些西瓜进行好坏的判别,错误率衡量了有多少比例的瓜被判别错误。如果关心的是"挑出的西瓜中有多少比例是好瓜",或者"所有好瓜中有多少比例被挑了出来",那么错误率显然就不够用了,这时需要使用其他的性能度量。

类似的需求在信息检索中经常出现,例如,在信息检索中,经常会关心"检索出的信息中有多少比例是用户感兴趣的""用户感兴趣的信息中有多少被检索出来了"。"查准率"与"查全率"是更为适用于此类需求的性能度量。

对于二分类问题,将样本根据其真实类别与模型预测类别的组合划分为真正例(True Positive,TP)、假正例(False Positive,FP)、真反例(True Negative,TN)、假反例(False Negative,FN)四种情形,令 TP、FP、TN、FN 分别表示其对应的样本数,则显然有TP+FP+TN+FN=总样本数。分类结果的"混淆矩阵"如表 8-1 所示。

表 8-1 分类结果混淆矩阵

真 实 情 况	预 测 结 果	
	正 例	反 例
正例	TP(真正例)	FN(假反例)
反例	FP(假正例)	TN(真反例)

查准率(Precision,P),又叫准确率。查准率针对预测结果,它表示预测为正例中有多少是真正的正例,定义为

$$P=\frac{\mathrm{TP}}{\mathrm{TP}+\mathrm{FP}}$$

前面提到的精度 A 与准确率不同,在分类问题中,它反映了分类器对整个样本的判

定能力,即能将正例判定为正例,将负例判定为负例,定义为

$$A = \frac{TP + TN}{TP + TN + FP + TN}$$

查全率(Recall,R),又叫召回率。查全率针对真实样本,它表示样本中正例有多少被预测正确,定义为

$$R = \frac{TP}{TP + FN}$$

查准率和查全率是一对矛盾的度量。一般来说,查准率高时,查全率往往偏低;而查全率高时,查准率往往偏低。例如,若希望将好瓜尽可能多地选出来,则可通过增加选瓜的数量来实现。如果将所有西瓜都选上,那么所有的好瓜也必然都被选上,但这样查准率就会较低。若希望选出的瓜中好瓜比例尽可能高,则可只挑选最有把握的瓜,但这样就难免会漏掉不少好瓜,使得查全率较低。通常只有在一些简单任务中,才可能使查全率和查准率都很高。

在很多情形下,可以根据模型的预测结果对样本进行排序,排在前面的是模型认为"最可能"是正例的样本,排在最后的则是模型认为"最不可能"是正例的样本。按此顺序逐个把样本作为正例进行预测,则每次可以计算出当前的查全率、查准率。以查准率为纵轴、查全率为横轴作图就得到了查准率-查全率曲线,简称"P-R 曲线",显示该曲线的图称为"P-R 图",图 8-3 给出了一个示意图。

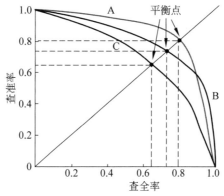

图 8-3　P-R 曲线与平衡点示意图

P-R 图直观地显示出模型在样本总体上的查全率、查准率。在进行比较时,若一个模型的 P-R 曲线被另一个模型的曲线完全"包住",则可断言后者的性能优于前者。例如,图 8-3 中模型 A 的性能优于模型 C。如果两个模型的 P-R 曲线发生了交叉,例如,图 8-3 中的 A 与 B,则难以一般性地断言两者孰优孰劣,只能在具体的查准率或查全率条件下进行比较。然而,在很多情形下,人们往往仍希望把模型 A 与 B 比出个高低。这时一个比较合理的判据是比较 P-R 曲线下面积的大小,它在一定程度上表征了模型在查准率和查全率上取得相对"双高"的比例。但这个值不太容易估算,因此,人们设计了一些综合考虑查准率、查全率的性能度量。

"平衡点"(Break-Event Point,BEP)是"查准率=查全率"时的取值。例如,图 8-3 中

模型 C 的 BEP 是 0.64,而基于 BEP 的比较,可认为模型 A 优于 B。

但 BEP 还是过于简单了些,更常用的是 F_1 度量,定义为

$$F_1 = \frac{2 \times P \times R}{P + R} = \frac{2 \times \text{TP}}{\text{样本总数} + \text{TP} - \text{TN}}$$

在一些应用中,对查准率和查全率的重视程度有所不同。例如,在商品推荐系统中,为了尽可能少打扰用户,更希望推荐内容确是用户感兴趣的,此时查准率更重要。而在逃犯信息检索系统中,更希望尽可能少漏掉逃犯,此时查全率更重要。F_1 度量的一般形式 F_β 可以表达对查准率/查全率的不同偏好,定义为

$$F_\beta = \frac{(1 + \beta^2) \times P \times R}{(\beta^2 \times P) + R}$$

其中,$\beta > 0$ 度量了查全率对查准率的相对重要性。$\beta = 1$ 时退化为标准的 F_1;$\beta > 1$ 时查全率有更大影响;$\beta < 1$ 时查准率有更大影响。

下面通过一个例子,了解这些性能指标。

【例 8-1】　宠物店有 10 只动物,其中 6 只狗,4 只猫,现有一个分类模型对动物进行分类后的结果如表 8-2 所示,则该模型的精度、准确率、召回率、F_1 值分别是多少?

表 8-2　猫狗分类混淆矩阵

真 实 情 况	预 测 结 果	
	正例(狗)	反例(猫)
正例(狗)	5	1
反例(猫)	0	4

【解】　将狗预测为狗的样本数为 5,将猫预测为猫的样本数为 4,则 $A = (5+4)/10 = 0.9$。

将狗预测为狗的样本数为 5,将猫预测为狗的样本数为 0,则 $P = 5/(5+0) = 1$。

将狗预测为狗的样本数为 5,将狗预测为猫的样本数为 1,则 $R = 5/(5+1) = 0.83$。

根据 F_1 的定义,则 $F_1 = 2 \times 1 \times 0.83/(1+0.83) = 0.91$。

8.2　经 典 算 法

本节将介绍机器学习的分类、聚类、线性回归、神经网络四类问题的经典算法,将用到 Matplotlib、Scikit-Learn、NumPy 等第三方库。Matplotlib 是最流行的用于绘制数据图表的 Python 库,是 Python 的 2D 绘图库,非常适合创建出版物中用的图表。Matplotlib 下的 pyplot 子包提供了面向对象的画图程序接口,几乎所有的画图函数都与 MATLAB 类似,连参数都类似。Scikit-Learn 是一个开源的 Python 语言机器学习工具包,它涵盖了几乎所有主流机器学习算法的实现,包括回归算法、分类算法、聚类分析等,并且提供了一致的调用接口。在数据量不大的情况下,Scikit-Learn 可以解决大部分问题。对算法不精通的用户在执行建模任务时,只需要简单调用库里的相应模块即可。在 Scikit-Learn 中,内置了若干个数据集(Datasets),还有一些 API 可以手动生成数据集。NumPy 是

Python 科学计算的基础库,经常作为算法之间传递数据的容器,主要提供了高性能的 N 维数组实现以及计算能力,还实现了一些基础的数学算法,如线性代数计算、傅里叶变换及随机数生成等。对于数值型数据,使用 NumPy 数组存储和处理数据要比使用内置的 Python 数据结构高效得多。

8.2.1　K 近邻分类算法

分类的目的是预测样本的类别标签,如判断一个西瓜是"好瓜"或者"坏瓜"。评价分类模型的指标包括精度、准确率、召回率、F_1 等。

常见的分类任务有二分类、多类别分类、多标签分类、不平衡分类等。其中,**二分类**任务是指具有两个类别标签的分类任务,即分类标签有两个,需要预测样本属于其中的哪个类别。常用的二分类算法包括逻辑回归、K 最近邻算法、决策树、支持向量机、朴素贝叶斯等。**多类别分类**是指具有两个以上类别标签的分类任务,即分类标签有多个,需要预测样本属于其中哪个类别。常用的多类别分类算法包括 K 最近邻算法、决策树、朴素贝叶斯、随机森林、梯度提升等,前面用于解决二分类问题的算法同样适用于多分类问题。**多标签分类**是指具有两个或以上类别标签的分类任务,即每个样本可以预测为一个或多个类别,用于二分类或多分类的算法不能直接用于多标签分类,通常使用预测多个输出的模型对多标签分类任务进行建模,常用的多标签分类算法包括多标签决策树、多标签随机森林、多标签梯度增强等。**不平衡分类**是指每个类别中样本数不均匀分布的分类任务,通常不平衡分类任务多是二分类任务,如训练数据集中大多数样本属于正常类,少数样本属于异常类。对于不平衡分类任务,一方面可以使用随机欠采样、SMOTE 过采样等专门方法对多数类进行欠采样或对少数类进行过采样;另一方面在模型拟合训练数据集中的数据时,可以使用成本敏感的 Logistic 回归、成本敏感的决策树、成本敏感的支持向量机等专门算法采集少数类别的数据。下面将介绍一种适用于二分类、多类别分类任务的算法——K 最近邻算法。

1. K 最近邻算法的原理

假设数据集中有一半是"红色"(图中浅色的点),另一半是"黑色"(图中深色的点)。现在有了一个新的数据点,颜色未知,怎么判断它属于哪一个类别呢?

K 最近邻的基本算法如下。

(1) 计算已知类别数据集中的点与当前点之间的距离。

(2) 按照距离递增次序排序。

(3) 选取与当前点距离最小的 K 个点。

(4) 确定前 K 个点所在类别的出现频率。

(5) 返回前 K 个点出现频率最高的类别作为当前点的预测类别。

对于 K 最近邻算法来说,新数据点离谁最近,就和谁属于同一类别,从图 8-4(a)中可以看出,新数据点距离它 8 点钟方向的浅色数据点最近,那么这个新数据点应该属于浅色分类。

如果最近邻数等于 1 的话,算法可能会犯"一叶障目,不见泰山"的错误,试想万一和新数据点最近的数据恰好是一个测定错误的点呢？因此需要增加最近邻的数量。例如，把最近邻数增加到 3，让新数据点的类别和 3 个当中最多的数据点所处的类别保持一致，如图 8-4(b) 所示。由于与新数据点距离最近的 3 个点中，有 2 个是深色，1 个是浅色，因此 K 最近邻算法会把新数据点放进深色的类别中。K 最近邻算法中最近邻数 K 的选择非常重要，K 值越大，算法偏差越大，对噪声数据越不敏感，当 K 值很大时，可能造成欠拟合；K 值越小，方差会越大，当 K 值太小，会造成过拟合。

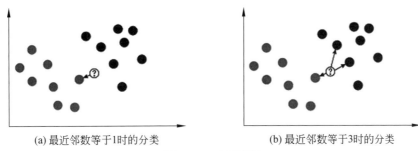

(a) 最近邻数等于1时的分类　　　　　(b) 最近邻数等于3时的分类

图 8-4　K 近邻算法

K 最近邻算法的优点在于可解释性较强，只需要调整 K 值，但很难确定 K 值，计算复杂度与样本数量呈线性关系，不是凸的数据集比较难收敛，很难发现任意形状的簇，采用迭代方法得到的结果只是局部最优，对异常值和噪声比较敏感。

2. K 最近邻算法的实现

【例 8-2】 使用 K 最近邻分类模型对所创建数据集中样本进行分类并评估该模型的性能。

1）创建数据集

输入如下代码，生成适合分类的数据集。

```
#导入数据集生成器
from sklearn.datasets import make_blobs
#生成数据集
#设置样本数 n_samples 为 500,类别中心数 centers 为 5,随机状态 random_state 为 8
data = make_blobs(n_samples=500, centers=5,random_state=8)
#X是样本的特征数据,y是样本的类别标签
X, y = data
```

本例中，make_blobs 生成的数据集包含 5 个类别，分别是类别[0]～类别[4]。读者可以尝试修改样本数 n_samples 以及类别中心数 centers 等参数，生成不同的数据集。由于 make_blobs 会根据伪随机数生成样本，因此需要设置参数随机状态 random_state。有时候为了使每次生成的伪随机数相同，可以固定 random_state 的参数值。相同的 random_state 参数值会生成同样的伪随机数序列，但当该值为 0，或者省略时，则每次生成的伪随机数均不同。在生成的数据集中，一般用大写的 X 表示数据的特征，X 是一个二维数组；用小写的 y 表示数据对应的标签，y 是一个一维数组或者一个向量。用 scatter() 以散点图的方式绘制数据集中的所有样本。

2）划分数据集

输入如下代码，将数据集划分为训练集和测试集。

```
#导入数据集拆分工具
from sklearn.model_selection import train_test_split
#拆分数据集,设置随机状态 random_state 为 0
#X_train, X_test 分别表示训练集和测试集中样本的特征数据
#y_train, y_test 分别表示训练集和测试集中样本的类别标签
X_train, X_test, y_train, y_test = train_test_split(X,y,random_state=1)
```

本例中，train_test_split()将对数据集中的数据进行随机排列，默认情况下将其中75%的数据及所对应的标签划归到训练集，将其余25%的数据和所对应的标签划归到测试集。读者可以尝试修改训练集规模 train_size 和测试集规模 test_size，设置不同的训练集和测试集。一般用大写的 X 表示数据的特征，X 是一个二维数组；用小写的 y 表示数据对应的标签，y 是一个一维数组，或者一个向量。

3）创建分类模型

输入如下代码，创建 K 最近邻分类模型并在训练集上拟合数据。

```
#导入 KNN 分类器
from sklearn.neighbors import KNeighborsClassifier
#建立 K 最近邻算法模型
clf = KNeighborsClassifier()
#拟合数据
clf.fit(X_train,y_train)
```

本例中，KNeighborsClassifier()建立模型对象时，没有设置参数表示使用默认参数，此时最近邻样本数 n_neighbors 为 5。clf 是 KNeighborsClassifier()创建的一个对象，该对象用 fit()方法对训练集中的数据进行拟合。

4）查看分类结果

输入如下代码，查看测试集中每个样本的预测类别标签和真实类别标签。

```
#预测测试集样本的类别标签
y_target_pred=clf.predict(X_test)
print("训练集的预测类别标签",y_target_pred)
print("训练集的真实类别标签",y_test)
```

本例中，predict()根据测试集样本预测了样本的类别标签。
结果如下，包括 125 个样本的预测类别标签和真实类别标签。

训练集的预测类别标签[3 0 3 3 4 4 4 1 4 0 4 0 1 0 0 3 1 3 2 0 1 1 0 4 0 2 4 2 0 1 0 2 2 4 4 1 4 3
0 4 4 2 2 4 0 4 4 2 3 2 2 4 2 0 3 4 1 1 0 4 3 2 1 2 1 2 0 4 1 0 4 1 4 3 0 4 1 4 3 3 2 4 4 4 0 4 1 2 2
1 3 4 4 2 4 2 0 1 4 4 1 4 2 0 0 1 0 3 3 3 2 1 2 1 0 1 0 0 2 4 2 1 3 4 1 2]
训练集的真实类别标签[3 0 3 3 4 4 4 1 4 0 4 0 1 0 0 3 1 3 2 0 1 1 0 4 0 2 2 3 4 1 4 3
0 3 4 2 2 4 0 4 3 2 3 2 2 3 2 0 4 4 1 1 0 4 3 2 1 2 1 2 0 4 1 0 4 1 4 3 0 4 1 4 3 4 3 2 4 4 4 0 4 1 2 2
1 4 4 4 2 4 2 0 1 4 4 1 4 2 0 0 1 0 3 3 3 2 1 2 1 0 1 0 0 2 4 2 1 3 4 1 2]

5）可视化分类结果

输入代码，用散点图分别表示测试集中每个样本的真实类别和预测类别。

```
#导入画图工具
import matplotlib.pyplot as plt
#用散点图绘制真实结果
#设置样本点的横纵坐标由样本的两个特征 X_test[:,0]和 X_test[:,1]表示
#设置样本点的颜色 c由样本的真实类别决定
plt.scatter(X_test[:,0],X_test[:,1],c=y_test)
#显示图形
plt.show()
#用散点图绘制预测结果
#设置样本点的横纵坐标由样本的两个特征 X_test[:,0]和 X_test[:,1]表示
#设置样本点的颜色 c由样本的预测类别决定
plt.scatter(X_test[:,0],X_test[:,1],c=y_target_pred)
#显示图形
plt.show()
```

结果如图 8-5 所示，不同颜色代表不同类别，图 8-5（a）中样本用真实类别标签标注，图 8-5（b）表示分类后的测试集，样本用预测类别标签标注。对比两图不难看出：有少量样本的预测结果是错误的。

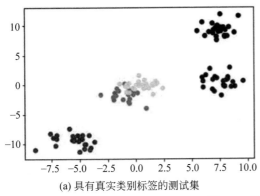 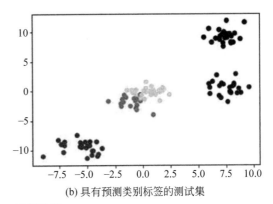

(a) 具有真实类别标签的测试集　　　　(b) 具有预测类别标签的测试集

图 8-5　例 8-2 的测试集

6）评价分类模型

输入如下代码，给分类模型打分。

```
#打印模型的评分
print('模型正确率: {: .2f}'.format(clf.score(X_test,y_test)))
```

本例中，score()方法可以根据样本特征数据和真实类别标签返回模型的精度。打分时，将模型预测的类别标签与真实类别标签进行比较，吻合度越高，模型的得分越高，模型预测越准确，满分是 1.0。

结果如下，分类模型的正确率可以达到 94%，这说明 K 最近邻算法能够将大部分样本预测为正确类别，但仍然会将小部分样本预测为错误类别，这些分类错误的样本基本上都是图中互相重合的样本。

模型正确率：0.94

3. K 最近邻算法的应用

【例 8-3】 使用 K 最近邻分类模型对红酒数据集中样本进行分类并评估该模型的性能。

1）加载数据集

输入如下代码，载入红酒数据集。

```
#导入数据集
from sklearn.datasets import load_wine
#载入红酒数据集
wine_dataset = load_wine()
```

本例中，由于 Scikit-Learn 内置的红酒数据集包含在 datasets 模块中，可以通过 load_wine 载入该数据集。

2）数据集说明

由于该数据集是一种 Bunch(批)对象，它的属性包括数据、标签、数据列的名称等，这些属性可以通过该对象的 keys()方法获得。

输入如下代码，了解该数据集的所有键(对象的属性)。

```
print("红酒数据集中的键：\n{}".format(wine_dataset.keys()))
```

结果如下，该数据集的样本包括 5 个特征，分别是特征数据"data"，目标分类标签"target"，目标分类名称"target_names"，数据描述"DESCR"以及特征变量名称"features_names"。

```
红酒数据集中的键：
dict_keys(['data','target','target_names','DESCR','feature_names'])
```

输入如下代码，了解红酒数据集特征数据的形态。

```
print('数据概况：{}'.format(wine_dataset['data'].shape))
```

结果如下，该数据集共有 178 个样本，每个样本包含 13 个特征值。每个样本包含特征数据(data)和分类标签(target)，其中，data 是一个包含 13 个元素的一维 NumPy 数组，target 是取值为[0,2]的整型数组。

```
数据概况：(178, 13)
```

输入如下代码，了解红酒数据集的一些描述信息。

```
print(wine_dataset['DESCR'])
```

部分结果如下，该数据集的 178 个样本被归入 3 个类别，每个类别大致包含 50 个样本，每个样本的前 13 个特征数据分别表示酒精(Alcohol)、苹果酸(Malic Acid)、灰分(Ash)、灰分的碱性(Alkalinity of Ash)、镁(Magnesium)、总酚类(Total Phenols)、黄酮类化合物(Flavonoids)、非黄酮类酚类(Nonflavonoid Phenols)、原花青素(Proanthocyanins)、颜色强度(Colour Intensity)、色调（Hue）、稀释葡萄酒的 OD280/OD315（OD280/OD315 of diluted wines）、脯氨酸(Proline)，第 14 个是分类标签，即 class_0 或 class_1 或 class_2。

```
Wine Data Database
==================

Notes
-----
Data Set Characteristics:
    : Number of Instances: 178 (50 in each of three classes)
    : Number of Attributes: 13 numeric, predictive attributes and the class
    : Attribute Information:
    - 1) Alcohol
    - 2) Malic acid
    - 3) Ash
    - 4) Alkalinity of ash
    - 5) Magnesium
    - 6) Total phenols
    - 7) Flavonoids
    - 8) Nonflavonoid phenols
    - 9) Proanthocyanins
    - 10) Color intensity
    - 11) Hue
    - 12) OD280/OD315 of diluted wines
    - 13) Proline
    - class:
        - class_0
        - class_1
        - class_2
```

3）划分数据集

输入如下代码，将红酒数据集划分为训练集和测试集。

```
#X 是特征数据,y 是类别标签
X,y = wine_dataset.data,wine_dataset.target
#导入数据集拆分工具
from sklearn.model_selection import train_test_split
#将数据集拆分为训练集和测试集,设置随机状态 random_state 为 1
#X_train, X_test 分别表示训练集和测试集中样本的特征数据
#y_train, y_test 分别表示训练集和测试集中样本的类别标签
X_train, X_test, y_train, y_test = train_test_split(X, y, random_state=1)
```

4）建立分类模型

输入如下代码，用 K 最近邻算法在训练集上建立分类模型。

```
#导入 KNN 分类模型
from sklearn.neighbors import KNeighborsClassifier
#设置线性回归模型,指定模型的最近邻数 n_neighbors 为 1
knn = KNeighborsClassifier(n_neighbors = 1)
#在训练集上拟合数据
```

```
knn.fit(X_train, y_train)
```

本例中 KNeighborsClassifier 指定近邻数量 n_neighbors 为 1,读者可以尝试设置不同的近邻数量。

5) 查看分类结果

输入如下代码,观察测试集中每个样本的预测类别标签和真实类别标签。

```
#预测测试集样本的类别标签
y_target_pred=knn.predict(X_test)
print("红酒数据集的预测类别标签",y_target_pred)
print("红酒数据集的真实类别标签",y_test)
```

结果如下,包括测试集中 45 个样本的预测结果和真实结果。

红酒数据集的预测类别标签 [2 1 2 1 0 1 2 0 1 1 0 1 1 0 2 1 1 0 1 0 0 1 2 0 0 1 0 0 0 2 1 2 1 0 1
1 1 2 1 0 0 1 1 1 0]
红酒数据集的真实类别标签 [2 1 0 1 0 2 1 0 2 1 0 0 1 0 1 1 2 0 1 0 0 1 2 1 0 2 0 0 0 2 1 2 2 0 1
1 1 1 0 0 1 2 0 0]

6) 可视化分类效果

输入代码,用散点图分别表示测试集中每个样本的真实类别和预测类别。

```
#导入画图工具
import matplotlib.pyplot as plt
#用散点图绘制真实结果
#设置样本点的横纵坐标由样本的两个特征 X_test[:,0]和 X_test[:,1]表示
#设置样本点的颜色 c 由样本的真实类别决定
plt.scatter(X_test[:,0],X_test[:,1],c=y_test)
#显示图形
plt.show()
#用散点图绘制预测结果
#设置样本点的横纵坐标由样本的两个特征 X_test[:,0]和 X_test[:,1]表示
#设置样本点的颜色 c 由样本的预测类别决定
plt.scatter(X_test[:,0],X_test[:,1],c=y_target_pred)
#显示图形
plt.show()
```

结果如图 8-6 所示,不同颜色代表不同类别,图 8-6(a)中样本用真实类别标签标注,图 8-6(b)是分类后的测试集,样本用预测类别标签标注。对比两图不难看出:有部分样本的预测结果是错误的。

7) 评价分类模型

输入如下代码,给模型打分。

```
#打印模型的评分
print('测试数据集得分: {: .2f}'.format(knn.score(X_test,y_test)))
```

结果如下,目前模型在预测红酒分类时的得分并不高,只有 0.71,对于新样本做出正

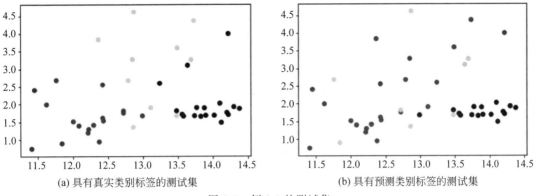

(a) 具有真实类别标签的测试集　　　　　　　(b) 具有预测类别标签的测试集

图 8-6　例 8-3 的测试集

确分类的概率是 71%。

测试数据集得分：0.71

8.2.2　K 均值聚类算法

聚类（Clustering）是将数据集中的样本划分为若干个通常是不相交的子集，每个子集称为一个"簇"（Cluster）。通过这样的划分，每个簇可能对应于一些潜在的概念（类别），如"有籽瓜"和"无籽瓜"等。需说明的是，这些概念对聚类算法而言事先是未知的，聚类过程能自动形成簇，簇所对应的概念语义需要使用者把握和命名。聚类这种无须事先标注训练及类别的学习方式被称为**无监督学习**，即数据集不需要事先做类别标注。

对于聚类算法而言，当组内样本相似性越大，组间样本差别越大时，聚类效果就越好。Sklearn 的 metrics 模块提供的聚类模型评价指标包括 ARI 评价法（兰德系数）、AMI 评价法（互信息）、V-measure 评分、FMI 评价法、轮廓系数评价法和 Calinski-Harabasz 指数评价法。在这 6 种评价方法中，前 4 种方法均需要真实值，才能够评价聚类算法的优劣，后两种不需要真实值，因此前 4 种方法的评价效果更具说服力。除轮廓系数评价法外，其他评价方法，在不考虑业务场景的情况下，都是得分越高，效果越好，最高分值为 1。轮廓系数评价法需要根据不同类别数目情况下轮廓系数的走势判断最优的聚类数目。后面用到的 FMI 定义为

$$FMI = \frac{TP}{\sqrt{(TP + FP) \times (TP + FN)}}$$

依据聚类方法不同，又可以分为划分聚类、层次聚类、密度聚类以及网格聚类等。划分聚类是对具有对等关系的类进行划分，数据集中需要聚合的类彼此对等，如将一批新闻划分为体育新闻、娱乐新闻、经济新闻和其他四类就是划分聚类。层次聚类是对具有嵌套关系的类进行划分，数据集中需要聚合的类具有层次关系，如将一批新闻划分为中国新闻、体育新闻、足球新闻、篮球新闻、娱乐新闻、影视新闻、音乐新闻等就是层次聚类。密度聚类是按照数据点的稠密程度划分类别。下面将介绍一种属于划分聚类的算法——K均值算法。

1. K 均值算法的原理

无监督学习的一个非常重要的用途就是对数据进行聚类。聚类和分类有一定的相似之处,分类是算法基于已有标签的数据进行学习并对新数据进行分类,而聚类则是在完全没有现有标签的情况下,用算法"猜测"哪些数据像应该"堆"在一起,并且让算法给不同的"堆"里的数据贴上一个数字标签。在本节中,将重点介绍 K 均值(K-Means)聚类。

在各种聚类算法中,K 均值是使用最多且最简单的聚类算法,其基本算法如下。

(1) 选择 K 个初始聚类中心。

(2) 计算每个对象与这 K 个中心各自的距离,按照最小距离原则分配到最邻近聚类。

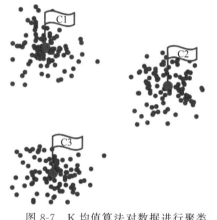

(3) 使用每个聚类中的样本均值作为新的聚类中心。

(4) 重复步骤(2)和(3)直到聚类中心不再变化。

(5) 得到 K 个聚类。

数据集中的样本因为特征不同,像小沙堆一样散布在地上,K 均值算法会在小沙堆上插上旗子。第一遍插的旗子并不能很完美地代表沙堆的分布,因此算法还会继续,直到每个旗子都能插到每个沙堆的最佳位置上,也就是数据点的均值上,如图 8-7 所示。

图 8-7　K 均值算法对数据进行聚类

K 均值算法虽然简单,但它具有明显的局限性。例如,它认为每个数据点到聚类中心的方向都是同等重要的。对于"形状"复杂的数据集来说,K 均值的聚类效果并不理想。

2. K 均值算法的实现

【例 8-4】　使用 K 均值模型对所创建数据集的样本进行聚类并评估该模型的性能。

为了观察完整的聚类过程,首先看第一种实现方法。

1) 计算聚类中心

输入如下代码,用自定义函数计算聚类中心。

```python
#计算聚类中心,x 是所有样本,k 是类别数
def calcu(x, k):
    #初始化全局变量聚类中心 center、归属聚类中心的样本 classk、迭代次数 count
    global center, classk, count
    classk = []
    sum = []
    for j in range(k):
        classk.append([])
        sum.append([0, 0])
    #为每个样本分配归属的聚类中心
    for i in range(len(x)):
```

```
        distance = []
        #计算每一个样本到所有聚类中心的距离
        for j in range(k):
            dis = (x[i][0]-center[j][0])**2 + (x[i][1]-center[j][1])**2
            distance.append(dis)
        #获取样本距所有聚类中心的最小距离
        min_distance = min(distance)
        #获取样本应该归属的聚类中心
        address = distance.index(min_distance)
        #将样本加入对应聚类中心中
        classk[address].append(x[i])
    N = []
    #计算新的聚类中心
    for j in range(k):
        #计算归属于每个聚类中心的样本数
        n1 = len(classk[j])
        N.append(n1)
        #重新计算聚类中心
        for i in range(N[j]):
            sum[j] += classk[j][i]
        z1 = sum[j]/N[j]
        center.append(z1)
    #绘制标题
    plt.title("the " + str(count) + " time")
    #用散点图绘制数据集
    color=['r','g','y']
    for j in range(0, k):
        for i in range(len(classk[j])):
            #设置样本的横纵坐标
            #用聚类中心 j 的样本 i 的两个特征 classk[j][i][0]和 classk[j][i][1]表示
            #设置聚类中心的颜色值,分别为红色、绿色和黄色
                plt.scatter(classk[j][i][0],classk[j][i][1],c=color[j])
    #显示图形
    plt.show()
    #增加迭代次数
    count +=1
```

本例中,该函数首先计算每个样本距所有聚类中心的距离,选择具有最小距离的聚类中心并将该样本归入该中心;再根据每个聚类中心所归属的所有样本,重新计算新的聚类中心;最后按照当前样本所属类别绘制散点图。

2) 判断聚类是否完成

输入如下代码,用自定义函数判断聚类是否已经完成。

```
#判断聚类是否完成,k 是类别数
def panduan(k):
    flag = 0
    for i in range(k):
        #前后两次的聚类中心是否改变
        if center[i][0] == center[i+k][0] and center[i][1] == center[i+k][1]:
```

```
        flag += 1
    return flag
```

本例中,该函数判断是否完成聚类的依据是查看前后两次聚类中心是否改变,如果所有聚类中心都没有改变,则函数的返回值 flag 等于类别数 k。

3) 创建数据集

输入如下代码,生成数据集。

```
#导入数据集生成工具
from sklearn.datasets import make_blobs
#导入绘图工具
import matplotlib.pyplot as plt
#生成数据集,样本数 n_samples 为 200,类别中心 centers 为 3,随机状态为 1
#X 是样本的特征数据,y 是样本的类别标签
X,y = make_blobs(n_samples=200,centers=3,random_state=1)
```

4) 实现聚类过程

输入如下代码,实现聚类过程。

```
#k 是类别数
k = 3
#迭代次数
count = 1
#设置前 3 个样本为聚类中心
center = []
for i in range(k):
    center.append(X[i])
#计算聚类中心
calcu(X, k)
#设置最大迭代次数
for i in range(30):
    #判断聚类是否完成
    if panduan(k) == k:
        break
    else:
        #删除聚类中心
        del center[0: k]
        calcu(X, k)
```

本例中,该程序首先设置初始聚类中心,分别取样本 $X[0]$、$X[1]$、$X[2]$ 作为初始聚类中心,再调用函数 calcu() 计算新的聚类中心,在规定迭代次数内,如果聚类中心不再改变则结束聚类过程,否则继续调用函数 calcu(),本例的最大迭代次数是 30。读者可以尝试修改初始聚类中心、最大迭代次数,看看聚类过程是否发生改变。

结果如图 8-8 所示,一共经历 4 次迭代,每次迭代都会改变部分样本的颜色,不同颜色表示不同类别,直至所有样本的颜色不再改变,最后将多数样本归入正确的类别中。这个结果与本例在生成数据集时,设置类别数为 3,即包含 3 个类别的样本,是相符的。

实际上,Scikit-Learn 提供了 K 均值聚类的简便实现方法,下面来看第二种聚类的实现方法。

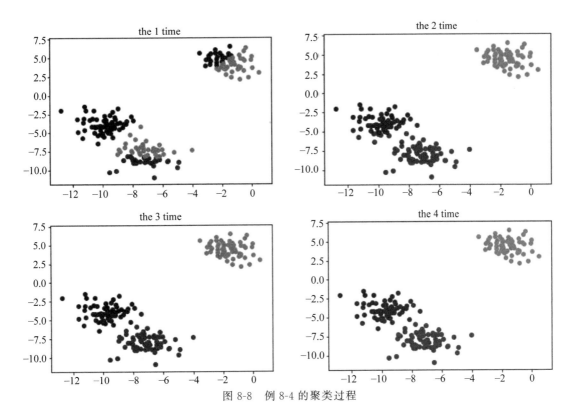

图 8-8 例 8-4 的聚类过程

1) 创建数据集

输入如下代码,生成数据集。

```
#导入数据集生成工具
from sklearn.datasets import make_blobs
#生成数据集
X,y = make_blobs(n_samples=200,centers=3,random_state=1)
```

2) 建立聚类模型

输入如下代码,建立 K 均值聚类模型。

```
#导入 KMeans 工具
from sklearn.cluster import KMeans
#建立聚类模型,设置聚类类别数 n_clusters 为 3,随机状态 random_state 为 1
kmeans = KMeans(n_clusters=3,random_state=1)
#拟合数据
kmeans.fit(X)
```

本例中,KMeans 通过聚类类别数 n_cluster 指定聚类中心数,聚类后用 fit() 方法在数据集上拟合数据。kmeans 是 KMeans 创建的一个对象,该对象用 fit() 方法对训练集中的数据进行拟合。

3) 可视化聚类结果

输入如下代码,用散点图表示聚类前后数据集中的每个样本。

```
#导入绘图工具
import matplotlib.pyplot as plt
#用散点图绘制聚类前数据集
#设置样本点的横纵坐标由它的特征 X[:,0]和 X[:,1]确定
plt.scatter(X[:,0],X[:,1])
#显示图形
plt.show()
#预测样本的聚类标签
y_pred=kmeans.predict(X)
#用散点图绘制聚类后数据集
#设置样本点的横纵坐标由它的特征 X[:,0]和 X[:,1]确定
#设置样本点的颜色 c 由聚类后的标签确定
plt.scatter(X[: ,0],X[: ,1],c=y_pred)
#获取聚类中心
centroids = kmeans.cluster_centers_color=['r','y','k']
#用散点图绘制聚类中心
#设置聚类中心的横纵坐标它的特征 centroids[: ,0]和 centroids[: ,1]确定
#设置聚类中心的形状 marker 为'*',表示五角星
#设置聚类中心的大小 s 为 200
#设置聚类中心的颜色 c 由 color 确定,分别是红色、黄色和黑色
plt.scatter(centroids[: ,0], centroids[: ,1], marker='*', s=200, c=color)
#显示图形
plt.show()
```

本例中,聚类模型的 cluster_centers 属性表示 K 均值聚类后的聚类中心。

结果如图 8-9 所示。图 8-9(a)是聚类前的数据集,图 8-9(b)是聚类后的数据集,不同颜色代表不同类别,每个类别都显示了聚类中心。对比两图不难看出:多数样本的聚类结果是正确的。

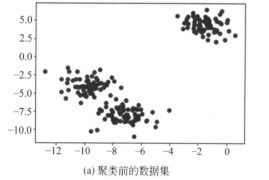

(a) 聚类前的数据集

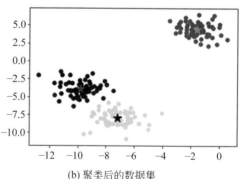

(b) 聚类后的数据集

图 8-9　例 8-4 聚类前后的数据集

4) 评价聚类模型

输入如下代码,采用 FMI 方法评价聚类的效果。

```
#从 metrics 模块导入 FMI 评价方法
from sklearn.metrics import fowlkes_mallows_score
#采用 FMI 方法评价聚类
```

```
score = fowlkes_mallows_score(y,kmeans.labels_)
print('FMI 评价分值为: %f' %score)
```

本例中,fowlkes_mallows_score()需要真实类别标签 y 和聚类结果的标签,聚类模型的 labels_属性表示聚类结果的标签。FMI 评价方法的满分是 1.0,分值越高,预测越准确。

结果如下,该模型的 FMI 评分达到 99%,可以认为:在创建聚类模型时,将聚类类别数 n_cluster 设置为 3 是非常合理的。

```
FMI 评价分值为: 0.989950
```

3. K 均值算法的应用

【例 8-5】 使用 K 均值算法模型对鸢尾花数据集进行聚类并评估该模型的性能。

1)加载数据集

输入如下代码,载入鸢尾花数据集。

```
#导入数据集
from sklearn import datasets
#载入鸢尾花数据集
iris_dataset=datasets.load_iris()
```

本例中,由于 Scikit-Learn 内置的鸢尾花数据集包含在 datasets 模块中,可以通过 load_iris()载入鸢尾花数据集。

2)数据集说明

由于该数据集是一种 Bunch 对象,包括键(keys)和值(values),因此可以通过键访问值。

输入如下代码,了解该数据集的键。

```
print("鸢尾花数据集中的键: \n{}".format(iris_dataset.keys()))
```

结果如下,该数据集的样本包含 5 个特征,分别是特征数据"data"、目标分类标签 "target"、目标分类名称"target_names"、数据描述"DESCR"以及特征变量名称"features_names"。

```
鸢尾花数据集中的键:
dict_keys(['data','target','target_names','DESCR','feature_names'])
```

输入如下代码,了解鸢尾花数据集特征数据的形态。

```
print('数据概况: {}'.format(iris_dataset['data'].shape))
```

结果如下,该数据集共有 150 个样本,每个样本包含 4 个特征值。该数据集的每个样本包含特征数据(data)和分类标签(target),其中,data 是一个包含 4 个元素的一维 NumPy 数组,target 是取值为[0,2]的整型数组。

```
数据概况: (150,4)
```

输入如下代码,了解鸢尾花数据集的一些描述信息。

```
print(iris_dataset['DESCR'])
```

部分结果如下,该数据集的 150 个样本被归入 3 个类别,每个类别各包含 50 个样本。每个样本的前 4 个特征数据分别表示花萼长度(sepal length)、花萼宽度(sepal width)、花瓣长度(petal length)、花瓣宽度(petal width),第 5 个是分类标签,即 Iris_Setosa、Iris_Versicolour 或 Iris_Virginica。

```
Iris Plants Database
=====================

Notes
-----
Data Set Characteristics:
    : Number of Instances: 150 (50 in each of three classes)
    : Number of Attributes: 4 numeric, predictive attributes and the class
    : Attribute Information:
        - sepal length in cm
        - sepal width in cm
        - petal length in cm
        - petal width in cm
        - class:
                - Iris-Setosa
                - Iris-Versicolour
                - Iris-Virginica
```

3)选择特征数据

输入如下代码,选择数据集中第 2 列和 3 列的数据,即 petal length 和 petal width 列中的数据作为特征数据。

```
#样本特征数据的第 2 列和第 3 列
X=iris_dataset['data'][:,[2,3]]
#样本的类别标签
y=iris_dataset['target']
```

4)建立聚类模型

输入如下代码,用 K 均值算法在鸢尾花数据集上建立聚类模型。

```
#导入 KMeans 模型
from sklearn.cluster import KMeans
#建立 K 均值模型,聚类类别数为 i,随机状态为 123
kmeans = KMeans(n_clusters = i,random_state=123)
#拟合数据
kmeans = kmeans.fit(X)
```

5)可视化聚类效果

输入如下代码,用散点图表示聚类前后数据集中的每个样本。

```
#用散点图绘制聚类前数据集
#设置样本点的横纵坐标由该样本的两个特征 X[:,0]和 X[:,1]表示
plt.scatter(X[:,0],X[:,1])
#显示图形
plt.show()
#预测样本的聚类标签
```

```
y_pred=kmeans.predict(X)
#用散点图绘制聚类后数据集
#设置样本点的横纵坐标由该样本的两个特征 X[:,0]和 X[:,1]表示
#设置样本点的颜色 c 由样本的真实类别决定
plt.scatter(X[:,0],X[:,1],c=y_pred)
#获取聚类中心
centroids = kmeans.cluster_centers_color=['g','k','r','m']
#设置聚类中心的颜色为'g','k','r','m',分别表示绿色、黑色、红色、紫色
#用散点图绘制聚类中心
#设置聚类中心的横纵坐标由该中心的两个特征 center[i][0]、center[i][1]表示
#设置聚类中心的形状 marker 为'*',即五角星
#设置聚类中心的大小 s 为 200
#设置聚类中心的颜色 c 由 color[i]决定
plt.scatter(centroids[:,0], centroids[:,1], marker='*', s=200, c=color)
#显示图形
plt.show()
```

结果如图 8-10(b)所示。图 8-10(a)是聚类前的数据集,可以看出:选择 petal length 和 petal width 列特征将鸢尾花数据集聚成 3 类是比较合理的。图 8-10(c)是将聚类类别数 n_cluster 设置为 4 时的聚类结果,存在一定的合理性。图 8-10(d)是选择第 0 列和第 2 列特征的聚类结果,部分样本的聚类标签并不合理。由此可见,聚类类别数和特征数据选择都会对聚类效果造成影响。

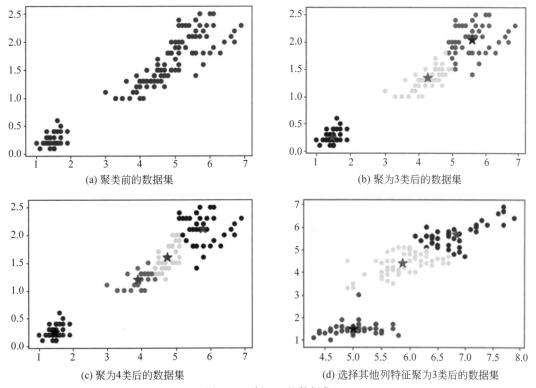

(a) 聚类前的数据集　　　　　　　　　　(b) 聚为3类后的数据集

(c) 聚为4类后的数据集　　　　　　　(d) 选择其他列特征聚为3类后的数据集

图 8-10　例 8-5 的数据集

6) 评价聚类模型

输入如下代码,采用 FMI 方法评价聚类的效果。

```
# 从 metrics 模块导入 FMI 评价方法
from sklearn.metrics import fowlkes_mallows_score
# 采用 FMI 方法评价聚类模型
score = fowlkes_mallows_score(iris_dataset['target'], kmeans.labels_)
print('iris 数据聚 %d 类 FMI 评价分值为: %f' %(3, score))
```

本例中,fowlkes_mallows_score()采用 FMI 方法评价聚类的效果,需要真实类别标签 iris_dataset['target'] 和聚类结果的标签作为评价依据,聚类模型的 labels_ 属性表示聚类结果的标签。

结果如下,FMI 评价方法的满分是 1.0,分值越高,表示预测越准确,因此该数据集应该聚为 3 类,这与前面了解到的鸢尾花的真实类别数量是相符的。

```
iris 数据聚 3 类 FMI 评价分值为: 0.923307
```

8.2.3 线性回归

回归分析是研究自变量与因变量之间数量变化关系的一种分析方法,它主要是通过因变量 y 与影响它的自变量 x 之间的回归模型,衡量自变量 x 对因变量 y 的影响能力的,进而可以用来预测因变量 y 的发展趋势。

与回归相对的是分类问题,分类问题要预测的变量 y 的输出集合是有限的,预测值只能是有限集合内的一个。当要预测的变量 y 输出集合是无限且连续的,称之为回归。例如,天气预报预测明天是否下雨,是一个二分类问题;预测明天的降雨量是多少,就是一个回归问题。

评价线性模型的指标包括均方误差(MSE)、均方根误差(RMSE)、平均绝对误差(MAE)、决定系数等。决定系数也称为判定系数或者拟合优度,它反映了 y 的波动有多少百分比能被 x 的波动所描述。拟合度越大,说明 x 对 y 的解释程度越高。自变量对因变量的解释程度越高,自变量引起的变动占总变动的百分比就越高,点在回归直线附近越密集。决定系数 R^2 的定义如下。

$$R^2 = 1 - \frac{\mathrm{SS_{res}}}{\mathrm{SS_{tot}}}$$

其中,$\mathrm{SS_{res}} = \sum (y_i - \hat{y}_i)^2$,表示预测数据 $\hat{y}_i$ 与真实数据 y_i 的误差;$\mathrm{SS_{tot}} = \sum (y_i - \bar{y})^2$,表示真实数据 y_i 与平均值 $\bar{y}$ 的误差。$\mathrm{SS_{res}}$ 一般比 $\mathrm{SS_{tot}}$ 小,因此 R^2 的值为 $[0, 1]$。$\mathrm{SS_{tot}}$ 在数据集确定后是固定值,因此预测数据越不准确,$\mathrm{SS_{res}}$ 越大,则 R^2 越接近 0;预测数据越准确,$\mathrm{SS_{res}}$ 越小,则 R^2 越接近 1。

回归分析包括线性回归和非线性回归。线性通常是指变量之间保持等比例的关系,从图形上看,变量之间的形状为直线,斜率是常数。如果数据点的分布呈现复杂曲线,则不能使用线性回归建模。

1. 线性模型的原理

线性回归模型可以用下面的公式表示。

$$\hat{y} = \boldsymbol{w}^{\mathrm{T}} \boldsymbol{x} + b$$

其中，$\boldsymbol{w} = (w_1, \cdots, w_m)^{\mathrm{T}}$ 是特征权重，$\boldsymbol{x} = (x_1, \cdots, x_m)^{\mathrm{T}}$ 是样本的特征变量，每个特征变量的最高次项为 1，m 表示特征数量，b 为偏移量，$\hat{y}$ 是模型对于样本数据的预测值。

当线性回归模型只有一个特征变量 $\boldsymbol{x}_1$ 时，是一元线性回归，此时可以将 w_1 看成是直线的斜率，b 是 y 轴的截距。当线性回归模型具有多个特征变量时，是多元线性回归，每个 w_i 对应每个特征直线的斜率，$\hat{y}$ 可以看作特征的加权和。

线性回归对特征变量 $\boldsymbol{x}$ 有一定要求，如果不同特征变量不是相互独立的，那么可能会因为特征间的共线性，导致模型不准确。例如，预测房价时虽然使用了房间数量，房间数量 $\times 2$ 等多个特征，但这些特征之间是线性相关的，虽然用这些特征可以训练模型，但模型不准确，预测性差。

通常使用损失函数 L 评估预测结果 $\hat{y}$，均方误差（Mean Square Error，MSE）是一种常用的损失函数，它的定义如下，其中，n 是样本数，$\hat{y}_i$ 是第 i 个样本的预测值，y_i 是该样本的真实值。预测结果越接近真实值，则损失值越小。

$$\mathrm{MSE} = \frac{1}{n} \sum_{i=1}^{n} (y_i - \hat{y}_i)^2$$

根据 MSE 的定义，线性回归模型的损失函数应该为

$$L(\boldsymbol{w}, b) = \sum_{i=1}^{n} (\boldsymbol{w}^{\mathrm{T}} \boldsymbol{x}_i + b - y_i)^2$$

其中 $\boldsymbol{x}_i = (x_{i1}, x_{i2}, \cdots, x_{im})^{\mathrm{T}}$。为了使损失值最小，可以根据已知的样本数据，求解最佳的 $\boldsymbol{w}$ 和 b。常见的求解方法是最小二乘法，又称为最小二乘"参数估计"。首先将 $L(\boldsymbol{w}, b)$ 分别对 $\boldsymbol{w}$ 和 b 求导，可以得到：

$$\frac{\partial L}{\partial \boldsymbol{w}} = 2 \left(\boldsymbol{w} \sum_{i=1}^{n} \boldsymbol{x}_i^2 - \sum_{i=1}^{n} \boldsymbol{x}_i (y_i - b) \right)$$

$$\frac{\partial L}{\partial b} = 2 \left(nb - \sum_{i=1}^{n} (y_i - \boldsymbol{w}^{\mathrm{T}} \boldsymbol{x}_i) \right)$$

令上述两式为 0，可以得到 $\boldsymbol{w}$ 和 b 最优解的闭式解：

$$\boldsymbol{w} = \frac{\sum\limits_{i=1}^{n} y_i (x_i - \bar{x})}{\sum\limits_{i=1}^{n} x_i^2 - \frac{1}{n} \left(\sum\limits_{i=1}^{n} x_i \right)^2}$$

$$b = \frac{1}{n} \sum_{i=1}^{n} (y_i - \boldsymbol{w}^{\mathrm{T}} \boldsymbol{x}_i)$$

线性模型的 w 直观表达了各特征变量在预测中的重要性，有很好的可解释性，也不需要用户调节参数，但它无法控制模型的复杂性。

2. 线性回归的实现

【例 8-6】 已知两个点的坐标分别是(1,3) 和(4,5),使用线性回归模型根据两个点确定直线方程。

1) 建立回归模型

输入如下代码,建立线性回归模型。

```
#导入科学计算库
import numpy as np
#设置两个点的横坐标
X=[[1],[4]]
#设置两个点的纵坐标
y=[3,5]
#导入线性模型
from sklearn.linear_model import LinearRegression
#用线性模型拟合这两个点
lr=LinearRegression().fit(X,y)
```

本例中,lr 是 LinearRegression 创建的一个对象,该对象用 fit()方法对训练集中的数据进行拟合。

2) 预测其他样本的坐标

```
#在[0,5]中平均取 20 个值
z=np.linspace(0,5,20)
#预测其他样本的纵坐标
y=lr.predict(z.reshape(-1,1))
```

本例中,predict()根据其他样本的横坐标预测了在该直线上的纵坐标。

3) 可视化回归结果

```
#用散点图绘制图形
#样本的横纵坐标由 X 和 y 决定
plt.scatter(X,y)
#用直线连接其他样本点,设置其他样本点的横坐标由 z 确定
#设置其他样本点的纵坐标由线性模型预测的结果 y 确定
#设置样本点的颜色 c 由'k'确定,表示黑色
plt.plot(z, y,c='k')
#设置图题
plt.title('Straight Line')
#显示图形
plt.show()
```

结果如图 8-11 所示,直线穿过了两个已知点。

4) 显示线性方程

输入如下代码,显示线性模型确定的直线方程。

```
#打印直线方程
print('y = {: .3f}'.format(lr.coef_[0]),'x','+ {: .3f}'.format(lr.intercept_))
```

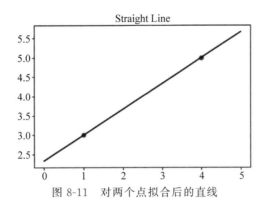

图 8-11　对两个点拟合后的直线

本例中,线性模型的属性 coef 和 intercept_ 分别表示直线的斜率和截距。coef_ 本身是一个二维数组,保存了所有特征的权重,intercept_ 是浮点数。

结果如下。

```
y=0.667x+2.333
```

【例 8-7】　已知 3 个点的坐标分别是(1,3)、(4,5)和(3,3),使用线性回归模型确定直线方程,使该方程距 3 个点的距离最短。

1) 建立回归模型

输入如下代码,建立线性回归模型。

```
# 导入科学计算库
import numpy as np
# 设置 3 个点的横坐标
X=[[1],[4],[3]]
# 设置 3 个点的纵坐标
y=[3,5,3]
# 导入线性模型
from sklearn.linear_model import LinearRegression
# 用线性模型拟合这 3 个点
lr = LinearRegression().fit(X,y)
```

2) 预测其他样本的坐标

```
# 在[0,5]中平均取 20 个值
z=np.linspace(0,5,20)
# 预测其他样本的纵坐标
y=lr.predict(z.reshape(-1,1))
```

3) 可视化回归结果

```
# 用散点图绘制图形
# 样本的横纵坐标由 X 和 y 确定
plt.scatter(X,y)
# 用直线连接其他样本点
# 设置样本点的横坐标由 z 确定,纵坐标由线性模型预测的结果 y 确定
# 设置样本点的颜色 c 由 'k' 确定,表示黑色
```

```
plt.plot(z, y,c='k')
#设定图题
plt.title('Straight Line')
#显示图形
plt.show()
```

本例中,LinearRegression()建立了线性模型,fit()拟合了 3 个已知点,predict()根据其他样本的横坐标预测了纵坐标。

结果如图 8-12 所示,直线没有穿过任何一个点,而是位于距离 3 个点的距离之和最小的位置。

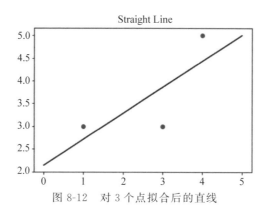

图 8-12　对 3 个点拟合后的直线

4) 显示线性方程

输入如下代码,显示线性模型确定的方程。

```
#打印直线方程
print('y = {: .3f}'.format(lr.coef_[0]),'x', '+ {: .3f}'.format(lr.intercept_))
```

结果如下。

```
y=0.571x+2.143
```

本例中,由于 reg.coef_的结果只有一个值,因此用一元线性方程表示。

【例 8-8】　使用线性回归模型根据所创建数据集中样本确定直线方程,使该方程距所有样本点的距离最短。

1) 创建数据集

输入如下代码,生成数据集。

```
#导入数据集生成器
from sklearn.datasets import make_regression
#生成数据集
#设置样本数 n_samples 为 50,特征数 n_features 为 1,噪声数据 noise 为 50,随机状态为 1
#x 是样本的横坐标,Y 是样本的纵坐标
X,Y=make_regression(n_samples=50, n_features=1, n_informative=1, noise=50,
random_state=1)
```

本例中,make_regression()生成适合回归分析的数据集,读者可以尝试修改样本数

n_samples、特征数 n_features、噪声数据 noise、随机状态 random_state,设置不同的数据集。

2）建立回归模型

输入如下代码,建立线性回归模型。

```
#导入科学计算库
import numpy as np
#导入线性模型
from sklearn.linear_model import LinearRegression
#使用线性模型拟合数据集
reg = LinearRegression().fit(X,Y)
```

3）预测其他样本的坐标

```
#在[-3,3]中平均取 20 个值
z=np.linspace(-3,3,20)
#预测其他样本的纵坐标
y=reg.predict(z.reshape(-1,1))
```

4）可视化回归结果

```
#用散点图绘制图形
#样本的横纵坐标由 X 和 Y 确定
plt.scatter(X,Y)
#用直线连接其他样本点
#设置样本点的横坐标由 z 确定,纵坐标由线性模型预测的结果 y 确定
#设置样本点的颜色 c 由'k'确定,表示黑色
plt.plot(z,y,c='k')
#设置图题
plt.title('Linear Regression')
#显示图形
plt.show()
```

本例中,LinearRegression()建立了线性模型,fit()拟合了多个已知点,predict()根据其他样本的横坐标预测了纵坐标。

结果如图 8-13 所示,该直线距离 50 个数据点的距离之和最小。

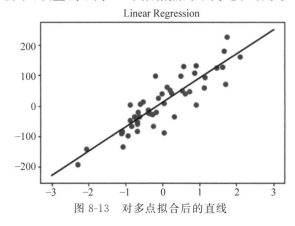

图 8-13　对多点拟合后的直线

5）显示线性方程

输入如下代码，显示线性模型确定的方程。

```
#打印直线方程
print('y = {: .3f}'.format(reg.coef_[0]),'x', '+ {: .3f}'.format(reg.intercept_))
```

结果如下。

```
y = 79.525 x + 10.922
```

本例中，由于 reg.coef_ 的结果只有一个值，因此用一元线性方程表示。

3. 线性回归的应用

【例 8-9】 使用线性回归模型对糖尿病数据集进行回归分析并评估该模型的性能。

1）加载数据集

输入如下代码，载入糖尿病数据集。

```
#导入数据集
from sklearn.datasets import load_diabetes
#载入糖尿病数据集
diabetes_dataset=load_diabetes()
```

本例中，由于 Scikit-Learn 内置的糖尿病数据集包含在 datasets 模块中，可以通过 load_diabetes() 载入糖尿病数据集。

2）数据集说明

由于该数据集是一种 Bunch 对象，包括键（keys）和数值（values），因此可以通过键访问值。

输入如下代码，了解数据集的键。

```
print("糖尿病数据集中的键: \n{}".format(diabetes_dataset.keys()))
```

结果如下，该数据集的样本包含 5 个特征，分别是特征数据"data"、目标值"target"、数据描述"DESCR"以及特征变量名称"features_names"。

```
糖尿病数据集中的键:
dict_keys(['data','target','DESCR','feature_names'])
```

输入如下代码，了解糖尿病数据集特征数据的形态。

```
print('数据概况: {}'.format(diabetes_dataset['data'].shape))
```

结果如下，该数据集共有 442 个样本，每个样本有 10 个特征值。该数据集的每个样本包含特征数据（data）和评估值（target），其中，data 是一个包含 10 个元素的一维 NumPy 数组，target 是数值型数组。

```
数据概况: (442,10)
```

输入如下代码，了解糖尿病数据集的一些描述信息。

```
print(diabetes_dataset['DESCR'])
```

部分结果如下,该数据集有 442 个样本,每个样本的前 11 个特征值分别表示年龄(age)、性别(sex)、身体指数(bmi)、血压平均值(bp)以及 6 个血清测量的数值(包括 T 细胞 S1、低密度脂蛋白 S2、高密度脂蛋白 S3、促甲状腺激素 S4、拉莫三嗪 S5、血糖 S6),第 11 个是评估值(target),即基准检查后一年疾病进展的定量测量。

```
Diabetes dataset
================

Notes
-----

Ten baseline variables, age, sex, body mass index, average blood
pressure, and six blood serum measurements were obtained for each of n =
442 diabetes patients, as well as the response of interest, a
quantitative measure of disease progression one year after baseline.

Data Set Characteristics:

  : Number of Instances: 442

  : Number of Attributes: First 10 columns are numeric predictive values

  : Target: Column 11 is a quantitative measure of disease progression one year
after baseline

  : Attributes:
   : Age:
   : Sex:
   : Body mass index:
   : Average blood pressure:
   : S1:
   : S2:
   : S3:
   : S4:
   : S5:
   : S6:
```

3）划分数据集

输入如下代码,将糖尿病数据集划分为训练集和测试集。

```
#导入数据集拆分工具
from sklearn.model_selection import train_test_split
#X 是特征数据,y 是评估值
X, y = diabetes_dataset.data, diabetes_dataset.target
#将数据集拆分成训练集和测试集,设置随机状态 random_state 为 8
#X_train, X_test 分别表示训练集和测试集中样本的特征数据
#y_train, y_test 分别表示训练集和测试集中样本的评估值
```

```
X_train, X_test, y_train, y_test = train_test_split(X, y, random_state=8)
```

4）建立线性回归模型

输入如下代码，在训练集上通过拟合数据建立线性回归模型。

```
#导入线性回归
from sklearn.linear_model import LinearRegression
#设置线性回归模型
lr = LinearRegression()
#在训练集上拟合数据
lr=lr.fit(X_train, y_train)
```

5）查看回归结果

输入如下代码，观察测试集中每个样本的预测评估值。

```
#预测测试集样本的类别标签
y_target_pred=lr.predict(X_test)
print("糖尿病数据集的预测评估值",y_target_pred)
print("糖尿病数据集的真实评估值",y_test)
```

结果如下，包括测试集中 111 个样本的预测结果和真实结果。

糖尿病数据集的预测评估值 [256.97537062 147.54029035 127.9328953 74.45509617
182.35308266 147.63290887 188.89037188 199.94918479 134.10547588 148.02242345
209.41891751 146.03361576 64.83482648 62.15775667 143.6924789 205.62833633
71.62933441 41.63554482 201.74084163 166.59921312 193.99247847 115.25981609
184.68261472 139.60368086 148.9343741 207.97174941 163.15728385 188.40450907
107.85829276 35.75476611 220.4891828 183.27425012 147.32226618 168.44692911
58.02608755 270.12172846 99.49579272 121.73932979 164.82475904 119.6386019
97.31443901 44.54749258 186.68461344 59.28000954 78.36422224 97.86386028
89.5207179 132.68675017 262.58292018 122.365619 156.77235172 157.83912487
108.40158297 129.1534413 247.98671485 158.00790588 129.58980969 59.49760485
187.0522072 120.43434674 180.09400776 209.01881164 222.24668602 180.58398911
120.10303126 113.91167198 140.82666286 97.59812967 233.18726512 51.58616336
174.21713662 186.3606012 167.55354428 180.08308562 141.22320332 94.56317094
102.89826326 287.38940462 207.21206888 59.65511889 269.33472353 252.29867266
121.66484578 160.48877439 197.05014314 165.88183845 125.60444607 240.67577462
152.36376987 240.0565629 230.28447933 102.3553338 162.72751604 213.84723012
121.22567465 119.69560988 184.99404554 114.6549177 146.97640632 183.10487422
234.92455819 115.04062472 160.36489868 123.41870075 157.94797764 176.90676313
184.21233262 48.81515534 85.97151119 202.230943 108.0162697]
糖尿病数据集的真实评估值 [242. 185. 202. 128. 197. 150. 137. 175. 67. 88. 151. 146.
158. 43. 172. 150. 55. 116. 191. 252. 233. 71. 164. 230. 197. 52. 154. 178. 129. 45.
268. 85. 81. 235. 70. 346. 49. 162. 242. 214. 84. 57. 167. 99. 51. 72. 94. 135. 310.
64. 276. 110. 111. 116. 310. 144. 170. 72. 52. 177. 91. 150. 259. 107. 64. 160. 93.
118. 236. 48. 262. 124. 104. 101. 202. 69. 69. 230. 249. 39. 308. 273. 59. 129. 257.
155. 140. 275. 196. 257. 317. 109. 200. 163. 139. 87. 198. 68. 85. 70. 155. 160. 237.
97. 252. 190. 144. 65. 64. 48. 97.]

6）显示线性方程

输入如下代码,显示线性模型确定的方程。

```
#打印回归方程
print('lr.coef: ',lr.coef_)
print('lr.intercept: ',lr.intercept_)
```

结果如下,因此本例的线性模型表示为

$$y = 11.5106203x_1 - 282.51347161x_2 + 534.20455671x_3 + 401.73142674x_4 -$$
$$1043.89718398x_5 + 634.92464089x_6 + 186.43262636x_7 + 204.93373199x_8 +$$
$$762.47149733x_9 + 91.9460394x_{10} + 152.5624877455247$$

```
lr.coef: [11.5106203 -282.51347161 534.20455671 401.73142674 -1043.89718398
634.92464089 186.43262636 204.93373199 762.47149733 91.9460394]
lr.intercept: 152.5624877455247
```

7）评价线性回归模型

输入如下代码,给模型打分。

```
print("训练数据集得分: {: .2f}".format(lr.score(X_train,y_train)))
print("测试数据集得分: {: .2f}".format(lr.score(X_test,y_test)))
```

本例中,score 根据特征数据和评估值分别在测试集和训练集上计算决定系数 R^2。

结果如下,模型在测试集和训练集中的分数都不高,这是因为真实数据集中数据的特征很多,而且有不少噪声数据,这会大大影响线性模型的准确性。由于线性回归自身的特点,非常容易出现过拟合现象,尤其当模型在训练集和测试集的得分存在较大差异时。

```
训练数据集得分: 0.53
测试数据集得分: 0.46
```

8.2.4 神经网络

神经网络是由具有适应性的简单单元组成的广泛并行互联的网络,它的组织能够模拟生物神经系统对真实世界物体所做出的交互反应。

1. 神经网络的发展

1943 年,美国神经解剖学家沃伦·麦克洛奇(Warren McCulloch)和数学家沃尔特·皮茨(Walter Pitts)提出了第一个脑神经元的抽象模型,被称为 M-P 模型(McCulloch-Pitts neuron,MCP)。神经元(Neuron)是大脑中相互连接的神经细胞,它可以处理和传递化学和电信号,结构如图 8-14 所示。神经元具有两种常规工作状态,即兴奋和抑制,这和计算机中的"1"和"0"原理几乎完全一样。所以麦克洛奇和皮茨将

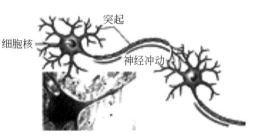

图 8-14 神经元模型

神经元描述为一个具备二进制输出的逻辑门，当传入的神经冲动使细胞膜电位升高超过阈值时，细胞进入兴奋状态，产生神经冲动并由轴突输出；反之，当传入的冲动使细胞膜电位下降低于阈值时，细胞进入抑制状态，没有神经冲动输出。

1958年，著名的计算机科学家弗兰克·罗森布拉特（Frank Rossenblatt）基于M-P模型提出了第一个感知器学习法则，他的感知器由两层神经元组成神经网络，是世界上首个可以学习的人工神经网络，而且可以进行简单的图像识别，这在当时引起了轩然大波。人们都以为发现了智能的奥秘，美国军方甚至认为神经网络比原子弹工程更重要，并大力资助神经网络的研究。

但是好景不长，1969年，另一位计算机领域的大师级人物马文·明斯基（Marvin Minsky）在Perceptron一书中阐述了感知器的弱点，例如，单层感知器无法完成很多简单的任务，双层感知器又对计算能力要求过高（当时的计算能力远远达不到今天的计算水平），没有有效的学习算法，因此研究更深层的神经网络是没有意义的。明斯基是人工智能领域的先驱者，著名的达特茅斯会议就是他于1956年和另一位重量级的科学家约翰·麦卡锡共同发起的。1969年，明斯基被授予图灵奖，是历史上第一位获此殊荣的人工智能学者。明斯基的论述让神经网络的研究陷入了低谷，这一时期被称为"AI winter"的人工智能冰河期。

又过了将近十年，杰弗瑞·欣顿（Geoffrey Hinton）等人提出了反向传播算法（Back Propagation，BP），该算法解决了两层神经网络所需要的复杂计算问题，重新带动业界的热潮，杰弗瑞·欣顿本人也被称为"神经网络之父"。但让人想不到的是，到了20世纪90年代中期，支持向量机（SVM）诞生了。SVM一问世就显露出强悍的能力，如不需要调参、效率更高等，它的出现又一次击败了神经网络，成为当时的主流算法。神经网络又一次进入了冰河期。

但杰弗瑞·欣顿并没有放弃，在神经网络被摒弃的时间里，他和其他几个学者还坚持研究，并给多层神经网络算法起了一个新的名字——深度学习。在本次人工智能大潮中，深度学习占据了统治地位，不管是在图像识别、语音识别、自然语言处理、无人驾驶等领域，都有着非常广泛的应用。本节将重点介绍神经网络中的多层感知器（Multilayer Perceptron，MLP），MLP也被称为前馈神经网络，或者被泛称为神经网络。

2. 神经网络的原理

神经元是组成神经网络的基本单元。一个神经元可以接收一个或多个输入，经过运算可以产生一个输出。图8-15是一个2输入的神经元模型，其中，$x=[x_1,x_2]$表示输入，$w=[w_1,w_2]$表示权重，b是偏移量，f是激活函数，y是输出，则$y=f(w_1 \cdot x_1 + w_2 \cdot x_2 + b)$，神经元的一般输出可以表示为

$$y = f(w \cdot x + b)$$

激活函数f可以对结果进行非线性矫正。Sigmoid是一种常用的激活函数，定义如下，它可以把特征值压缩到$(0,1)$，如图8-16所示。除了Sigmoid以外，还有ReLU（Rectified Linear Unit）、双曲正切函数tanh等激活函数。

$$f(x) = \frac{1}{1 + \mathrm{e}^{-x}}$$

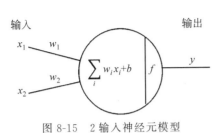

图 8-15　2 输入神经元模型

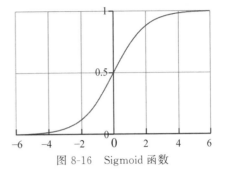

图 8-16　Sigmoid 函数

【**例 8-10**】　已知一个神经元的 $x = [2,3]$，$w = [0,1]$，$b = 4$，f 为 Sigmoid 激活函数，计算 y。

$$y = f(w \cdot x + b) = f(0 \times 2 + 1 \times 3 + 4) = f(7) = 0.999$$

本例中，给定输入的情况下，神经元的输出是 0.999，将输入向前传递并且得到输出的过程称为**前向传播**。

神经网络就是一群相互连接在一起的神经元。下面来看一个简单的神经网络模型，如图 8-17 所示，该神经网络有两个输入，有一个隐藏层，该层包含两个神经元 h_1 和 h_2，有一个输出层，该层包含一个神经元 o_1。任何介于输入层（第一层）与输出层（最后一层）之间的层都叫隐藏层。一般来讲，对于小规模数据集或者简单数据集，用户所要设置的参数，就是隐藏层中结点的数量，结点数量一般设置为 10 就已经足够了，但对于大规模数据集或者复杂数据集来说，一般有两种方式可供选择：一是增加隐藏层中结点数量，如增加到 1 万个；二是添加更多的隐藏层。在大型神经网络当中，往往有很多这样的隐藏层，这也是"深度学习"中"深度"的含义。

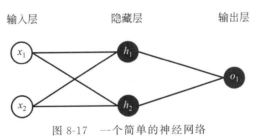

图 8-17　一个简单的神经网络

【**例 8-11**】　在如图 8-17 所示的神经网络中，已知 $x = [2,3]$，所有神经元的 $w = [0,1]$，$b = 0$，f 为 Sigmoid 激活函数，计算输出层的输出。

隐藏层中神经元的输出为

$$h_1 = h_2 = f(w \cdot x + b) = f(0 \times 2 + 1 \times 3 + 0) = f(3) = 0.9526$$

输出层中神经元的输出为

$$o = f(w \cdot [h_1, h_2] + b) = f(0 \times h_1 + 1 \times h_2 + 0) = f(0.9526) = 0.7216$$

本例中,给定输入的情况下,神经网络的输出是 0.7216。在多层神经网络的前向传播中,输入将一层一层向前喂给每一个神经元,经过每个神经元的计算后才能得到最终输出,输出可以是一个,也可以是多个。

【例 8-12】 已知如表 8-3 所示数据,使用神经网络根据身高和体重数据预测性别。

表 8-3　身高、体重、性别数据

姓　　　名	体　　　重	身　　　高	性　　　别
Alice	133	65	女
Bob	160	72	男
Charlie	152	70	男
Diana	120	60	女

1) 数据预处理

对上面的数据进行预处理,用 0 表示男性,用 1 表示女性。将所有体重数据都减 135,所有身高数据都减 66。135 和 66 是随意选取的数据,是为了后面更易处理。一般情况下应该用平均值对数据进行处理,机器学习中一般训练数据前会对数据进行标准化/归一化操作,处理后的结果如表 8-4 所示。

表 8-4　身高、体重、性别预处理后的数据

姓　　　名	体　　　重	身　　　高	性　　　别
Alice	−2	−1	1
Bob	25	6	0
Charlie	17	4	0
Diana	−15	−6	1

2) 创建神经网络

构建如图 8-18 所示的神经网络,初始时所有权重都为 1,所有偏移量都是 0,使用 Sigmoid 激活函数。读者也可以考虑构建其他结构的神经网络。

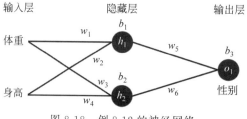

图 8-18　例 8-12 的神经网络

3) 前向传播

第一个样本 Alice 的特征数据经过前向传播后可以得到:

$$h_1 = f(w_1 x_1 + w_2 x_2 + b_1) = f(-2 + (-1) + 0) = 0.0474$$

$$h_2 = f(w_2x_1 + w_4x_2 + b_2) = 0.0474$$
$$o_1 = f(w_5h_1 + w_6h_2 + b_3) = f(0.0474 + 0.0474 + 0) = 0.524$$

这个结果并不能判别输入的数据属于男性(0)还是女性(1)，因此需要调整 w。

4）评价性能

神经网络使用损失函数 L 评价网络的性能。本例使用均方误差作为损失函数，训练一个神经网络的目的就是要将损失函数值降到最小。对第一个样本 Alice 而言，MSE $= (1-\hat{y}_1)^2$。

5）反向传播

损失函数 L 与神经网络的权重 w 和偏移量 b 有关，通过计算 $\frac{\partial L}{\partial w}$ 可以了解 w 对 L 的影响。根据链式求导法则，$\frac{\partial L}{\partial w_1} = \frac{\partial L}{\partial \hat{y}_1} \times \frac{\partial \hat{y}_1}{w_1}$，由于 w_1 只会影响神经元 h_1，因此 $\frac{\partial L}{\partial w_1} = \frac{\partial L}{\partial \hat{y}_1} \times \frac{\partial \hat{y}_1}{\partial h_1} \times \frac{\partial h_1}{\partial w_1}$。

对第一个样本 Alice 而言，可以计算得到：

$$\frac{\partial L}{\partial \hat{y}_1} = \frac{\partial(1-\hat{y}_1)^2}{\partial \hat{y}_1} = -2 \times (1-\hat{y}_1) = -2 \times (1-0.524) = -0.952$$

$$\frac{\partial \hat{y}_1}{\partial h_1} = \frac{\partial f(w_5h_1 + w_6h_2 + b_3)}{\partial h_1} = w_5 \times f'(w_5h_1 + w_6h_2 + b_3)$$
$$= 1 \times f'(0.0474 + 0.0474 + 0) = 0.249$$

$$\frac{\partial h_1}{\partial w_1} = \frac{\partial f(w_1x_1 + w_2x_2 + b_1)}{\partial w_1} = x_1 \times f'(w_1x_1 + w_2x_2 + b_1)$$
$$= -2 \times f'(-2 + (-1) + 0) = -0.0904$$

因此，

$$\frac{\partial L}{\partial w_1} = -0.952 \times 0.249 \times (-0.0904) = 0.0214$$

6）调整权重 w 和偏移量

神经网络可以通过 SGD(Stochastic Gradient Descent)算法调整权重与偏移量，该算法描述如下。

（1）从数据集中选一个样本。

（2）计算损失值对所有权重和偏移量的偏导数。

（3）更新所有的权重和偏移量。

（4）重复（1）～（3）直到损失值满足要求。

SGD 更新权重 w_1 的方法如下，其中，学习率 η 是常量，控制网络的训练速度。

$$w_1 \leftarrow w_1 - \eta \frac{\partial L}{\partial w_1}$$

如果 $\eta = 0.1$，则通过对第一个样本 Alice 的学习，更新后的 $w_1 = 1 - 0.1 \times 0.0214 = 0.99786$。读者也可以尝试计算更新后的其他权重和偏移量。

神经网络就是这样通过多次的前向和反向传播,不断调整 w 和 b,使损失值逐步减小,最终确定模型的权重和偏移量。

3. 神经网络的实现

【**例 8-13**】 使用神经网络对所创建数据集中样本进行分类并评估该模型的性能。

1) 加载数据集

同例 8-2 所示。

2) 划分数据集

同例 8-2 所示。

3) 创建 MLP 分类器

输入如下代码,用 MLP 在训练集上建立分类模型。

```
#导入 MLP 神经网络
from sklearn.neural_network import MLPClassifier
#定义分类器
mlp = MLPClassifier(solver='lbfgs',random_state=1)
#拟合数据
mlp.fit(X_train, y_train)
```

本例中,MLPClassifier()的权重优化算法 solver 设置为 lbfgs,还可以选择 sgd 和 adam 等。由于神经网络的初始权重需要在模型开始训练之前指定,不同的随机状态 random_state 会生成不同的权重,本例的 random_state 为 1。mlp 是 MLPClassifier()创建的一个对象,该对象用 fit()方法对训练集中的数据进行拟合。

4) 查看分类结果

输入如下代码,查看测试集中每个样本的预测类别标签和真实类别标签。

```
#预测测试集样本的类别标签
y_pred=mlp.predict(X_test)
print("训练集的预测类别标签",y_target_pred)
print("训练集的真实类别标签",y_test)
```

本例中,predict()根据测试集样本预测了样本的类别标签。

结果如下,包括 125 个样本的预测类别标签和真实类别标签。

训练集的预测类别标签 [3 0 3 3 4 4 4 1 4 0 4 0 1 0 0 3 1 3 2 0 1 1 0 4 0 2 3 2 0 1 0 2 2 4 3 1 4 3
0 4 4 2 2 4 0 4 4 2 3 2 2 4 2 0 3 4 1 1 0 4 3 2 1 2 1 2 0 4 1 0 4 1 4 3 0 4 1 4 3 4 2 4 4 0 4 1 2 2
1 4 4 4 2 4 2 0 1 4 4 1 4 2 0 0 1 0 3 3 4 2 1 2 1 0 1 0 0 2 4 2 1 3 4 1 2]

训练集的真实类别标签 [3 0 3 3 4 4 4 1 4 0 4 0 1 0 0 3 1 3 2 0 1 1 0 4 0 2 4 2 0 1 0 2 2 3 4 1 4 3
0 4 4 2 2 0 4 3 2 3 2 2 3 2 0 4 4 1 1 0 4 3 2 1 2 1 2 0 4 1 0 4 1 4 3 0 4 1 4 3 0 4 1 4 3 4 2 4 4 0 4 1 2 2
1 4 4 4 2 4 2 0 1 4 4 1 4 2 0 0 1 0 3 3 3 2 1 2 1 0 1 0 0 2 4 2 1 3 4 1 2]

5) 可视化分类结果

同例 8-2 所示。

结果如图 8-19 所示,不同颜色代表不同类别,图 8-19(a)是真实类别标签,图 8-19(b)是预测类别标签。对比两图不难看出:有部分样本的预测结果是错误的。

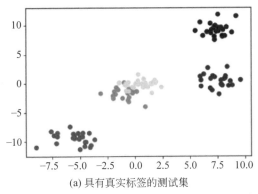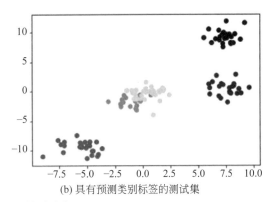

(a) 具有真实标签的测试集   (b) 具有预测类别标签的测试集

图 8-19   例 8-13 的测试集

6) 评价分类模型

输入如下代码,给模型打分。

```
#打印模型的评分
print('测试数据集得分: {: .2f}'.format(mlp.score(X_test,y_test)))
```

本例中,score 可以根据样本特征数据和真实类别标签返回模型的精度。

结果如下,分类模型的正确率可以达到 94%,这说明 K 最近邻算法能够将大部分样本预测为正确类别,但仍然会将小部分样本预测为错误类别,这些分类错误的样本基本上都是图中互相重合的样本。

```
测试数据集得分: 0.94
```

使用 MLPClassifier 建立模型时,还可以通过以下方法调节模型的复杂度,第 1 种是调整神经网络每一个隐藏层的结点数,第 2 种是调节神经网络隐藏层的层数,第 3 种是调节激活函数,第 4 种是通过调整 alpha 值改变模型正则化的程度。前两种方法可以设置隐藏层规模 hidden_layer_sizes 实现,该参数默认是(100),表示只有一个隐藏层,隐藏层中结点数是 100;如果改为(10,10),则表示模型有两个隐藏层,每层有 10 个结点。第 3 种方法可以设置隐藏层的激活函数 activation() 实现,该参数默认是"relu",还有 "identity""logistic""tanh"等选项,其中,"identity"表示对样本特征不做处理,即 $f(x) = x$,"logistic"就是 Sigmoid 函数,返回的结果是 $f(x) = 1/[1 + \exp(-x)]$,该方法和 tanh 类似,经过处理后的特征值都在 0 和 1 之间。第 4 种方法通过设置 L_2 惩罚项 alpha,该参数默认值是 0.0001。

4. 神经网络的应用

【例 8-14】   使用 MLP 模型对手写数字数据集中样本进行分类并评估该模型的性能。

1) 加载数据集

输入如下代码,载入手写数字数据集。

```
#导入数据集
```

```
from sklearn import datasets
#载入手写数字数据集
digits_dataset = datasets.load_digits()
```

本例中,由于 Scikit-Learn 内置的手写数字数据集包含在 datasets 模块中,可以通过 load_digits()载入手写数字数据集。

2) 数据集说明

由于该数据集是一种 Bunch 对象,包括键(keys)和数值(values),因此可以通过键访问值。

输入如下代码,了解数据集的所有键。

```
print("手写数字数据集中的键: \n{}".format(digits_dataset.keys()))
```

结果如下,该数据集的样本包含 5 个特征,分别是特征数据"data"、目标分类 "target"、目标名称"target_name"、数字图片"images"以及数据描述"DESCR"。

```
手写数字花数据集中的键:
dict_keys(['data','target','target_names', 'image','DESCR'])
```

输入如下代码,了解手写数字数据集特征数据的形态。

```
print('数据概况: {}'.format(digits_dataset['data'].shape))
```

结果如下,该数据集共有 5620 个样本,每个样本是手写数字图片,每个样本包含特征数据(data)、数据分类标签(target)、数据位图(image)。其中,data 是一个包含 64 个元素的一维 NumPy 数组;image 是一个 8×8 的二维 NumPy 数组,两个数组中的每个元素是无符号的 8 位整型数,表示各个像素的灰度值;target 是取值范围为[0,9]的整型数组。

```
数据概况: (1797,64)
```

输入如下代码,了解手写数字数据集的一些描述信息。

```
print(digits_dataset['DESCR'])
```

部分结果如下。

```
Optical Recognition of Handwritten Digits Data Set
=====================================================

Notes
-----
Data Set Characteristics:
    : Number of Instances: 5620
    : Number of Attributes: 64
    : Attribute Information: 8x8 image of integer pixels in the range 0..16.
    : Missing Attribute Values: None
    : Creator: E. Alpaydin (alpaydin '@' boun.edu.tr)
: Date: July; 1998
This is a copy of the test set of the UCI ML hand-written digits datasets
http://archive.ics.uci.edu/ml/datasets/Optical+Recognition+of+Handwritten
```

+Digits

The data set contains images of hand-written digits: 10 classes where each class refers to a digit.

3）划分数据集

输入如下代码，将手写数字数据集划分为训练集和测试集。

```
#X 是特征数据，y 是类别标签
X,y = digits_dataset.data,digits_dataset.target
#导入数据集拆分工具
from sklearn.model_selection import train_test_split
#将数据集拆分成训练集和测试集，设置随机状态 random_state 为 2
#X_train, X_test 分别表示训练集和测试集中样本的特征数据
#y_train, y_test 分别表示训练集和测试集中样本的目标类别
X_train, X_test, y_train, y_test = train_test_split(X, y, random_state=2)
```

4）建立 MLP 分类模型

输入如下代码，在训练集上建立 MLP 模型。

```
#导入 MLP 模型
from sklearn.neural_network import MLPClassifier
#设置神经网络模型
#设置权重优化算法 solver 为"lbfgs"
#设置隐藏层层数 hidden_layer_sizes 为 2,每层包含 100 个结点
#设置激活函数 activation 为"relu"
#设置正则项 alpha 为 1e-5,即 0.00001
#设置随机状态 random_state 为 2
mlp_hw = MLPClassifier (solver = 'lbfgs', hidden_layer_sizes = [100,100],
activation='relu', alpha = 1e-5, random_state=2)
#在训练集上拟合数据
mlp_hw.fit(X_train,y_train)
```

5）查看分类结果

输入如下代码，观察测试集中每个样本的预测类别标签和真实类别标签。

```
#预测测试集样本的类别标签
y_target_pred=mlp_hw.predict(X_test)
print("手写数字数据集的预测类别标签",y_target_pred)
print("手写数字数据集的真实类别标签",y_test)
```

结果如下，包括测试集中 450 个样本的预测结果和真实结果。

```
手写数字数据集的预测类别标签 [4 0 9 1 9 7 1 5 1 6 6 7 6 1 5 5 1 6 2 7 4 6 4 1 5 2 9 5 4 6 5 6 3
4 0 9 9 8 4 6 8 2 5 7 9 0 9 6 1 3 0 1 9 7 3 3 1 1 8 8 9 8 5 1 4 8 2 5 8 4 3 9 3 8 7 3 3 0 8 7 2 8 5
3 8 7 6 4 6 2 2 0 4 1 5 3 5 7 1 8 2 2 6 4 6 7 3 7 3 9 4 7 0 3 5 1 5 0 3 9 2 7 3 2 0 8 1 9 2 1 9 9 0
3 4 3 0 8 3 2 2 7 3 1 6 7 2 8 3 1 1 6 4 8 2 1 8 4 8 3 1 1 9 5 4 8 7 4 8 9 5 7 6 9 4 0 4 0 0 7 0 6 5
8 8 3 7 9 2 0 3 2 7 3 0 2 6 9 2 7 0 6 9 3 8 1 3 5 2 8 5 2 1 2 9 4 6 5 5 5 9 7 1 5 9 6 3 7 1 7 5 1 7
2 7 5 5 4 8 6 6 2 8 7 3 7 8 0 9 5 7 4 3 4 1 0 3 3 5 4 1 3 1 2 5 1 4 0 3 1 5 5 7 4 0 1 0 8 5 5 5 4 0
1 8 6 2 1 1 1 7 9 6 7 9 7 0 4 9 6 9 2 7 2 1 0 8 2 8 6 5 7 8 4 5 7 8 6 4 2 6 9 3 0 0 8 0 6 6 7 1 4 5
```

```
6 9 7 2 8 5 1 2 4 6 8 8 8 6 0 8 0 6 1 5 7 8 0 4 1 4 5 9 2 2 3 9 1 3 9 3 2 8 0 6 5 6 2 5 2 3 2 6 1 0
7 6 0 6 2 7 0 3 2 4 2 9 6 9 7 7 0 3 5 4 1 2 2 1 2 7 7 0 4 9 8 5 6 1 6 5 2 0 8 2 4 3 3 2 9 3 8 9 8 5
9 0 3 4 7 9 8 5 7 5 0 5 3 5 0 2 7]
```

手写数字数据集的真实类别标签 [4 0 9 1 4 7 1 5 1 6 6 7 6 1 5 5 4 6 2 7 4 6 4 1 5 2 9 5 4 6 5 6 3
4 0 9 9 8 4 6 8 8 5 7 3 5 9 6 1 3 0 1 9 7 3 3 1 1 8 8 9 8 5 4 4 7 3 5 8 4 3 1 3 8 7 3 3 0 8 7 2 8 5
3 8 7 6 4 6 2 2 0 1 1 5 3 5 7 6 8 2 2 6 4 6 7 3 7 3 9 4 7 0 3 5 8 5 0 3 9 2 7 3 2 0 8 1 9 2 1 9 1 0
3 4 3 0 9 3 2 2 7 3 1 6 7 2 8 3 1 1 6 4 8 2 1 8 4 3 1 1 9 5 4 8 7 4 8 9 5 7 6 9 0 0 4 0 0 4 0 6 5
8 8 3 7 9 2 0 3 2 7 3 0 2 1 5 2 7 0 6 9 3 1 1 3 5 2 3 5 2 1 2 9 4 6 5 5 5 9 7 1 5 9 6 3 7 1 7 5 1 7
2 7 5 5 4 8 6 6 2 8 7 3 7 8 0 9 5 7 4 3 4 1 0 3 3 5 4 1 3 1 2 5 1 4 0 3 1 5 5 7 4 0 1 0 8 5 5 5 4 0
1 8 6 2 1 1 1 7 9 6 7 9 7 0 4 9 6 9 2 7 2 1 0 8 2 8 6 5 7 8 4 5 7 8 6 5 2 6 9 3 0 0 8 0 6 6 7 1 4 5
6 9 7 2 8 5 1 2 4 1 8 8 7 6 0 8 0 6 5 5 7 8 0 4 1 4 5 9 2 2 3 9 1 3 9 3 2 8 0 6 5 6 6 2 5 2 3 2 6 1 0
7 6 0 6 2 7 0 3 2 4 2 9 6 9 7 7 0 3 5 4 1 2 2 1 2 7 7 0 4 9 8 5 6 1 6 5 2 0 8 2 4 3 3 2 9 3 8 9 9 3
9 0 3 4 7 9 1 5 7 5 0 5 3 5 0 2 7]

6) 评价 MLP 模型

输入如下代码,用 score() 在测试集上给模型打分。

```
print('测试数据集得分: {}'.format(mlp_hw.score(X_test,y_test)))
```

结果如下,该模型在测试集中的分数较高,准确率达到了 93.56%。

```
测试数据集得分: 0.9356
```

小　结

本章主要介绍了机器学习的基本概念和经典算法。其中,在基本概念中,介绍了学习策略、一般流程以及与评估模型性能有关的理论,包括过拟合、欠拟合、训练集、测试集、性能评价指标等。在经典算法中,主要介绍了 K 近邻分类算法、K 均值聚类算法、线性回归、神经网络 4 种算法,每种算法都按照算法原理、算法的 Python 实现以及典型应用的方式组织,方便读者在学习原理后,快速实现算法并在应用中使用算法。典型应用中使用了 Scikit-Learn 内置的真实数据集,更有助于了解算法的优势和局限性。

习　题

1. 请分析以下方法能否解决过拟合和欠拟合,如增加样本数量、减少样本特征数量、增加样本特征数量。

2. 请总结各种划分数据集的方法。

3. 对于一个四分类问题,模型的预测值以及真实值如表 8-5 所示,求出模型针对每个类别的准确率、召回率、F_1 值。

表 8-5　模型预测结果及真实值

预测值	1	2	3	4	1	3	4	2	2
真实值	1	2	3	4	4	2	4	2	1

4. 请举例说明分类、聚类、回归、神经网络模型的应用场景。

5. 编写程序,为本章经典算法中的例子设计一个新样本,并使用对应模型预测该样本的结果。

6. K 均值聚类算法中,初始聚类中心的选择和最大迭代次数是否会影响聚类过程?

7. 请查阅资料,使用 Sklearn 的 metrics 模块提供的其他聚类模型评价指标评价 K 均值聚类算法实现中的例子。

8. 修改 K 均值聚类算法运用中的例子程序,在鸢尾花数据集中,选择不同特征数据完成聚类并评价哪组特征数据的组合更适合聚类。

9. 修改线性回归实现中的例子程序,生成不同的数据集,观察线性回归模型的评分结果。

10. 例 8-12 中,如果神经网络训练后总是输出 0,则 MSE 是多少?

11. 请选择例 8-12 中的其他样本,计算更新后的权重和偏移量。

12. 修改神经网络实现中的例子程序,建立不同的 MLP 模型,观察 MLP 模型的评分结果。

参 考 文 献

[1] 吴宁,等. 大学计算机[M]. 北京:高等教育出版社,2020.

[2] 顾刚,等. 大学计算机基础[M]. 4 版. 北京:高等教育出版社,2019.

[3] 赵英良,等. 大学计算机基础[M]. 5 版. 北京:清华大学出版社,2017.

[4] 冯博琴. 大学计算机基础[M]. 北京:高等教育出版社,2004.

[5] 张莉,等. Python 程序设计[M]. 2 版. 北京:高等教育出版社,2022.

[6] 夏敏捷,等. Python 程序设计应用教程[M]. 2 版. 北京:中国铁道出版社,2020.

[7] 嵩天,等. Python 语言程序设计[M]. 2 版. 北京:高等教育出版社,2017.

[8] 杨长兴. Python 程序设计教程[M]. 北京:中国铁道出版社,2016.

[9] 颜虹,徐勇勇等. 医学统计学[M]. 3 版. 北京:人民卫生出版社,2015.

[10] 王斌会. Python 数据分析基础教程——数据可视化[M]. 2 版. 北京:电子工业出版社,2020.

[11] 张若愚. Python 科学计算[M]. 2 版. 北京:清华大学出版社,2016.

[12] 高春艳,刘志铭,等. Python 数据分析从入门到实践[M]. 吉林:吉林大学出版社,2020.

[13] 王达. 深入理解计算机网络[M]. 北京:中国水利水电出版社,2017.

[14] 韩立刚,等. 计算机网络原理创新教程[M]. 北京:中国水利水电出版社,2017.

[15] 刘云浩. 物联网导论[M]. 4 版. 北京:科学出版社,2022.

[16] 贾坤,等. 物联网技术及应用教程[M]. 北京:清华大学出版社,2018.

[17] 桂小林. 物联网技术导论[M]. 2 版. 北京:清华大学出版社,2018.

[18] 王志良,等. 物联网工程概论[M]. 北京:机械工业出版社,2011.

[19] 林伟伟. 云计算与大数据技术理论及应用[M]. 北京:清华大学出版社,2019.

[20] 林康平,王磊. 云计算技术[M]. 北京:人民邮电出版社,2017.

[21] 祁伟. 大数据基础从理论到最佳实践[M]. 北京:清华大学出版社,2017.

[22] 顾炯炯. 云计算架构技术与实践[M]. 2 版. 北京:清华大学出版社,2016.

[23] 段小手. 深入浅出 Python 机器学习[M]. 北京:清华大学出版社,2018.

[24] 黄永昌. Scikit-Learn 机器学习:常用算法原理及编程实战[M]. 北京:机械工业出版社,2018.

[25] 黄红梅,张良均. Python 数据分析与应用[M]. 北京:人民邮电出版社,2018.

[26] 周志华. 机器学习[M]. 北京:清华大学出版社,2016.